景观园林植物图鉴

LANDSCAPE &
GARDEN
PLANTS
ILLUSTRATED
HANDBOOK

主 编 闫双喜 刘保国 李永华

河南科学技术出版社
· 郑州 ·

内容简介

　　《景观园林植物图鉴》是一部景观园林植物分类及应用的大型工具书。全书包含景观园林植物160科1668种（包括变种、变型及品种），同时命名了10个植物新变种或变型，并配有3 000余幅精美彩图，是一部集鉴赏价值与实用价值于一体、图文并茂的景观园林植物学术专著。本书重点介绍了景观园林植物的识别要点、分布、习性、繁殖及园林应用，为景观园林植物的研究和应用提供了科学依据和理论基础。书中裸子植物按郑万钧系统排列，被子植物按克朗奎斯特系统排列。本书不仅适合园林规划师、景观规划师、园林绿化工作者及广大植物爱好者阅读，同时也适合生物类、农林牧类和中草药学等专业的大专院校师生阅读。

图书在版编目（CIP）数据

景观园林植物图鉴 / 闫双喜, 刘保国, 李永华主编. —郑州 : 河南科学技术出版社, 2013.2（2022.5重印）

ISBN 978-7-5349-5128-2

Ⅰ. ①景… Ⅱ. ①闫… ②刘… ③李… Ⅲ. ①园林植物—河南省 Ⅳ. ①S68

中国版本图书馆CIP数据核字（2012）第135133号

出版发行：河南科学技术出版社

　　　　　地址：郑州市郑东新区祥盛街27号　　　邮编：450016

　　　　　电话：（0371）65737028　65788613

　　　　　网址：www.hnstp.cn

策划编辑：陈淑芹　李义坤　编辑信箱：hnstpnys@126.com

责任编辑：李义坤

责任校对：张小玲

封面设计：张　伟

版式设计：杨红科

责任印制：朱　飞

印　　刷：河南瑞之光印刷股份有限公司

经　　销：全国新华书店

幅面尺寸：210 mm×285 mm　　　印张：37　　字数：1 328千字

版　　次：2013年2月第1版　　2022年5月第11次印刷

定　　价：198.00元

如发现印、装质量问题，影响阅读，请与出版社联系。

作者简介

闫双喜，河南卫辉人，1963年10月生，北京林业大学野生动植物利用与保护专业博士，河南农业大学副教授，园林植物与观赏园艺学科、野生动植物利用与保护学科和风景园林学科硕士研究生导师，河南省林木种质资源普查专家组成员，教育部全国硕士学位论文抽检通讯评议专家，*Phytotaxa* 等国际分类学期刊审稿人。在 *Phytotaxa*，*Journal of Systematics and Evolution*，*Biochemical Systematics and Ecology*，《植物学报》《植物科学学报》《生物数学学报》《北京林业大学学报》《东北林业大学学报》《浙江农林大学学报》《林业科学》《河南农业大学学报》《西北植物学报》《河南师范大学学报》《农村生态环境学报》《河南科学》等学术期刊发表专业论文60余篇。主编或参编的专著或教材有《景观园林植物图鉴》《2000种观花植物原色图鉴》《树木学（北方本）（普通高等教育'十三五'国家级规划教材）》《园林树木学（普通高等教育'十三五'规划教材）》《中国北方常见树木快速识别》《中国景观植物应用大全》《世界园林植物与花卉百科全书》《园林植物造景》《观赏植物学》《园林树木识别与实习教程（北方地区）》《风景园林专业综合实习指导书——园林树木识别与应用篇》《河南太行山猕猴国家级自然保护区（焦作段）科学考察集》《河南主要种子植物分类》《河南木本植物图鉴》和《计算机辅助园林设计》等20余部。科研成果获得河南省科技进步奖3项和河南省自然科学优秀学术论文5项。获得河南省科技著作出版资助项目2项。

刘保国，郑州市中牟县人，1975年2月生，硕士，河南农业大学讲师，河南多源景观设计事务所总工，1999年获北京林业大学园林学院风景园林专业学士学位，2008年获北京林业大学园林学院城市规划与设计硕士学位。在《中国园林》《华中建筑》《河南农业大学学报》《河南科学》等学术期刊发表专业论文10余篇。主编或参编的著作有《郑州绿博园规划与设计》《城市景观设计》《世界园林植物与花卉百科全书》和《河南野生观赏植物志》等4部。近年来参与实践和获奖项目有黄河小浪底坝顶工程环境设计、郑州荥阳植物园总体规划设计、北京奥林匹克公寓景观规划设计、洛阳龙门湿地公园总体规划设计和宝鸡石鼓山公园规划设计等20余项，获奖数项。

李永华，1974年生，生物学博士后，河南农业大学教授，硕士生导师。河南省高校青年骨干教师。在园林植物的栽培生理，菊花花期调控、采后保鲜、种苗工厂化生产等方面有一定研究。主持或参与的科研项目有河南省重大科技专项"菊花产业化技术与开发"、河南省科技攻关项目"河南特色花卉苗木新型盆栽基质的研究与利用"等5项。获河南省科技进步二等奖2项，鉴定科技成果4项。主编或参编《庭院绿化与室内植物装饰》《河南野生观赏植物志》《园林苗圃学》等6部教材或专著。在 *African Journal of Biotechnology*，《植物生理与分子生物学学报》《生态学报》等期刊发表论文40余篇。

《景观园林植物图鉴》

编写人员名单

主　编	闫双喜	刘保国	李永华			
副主编	王　献	徐亚晓	李　卓	李　山	马新兰	牛松顷	白　娜
	闫丽君	宋国领	尚向华	何建涛	栗　燕	李　永	王志勇
编　者	李爱枝	杨洁琼	刘素芹	彭　韧	罗　敏	沈逢源	倪相娟
	陈艳华	张中州	孟　芳	张　凌	赵海沛	李　林	张　静
	李　娟	宋美玲	邢建丽	陈俊通	王　政	刘艺平	李喜梅
	贺　丹	雷雅凯	张开明	武荣花	黄秀霞	张素敏	孙青丽
	赵卫霞	徐彦彦	李　永	王志勇	王　坚	李雪枫	栗　燕
	闫丽君	徐亚晓	何建涛	尚向华	宋国领	白　娜	牛松顷
	姜文倩	马新兰	李　山	李　卓	王　献	李永华	刘保国
	闫双喜						

前　言

　　景观园林植物是指有一定观赏价值，适用于室内外布置，能美化环境并丰富人们生活的植物，包括观赏植物、园林植物和部分具有较高景观园林应用价值的野生植物。正确识别景观园林植物，了解其观赏部位和观赏时期，有助于景观和园林设计师巧妙运用姹紫嫣红的景观园林植物，营造出自然、和谐、赏心悦目的植物景观，以达到赏景、怡情、获趣的目的。

　　中国是世界景观园林植物重要发祥地之一，因其景观园林植物种类繁多、分布集中、色彩丰富、特点突出，被誉为"世界园林之母"。几百年来，我国劳动人民通过不懈努力和辛勤耕耘，培育出了众多著名的景观园林植物品种。这些景观园林植物不断传至国外，对世界景观园林植物的育种工作起到了很大的推动作用。景观园林植物构成的美景引人入胜，对景观园林的发展起着重要的作用，古往今来引得许多名人骚客对之一叹三唱。

　　作者自从 2002 年以来，历经十余载，先后在北京、上海、江苏（南京、苏州、扬州）、浙江（杭州、宁波、千岛湖）、湖南（长沙、张家界、黄龙洞、凤凰、吉首）、湖北（武汉、宜昌、恩施市区、利川市区）、四川（成都、都江堰）、贵州（贵阳、镇远）、福建（福州）、辽宁（沈阳、大连）、山东（青岛、蓬莱、东明）、陕西（西安、宝鸡、潼关）、安徽（合肥、黄山、九华山）、山西（大同、芮城、恒山）、内蒙古坝上草原、河北（石家庄）、河南 [郑州（市区、邙山）、荥阳（环翠玉）、新郑（樱桃沟、金水河源、王口）、巩义（浮戏山、雪花洞、北山口）、登封（嵩山幸福岭、古轩辕关）、中牟（雁鸣湖、绿博园）、新密（尖山、伏羲大峡谷、清屏山）、新乡市区、卫辉、辉县（小华山、八里沟、关山）、延津、原阳、焦作（云台山、一斗水、桑园村）、沁阳（神农山、黄花岭）、博爱（青天河、九湾、竹园）、安阳（市区、水冶）、范县、滑县（牛屯）、林州红旗渠、洛阳（市区、龙门山、香山）、嵩县（白云山、木扎岭、五马寺林场、白河镇）、栾川（老君山、重渡沟、养子沟、龙峪湾、鸡冠洞）、孟津、信阳（市区、鸡公山、李家寨、南湾水库、波尔登森林公园、光山、新县香山）、平顶山市区、鲁山（尧山、龙潭峡、神牛大峡谷、想马河、上汤村）、汝州（九峰山、焦村镇）、内乡宝天曼、开封市区、漯河市区、许昌市区、鄢陵（花博园）、扶沟、西峡（寺山、老界岭、太平镇）、淮阳] 以及河南、陕西、山东、山西等省黄河湿地等地区考察，拍摄植物照片 100 余万张，涵盖植物种类 8 000 余种。

本书裸子植物按郑万钧系统排列，被子植物按克朗奎斯特系统排列，但有一些变动。全书记载了景观园林植物 160 科 1 668 种（包括变种、变型及品种），命名了 10 个植物新变种或新变型，同时配有彩图 3 000 余幅，并对主要景观植物和园林植物的中文名、拉丁学名、英文名、科属、识别要点、分布、习性、繁殖及园林应用进行了简要介绍，以便读者识别和直观地了解其形态特征及其在园林和景观中的应用。本书中植物拉丁文学名和英文名称均以《拉汉英种子植物名称（第二版）》（朱家楠等，科学出版社，2001 年）和《新编拉汉英植物名称》（王宗训等，航空工业出版社，1996 年）为准。本书可供生物类、农林牧类和中草药学等专业的大专院校师生阅读，尤其适用于园林规划师、城市规划师、园林绿化工作者及广大植物爱好者。

在本书的编写过程中，北京林业大学张志翔教授对本书的编写提出了建设性意见，审阅并鉴定了本书的植物图片；山东农业大学臧德奎教授鉴定了本书植物图片，并提出了很多宝贵的建议；河南农业大学叶永忠教授和北京林业大学谢磊博士通阅了本书，鉴定了本书的植物图片，并提出了修改意见；另外，本书的编写还得到了河南农业大学林学院与园林系领导和老师及北京林业大学野生动植物保护与利用学科老师和同学的帮助和支持，在此一并表示感谢。由于编者水平有限，书中的错误和疏漏之处，敬请读者指正。

闫双喜

2012 年 8 月 18 日于郑州

目　录

苏铁科……………………………………… 001
(001) 苏铁（铁树）。

银杏科……………………………………… 002
(002) 银杏，金叶银杏，蝴蝶叶银杏（酒杯叶银杏）。

南洋杉科…………………………………… 003
(003) 南洋杉，异叶南洋杉，智利南洋杉。

松科………………………………………… 004
(004) 辽东冷杉（杉松），臭冷杉（臭松），日本冷杉；(005)
白杆，青杆；(006) 云杉，麦吊云杉，红皮云杉，蓝杉（蓝
粉云杉）；(007) 雪松，垂枝雪松，北非雪松；(008) 金钱松；
(009) 落叶松，日本落叶松，华北落叶松；(010) 白皮松；(011)
华山松；(012) 乔松；(013) 日本五针松；(014) 油松；(015)
黑松；(016) 马尾松；(017) 赤松（日本赤松），平头赤松，
樟子松（獐子松，海拉尔松）；(018) 湿地松，火炬松。

杉科………………………………………… 019
(019) 杉木；(020) 柳杉，日本柳杉；(021) 池杉；(022) 落羽
杉（落羽松）；(023) 水松；(024) 水杉。

柏科………………………………………… 025
(025) 柏木，刺柏，杜松，铺地柏，砂地柏（叉子圆柏），
北美香柏；(026) 侧柏，千头柏，金球侧柏；(027) 日本花柏，
凤尾柏；(028) 日本扁柏，洒金云片柏，绒柏，粉柏；(029)
圆柏，龙柏，洒金圆柏，北美圆柏，蜀柏（塔枝圆柏，蜀桧）。

罗汉松科…………………………………… 030
(030) 罗汉松，竹柏。

三尖杉科…………………………………… 031
(031) 粗榧，三尖杉。

红豆杉科…………………………………… 032
(032) 矮紫杉，东北红豆杉，云南红豆杉，欧洲红豆杉；(033)
红豆杉，南方红豆杉；(034) 香榧，榧树。

麻黄科……………………………………… 034
(034) 草麻黄，木贼麻黄。

三白草科…………………………………… 035
(035) 鱼腥草，花叶鱼腥草，三白草。

金粟兰科…………………………………… 035

(035) 银线草，多穗金粟兰。

杨柳科……………………………………… 036
(036) 毛白杨，抱头毛白杨，小叶杨；(037) 银白杨，新疆杨；
(038) 加拿大杨，山杨，响叶杨；(039) 河北杨，钻天杨；(040)
旱柳，馒头柳，绦柳；(041) 龙爪柳，花叶杞柳（彩叶柳）；
(042) 河柳；(043) 垂柳；(044) 鸡公柳，垂枝黄花柳，银芽柳。

杨梅科……………………………………… 044
(044) 杨梅。

胡桃科……………………………………… 045
(045) 胡桃，野核桃；(046) 胡桃楸，化香；(047) 美国黑核
桃；(048) 美国山核桃；(049) 枫杨；(050) 湖北枫杨（花杨，
山柳树）。

桦木科……………………………………… 051
(051) 白桦，红桦，坚桦，千金榆；(052) 桤木，华榛，平榛，
川榛，鹅耳枥。

壳斗科……………………………………… 053
(053) 麻栎，槲栎，锐齿槲栎；(054) 栓皮栎，槲树，橿子栎；
(055) 白栎，短柄枹栎，沼生栎，板栗，茅栗，青冈栎。

榆科………………………………………… 056
(056) 大叶垂榆，榆树（白榆），垂枝榆，中华金叶榆；(057)
裂叶榆，黑榆，脱皮榆；(058) 榔榆（小叶榆、秋榆、掉皮
榆），大果榆；(059) 青檀；(060) 榉树，大果榉，光叶榉；
(061) 朴树，珊瑚朴；(062) 小叶朴，紫弹树，大叶朴。

檀香科……………………………………… 063
(063) 米面蓊。

桑科………………………………………… 063
(063) 构树，小构树，柘桑（柘树）；(064) 无花果，薜荔，
爬藤榕，异叶榕，珍珠莲；(065) 大麻，葎草，啤酒花，蒙桑；
(066) 桑树，垂枝桑，龙桑，鸡桑，花叶印度橡皮树。

蓼科………………………………………… 067
(067) 红蓼，萹蓄，赤胫散，杠板归，蒿竹蓼（竹节蓼）；(068)
山荞麦（木藤蓼，康藏何首乌），苦荞麦，荞麦三七（金荞
麦，野荞麦）；(069) 虎杖，戟叶蓼；(070) 何首乌，金线草
（金线蓼），千叶兰，酸模叶蓼。

荨麻科 ··· 071
(071) 粗齿冷水花，大银脉虾蟆草，花叶冷水花，镜面草（香菇草），透茎冷水花，皱叶冷水花（虾蟆草，月面冷水花）；(072) 赤麻，大叶苎麻，日本苎麻，细野麻，悬铃木叶苎麻，苎麻（野苎麻）;(073) 顶花螫麻，珠芽艾麻，糯米团，荨麻（裂叶荨麻），狭叶荨麻，墙草；(074) 楼梯草，庐山楼梯草。

马兜铃科 ··· 074
(074) 马兜铃，绵毛马兜铃，青城细辛（花脸细辛，花叶细辛），细辛。

藜科 ··· 075
(075) 地肤；(076) 红叶甜菜，红柄甜菜。

苋科 ··· 077
(077) 锦绣苋（五色草），红叶锦绣苋（红苋草）；(078) 空心莲子草；(079) 千日红，细叶千日红；(080) 尾穗苋，千穗谷；(081，082，083) 鸡冠花，阿玛红色鸡冠花，城堡橘黄鸡冠花，黄色头状鸡冠花，凤尾鸡冠花，圆绒鸡冠花；(084) 红苋，青葙，雁来红（三色苋）。

紫茉莉科 ··· 085
(085) 紫茉莉，(086) 三角梅（九重葛，簕杜鹃，叶子花），花叶三角梅。

商陆科 ··· 087
(087) 商陆，美国商陆。

马齿苋科 ··· 088
(088) 马齿苋，大马齿苋（阔叶半支莲，洋马齿苋）；(089，090) 松叶牡丹（半支莲，大花马齿苋，洋马齿苋），重瓣松叶牡丹；(091) 土人参。

番杏科 ··· 091
(091) 鹿角海棠，露草（花蔓花）。

落葵科 ··· 092
(092) 落葵。

石竹科 ··· 093
(093，094) 石竹；(095) 康乃馨（香石竹），牛繁缕，浅裂剪秋罗，石生蝇子草，丝石竹（满天星），须苞石竹；(096) 常夏石竹，肥皂草（石碱花），重瓣肥皂草。

睡莲科 ··· 097
(097，098) 荷花，碗莲；(099) 亚马孙王莲（王莲），克鲁兹王莲；(100) 萍蓬草，中华萍蓬草；(101) 芡实（芡，鸡头米）；(102) 耐寒睡莲；(103) 白睡莲，红睡莲，福拉威睡莲，香睡莲，雪白睡莲；(104) 非洲蓝睡莲（埃及蓝睡莲），柔毛齿叶睡莲。

连香树科 ··· 105
(105) 连香树。

领春木科 ··· 105
(105) 领春木。

毛茛科 ··· 106
(106) 大火草，毛茛，花毛茛，嚏根草（铁筷子），大银莲花；(107) 大叶铁线莲，芹叶铁线莲，绣球藤（山铁线莲），短尾铁线莲，太行铁线莲；(108) 草乌（草乌头，北乌头），白头翁，牛扁，翠雀，穗花翠雀；(109) 牡丹（富贵花，木本芍药，洛阳花），紫斑牡丹，黄牡丹，芍药，金莲花，华北耧斗菜，西洋耧斗菜（欧耧斗菜）。

木通科 ··· 110
(110) 木通，三叶木通。

小檗科 ··· 111
(111) 日本小檗（小檗），紫叶小檗（红叶小檗），金叶小檗，金边红叶小檗；(112) 十大功劳，阔叶十大功劳；(113) 南天竹，火焰南天竹，六角莲，八角莲；(114) 秦岭小檗（刺黄檗，三颗针），涝峪小檗，直穗小檗；(115) 长柱小檗，大叶小檗（黄栌木，阿穆尔小檗），昆明小檗，短角淫羊藿。

防己科 ··· 116
(116) 蝙蝠葛（北豆根），防己，金线吊乌龟，千金藤。

木兰科 ··· 117
(117) 白玉兰，飞黄玉兰，红脉白玉兰；(118) 白兰花，含笑；(119) 望春玉兰；(120) 紫玉兰；(121) 二乔玉兰；(122) 荷花玉兰（广玉兰，洋玉兰）；(123) 宝华玉兰，天目木兰；(124) 厚朴；(125) 黄山木兰，凹叶厚朴；(126) 乐东拟单性木兰，深山含笑；(129) 鹅掌楸，北美鹅掌楸，杂交鹅掌楸。

八角科 ··· 127
(127) 披针叶茴香。

五味子科 ··· 129
(129) 五味子，华中五味子，南五味子。

蜡梅科 ··· 130
(130) 蜡梅（腊梅），素心蜡梅，柳叶蜡梅。

樟科 ··· 131
(131) 樟树，兰屿肉桂，川桂；(132) 月桂，檫木，黄丹木姜子，天目木姜子，紫楠；(133) 山橿，绿叶甘橿，三桠乌药，山胡椒，乌药，香叶树；(134) 白楠（山楠，石楠），湘楠，红果钓樟，黑壳楠，江浙钓樟。

罂粟科 ··· 135
(135) 虞美人，东方罂粟；(136) 花菱草（人参花）;(137) 博落回，荷包牡丹；(138) 血水草，荷青花（鸡蛋黄花);(139) 延胡索（玄胡索，元胡），曲花紫堇，刻叶紫堇，白花刻叶紫堇，土元胡，小黄紫堇；(140) 白屈菜（八步紧，断肠草），秃疮花，冰岛罂粟（冰岛虞美人）。

十字花科 ···································· 141
(141) 二月蓝（诸葛菜），紫花碎米荠，紫罗兰；(142) 羽衣甘蓝，糖芥，香雪球；(143) 菘蓝（板蓝根）。

白花菜科 ···································· 143
(143) 醉蝶花（西洋白花菜，风蝶草，紫龙须）。

景天科 ···································· 144
(144) 八宝景天，反曲景天；(145) 凹叶景天，细叶景天；(146) 垂盆草，胭脂红景天（小球玫瑰）；(147) 佛甲草，金叶佛甲草，圆叶景天；(148, 149) 费菜，瓦松，鸡爪三七（伽蓝菜，裂叶落地生根），长寿花（假川莲，圣诞伽蓝菜），重瓣长寿花。

虎耳草科 ···································· 150
(150) 绣球，八仙花（山绣球），矮生绣球（紫阳花，洋绣球）；银边八仙花，腊莲绣球（蜡莲绣球）；(151) 山梅花，太平花，圆锥绣球，中国绣球；(152) 齿叶溲疏，重瓣齿叶溲疏，大花溲疏，长柄绣球；(153) 虎耳草，球茎虎耳草，饴糖矾根；(154) 毛金腰，鬼灯擎，红升麻，黄水枝；(155) 细枝茶藨子，华茶藨子（华蔓茶藨子），美丽茶藨子。

海桐科 ···································· 156
(156) 海桐。

杜仲科 ···································· 157
(157) 杜仲。

悬铃木科 ···································· 158
(158) 二球悬铃木（英桐），一球悬铃木（美桐）。

蔷薇科 ···································· 159
(159) 白鹃梅，无毛风箱果，紫叶无毛风箱果；(160) 绢毛绣线菊，单瓣笑靥花（李叶绣线菊），麻叶绣线菊；(161) 菱叶绣线菊，喷雪绣线菊（喷雪花，珍珠花），三裂绣线菊，石蚕叶绣线菊，土庄绣线菊；(162) 日本绣线菊，卵叶日本绣线菊，珍珠绣线菊（珍珠绣球），绣线梅；(163) 金山绣线菊，金焰绣线菊，皱叶绣线菊，中华绣线菊；(164) 华北珍珠梅，珍珠梅，野珠兰（华空木）；(165, 166) 火棘，湖北山楂，水栒子，平枝栒子；(167) 山楂，山里红，西北栒子；(168) 枇杷；(169) 椤木石楠，中华石楠，光叶石楠（扇骨木），红叶石楠；(170) 石楠；(171) 木瓜，日本木瓜；(172) 贴梗海棠，重瓣贴梗海棠（长寿乐木瓜，长寿冠海棠）；(173) 苹果，楸子（冬红果），湖北海棠，山荆子；(174) 海棠花，伏牛海棠，西府海棠；(175) 垂丝海棠，三裂叶海棠，王族海棠，红丽海棠；(176) 石灰花楸，花楸树，陕甘花楸，水榆花楸；(177) 杜梨，白梨，豆梨；(178) 龙牙草，金露梅，多茎委陵菜；(179) 棣棠，重瓣棣棠（鸡蛋黄）；(180) 鸡麻；

(181) 蛇莓，莓叶委陵菜，三叶委陵菜；(182) 地榆，狭叶地榆；(183, 184) 东方草莓，草莓，委陵菜；(185) 木香，单瓣白木香，重瓣黄木香；(186) 重瓣紫玫瑰，玫瑰；(187) 黄刺玫，单瓣黄刺玫，月季；(188) 缫丝花（刺梨，文光果），金樱子；(189, 190) 野蔷薇，白玉堂，七姊妹，荷花蔷薇，粉团蔷薇；(191) 高粱泡，蓬蘽，山莓，山楂叶悬钩子（牛迭肚，牛叠肚）；(192) 梅花，桃红宫粉梅，玉蝶梅；(193) 红叶李（紫叶李）；(194) 桃树，碧桃；(195) 白花碧桃，白花桃，复瓣碧桃，紫叶桃，绯桃；(196) 红碧桃，洒金碧桃（洒红桃），重瓣紫叶桃，粉花重瓣碧桃；(197) 垂枝碧桃，菊花桃，蟠桃，寿星桃，油桃；(198) 山桃，白花山桃；(199) 榆叶梅，重瓣榆叶梅；(200) 毛樱桃；(201) 郁李，白花重瓣麦李；(202) 樱桃，盘腺樱桃；(203) 山樱花，短柄稠李（无腺稠李），杏树；(204) 日本晚樱，牡丹晚樱，粉白晚樱；(205) 紫叶矮樱，美人梅；(206) 紫叶稠李，弗吉尼亚稠李，稠李。

豆科 ···································· 207
(207) 合欢，紫叶合欢，山合欢（山槐）；(208) 翅荚决明，茳芒决明，决明，双荚决明，望江南；(209) 云实，黄花金凤花，含羞草，宫粉羊蹄甲；(210) 紫荆，白花紫荆，黄山紫荆；(211) 巨紫荆，加拿大紫荆，紫叶加拿大紫荆；(212) 达乌里黄芪，蓝花棘豆，歪头菜，甘草，合萌（田皂角），米口袋；(213) 金叶皂荚，绒毛皂荚，皂荚，野皂荚，肥皂荚；(214) 葛藤，龙牙花（象牙红），鸡冠刺桐，甘葛藤；(215) 紫穗槐（棉槐），达呼里胡枝子，苋子梢；(216) 紫藤，白花紫藤，多花紫藤；(217) 白香草木樨，黄香草木樨，百脉根，假香野豌豆，茳芒野豌豆；(218) 刺槐，龙爪刺槐（曲枝刺槐），金叶刺槐，红花刺槐；(219) 毛刺槐，羽扇豆（鲁冰花），多花木蓝，多叶羽扇豆；(220) 锦鸡儿，红花锦鸡儿，柠条锦鸡儿，金雀儿；(221) 红豆树，花榈木，黄檀；(222) 白花车轴草，红花车轴草，紫花苜蓿；(223, 224) 国槐，龙爪槐，五叶槐（蝴蝶槐），金叶槐，金枝槐，白刺花，苦参。

酢浆草科 ···································· 225
(225) 酢浆草，紫叶酢浆草，白花酢浆草；(226) 红花酢浆草，紫叶山酢浆草。

亚麻科 ···································· 227
(227) 宿根亚麻（蓝亚麻、亚麻花）。

旱金莲科 ···································· 227
(227) 旱金莲。

芸香科 ···································· 227
(227) 常山（日本常山，臭常山），吴茱萸；(228) 枳，芸香，柑橘，金橘；(229) 花椒，竹叶椒，柠檬，柚，佛手；(230)

樗叶花椒，黄檗。

苦木科 ……………………………………………… 230
(230) 臭椿，红叶臭椿，苦木。

楝科 ………………………………………………… 231
(231) 楝树，川楝 (川楝子、金铃子)，米仔兰 (米兰)；(232) 香椿，毛红椿。

大戟科 ……………………………………………… 233
(233) 重阳木，彩云阁 (三角霸王鞭)，红彩云阁，京大戟，猫眼 (乳浆大戟)，一品红，一品白；(234) 山麻杆，银边翠 (高山积雪)；(235) 乌桕，铁苋菜，猫尾红；(236) 叶底珠 (一叶萩)，南洋樱花 (琴叶珊瑚)，算盘子；(237) 白背叶 (野桐)，油桐，花叶木薯。

黄杨科 ……………………………………………… 238
(238) 锦熟黄杨，金叶锦熟黄杨，黄杨，雀舌黄杨，朝鲜黄杨。

漆树科 ……………………………………………… 239
(239) 盐肤木，漆树，野漆；(240) 火炬树；(241) 青麸杨，红麸杨；(242) 黄连木；(243) 黄栌，美国红栌 (紫叶黄栌)；(244) 南酸枣。

冬青科 ……………………………………………… 245
(245，246) 枸骨，全缘枸骨 (无刺枸骨)，龟甲冬青；(247) 大叶冬青，冬青。

卫矛科 ……………………………………………… 248
(248，249，250) 大叶黄杨，金边大叶黄杨，金心大叶黄杨，银边大叶黄杨，斑叶大叶黄杨，金叶大叶黄杨；(251) 扶芳藤，金边扶芳藤；(252) 小叶扶芳藤，攀援扶芳藤，胶东卫矛；(253) 丝棉木，多花丝棉木 (多花白杜)，大叶丝棉木；(254) 卫矛 (鬼见愁，鬼羽箭)；(255) 陕西卫矛 (金蝴蝶、金丝吊蝴蝶)，大果卫矛；(256) 西南卫矛，垂丝卫矛，角翅卫矛；(257) 栓翅卫矛，小卫矛；(258) 紫花卫矛；(259) 大花卫矛，纤齿卫矛，肉花卫矛；(260) 刺果卫矛，小果卫矛，南蛇藤，苦皮藤，哥兰叶，刺苞南蛇藤。

梧桐科 ……………………………………………… 261
(261) 梧桐。

木棉科 ……………………………………………… 261
(261) 木棉，瓜栗。

省沽油科 …………………………………………… 262
(262) 省沽油，膀胱果，野鸦椿；(263) 银鹊树 (瘿椒树)。

槭树科 ……………………………………………… 264
(264) 三角枫，复叶槭，花叶复叶槭，陕甘长尾槭；(265) 鸡爪槭，金叶鸡爪槭，深裂鸡爪槭；(266) 红枫 (紫红鸡爪槭)，羽毛枫 (细裂鸡爪槭)；(267) 红羽毛枫，红边羽毛枫，小鸡爪槭，五角枫；(268) 权叶槭，茶条槭，飞蛾槭，葛萝槭，马氏槭，秦岭槭；(269) 红卫兵挪威槭 (紫叶挪威槭)，挪威槭；(270) 建始槭，血皮槭，金钱槭；(271) 元宝枫 (华北五角枫)。

七叶树科 …………………………………………… 272
(272) 七叶树；(273) 天师栗，大叶七叶树，欧洲七叶树，欧洲红花七叶树，日本七叶树。

无患子科 …………………………………………… 274
(274) 无患子，文冠果；(275) 黄山栾，复羽叶栾树；(276) 栾树。

清风藤科 …………………………………………… 276
(276) 巴东泡花树，多花泡花树，清风藤。

凤仙花科 …………………………………………… 277
(277) 凤仙花，重瓣凤仙花；(278) 非洲凤仙；(279) 新几内亚凤仙，水金凤。

鼠李科 ……………………………………………… 280
(280) 鼠李，冻绿，圆叶鼠李，薄叶鼠李；(281) 枣树，龙爪枣，酸枣，卵叶猫乳；(282) 枳椇 (拐枣)，多花勾儿茶；(283) 铜钱树 (鸟不宿、金钱树)，马甲子。

葡萄科 ……………………………………………… 284
(284) 葡萄，刺葡萄，华北葡萄，毛葡萄，山葡萄；(285) 爬山虎，异叶爬山虎；(286) 葎叶蛇葡萄，蛇葡萄，乌头叶蛇葡萄，乌敛莓；(287) 美国地锦 (五叶地锦)，锦屏藤。

椴树科 ……………………………………………… 288
(288) 糯米椴，蒙椴，少脉椴；(289) 鄂椴 (粉椴)，华东椴，辽椴 (糠椴)，南京椴；(290) 扁担杆，田麻。

锦葵科 ……………………………………………… 291
(291) 锦葵，圆叶锦葵；(292) 木槿，白花重瓣木槿，粉紫重瓣木槿；(293) 扶桑 (朱槿)，重瓣扶桑 (294) 草芙蓉 (芙蓉葵，大花秋葵)；(295) 木芙蓉，重瓣木芙蓉；(296) 黄秋葵，野西瓜苗，红萼苘麻，苘麻；(297) 蜀葵，药蜀葵。

牻牛儿苗科 ………………………………………… 298
(298) 天竺葵，蔓生天竺葵；(299) 蹄纹天竺葵，香叶天竺葵，老鹳草，朝鲜老鹳草，鼠掌老鹳草，白花鼠掌老鹳草。

猕猴桃科 …………………………………………… 300
(300) 中华猕猴桃，软枣猕猴桃。

山茶科 ……………………………………………… 301
(301) 紫茎，翅柃，厚皮香；(302) 红淡比，木荷，红山茶，宫粉红山茶，卡特尔阳光粉红山茶，油茶。

藤黄科 ……………………………………………… 303
(303) 金丝桃，金丝梅，黄海棠 (红旱莲)。

柽柳科······304
(304) 柽柳。

堇菜科······305
(305) 三色堇，角堇；(306) 斑叶堇菜，北京堇菜，东方堇菜，鸡腿堇菜；(307) 戟叶堇菜，蔓茎堇菜，奇异堇菜，裂叶堇菜，球果堇菜；(308) 三角叶堇菜，心叶堇菜，早开堇菜，紫花地丁，紫花堇菜。

大风子科······309
(309) 山桐子，毛叶山桐子。

旌节花科······309
(309) 中国旌节花。

秋海棠科······310
(310，311) 四季秋海棠（四季海棠、玻璃翠），白花四季秋海棠，红花四季秋海棠，竹节秋海棠，悬铃木叶秋海棠，铁十字秋海棠，丽格秋海棠，红斑蟆叶秋海棠，葡萄叶秋海棠。

瑞香科······312
(312) 结香，金边瑞香，芫花。

胡颓子科······313
(313) 桂香柳（沙枣），木半夏，牛奶子（伞花胡颓子）；(314) 胡颓子，金边胡颓子。

千屈菜科······315
(315) 紫薇，翠薇，银薇，红薇，金叶紫薇；(316) 福建紫薇，大花紫薇，南紫薇，细叶萼距花；(317) 千屈菜。

石榴科······318
(318，319) 石榴，玛瑙石榴，千瓣白花石榴，千瓣橙红石榴，千瓣红花石榴。

珙桐科······320
(320) 珙桐，蓝果树；(321) 喜树。

八角枫科······322
(322) 八角枫，瓜木。

桃金娘科······322
(322) 红千层。

菱科······322
(322) 菱。

小二仙草科······323
(323) 粉绿狐尾藻。

柳叶菜科······323
(323) 倒挂金钟，露珠草，古代稀；(324) 美丽月见草，月见草，山桃草，紫叶山桃草。

五加科······325
(325) 中华常春藤，冰纹常春藤，金边常春藤，楤木，人参；(326) 刺楸；(327) 八角金盘，熊掌木；(328) 通脱木，刺五加；(329) 三叶五加，藤五加，无梗五加，细柱五加（五加）。

伞形科······330
(330) 天胡荽，南美天胡荽（香菇草，金钱莲，水金钱，铜钱草），鸭儿芹，芫荽，小茴香；(331) 柴胡（北柴胡），短毛独活，防风，窃衣，紫花前胡。

山茱萸科······332
(332) 毛梾，光皮树，沙梾，小梾木；(333) 红瑞木，金叶红瑞木；(334) 山茱萸，灯台树，洒金东瀛珊瑚（洒金青木）；(335) 多脉四照花，四照花，叶上花。

杜鹃花科······336
(336) 映山红（杜鹃），羊踯躅（闹羊花，黄杜鹃，黄色映山红）；(337) 太白杜鹃，西洋杜鹃（比利时杜鹃），秀雅杜鹃（臭枇杷），照山白，米饭花。

报春花科······338
(338) 金叶过路黄，点地梅，金爪儿，疏头过路黄，珍珠菜；(339) 山西报春，德国报春（欧洲报春，西洋樱草），仙客来。

紫金牛科······339
(339) 紫金牛，大罗伞（朱砂根）。

鹿蹄草科······339
(339) 鹿蹄草。

柿树科······340
(340) 柿树，牛心柿；(341) 君迁子，野柿（油柿）；(342) 瓶兰花，浙江柿，老鸦柿。

野茉莉科······343
(343) 秤锤树；(344) 野茉莉。

山矾科······344
(344) 白檀，山矾。

木犀科······345
(345) 雪柳；(346) 白蜡树，对节白蜡，秦岭白蜡树，茸毛白蜡树；(347) 水曲柳，大叶白蜡，洋白蜡，秋紫美国白蜡；(348) 油橄榄（齐墩果、木犀榄），柊树（刺桂），异叶柊树；(349) 桂花（木犀），金桂，银桂，丹桂，四季桂；(350) 紫丁香（华北丁香），白丁香，欧洲丁香（欧丁香，洋丁香）；(351) 暴马丁香，北京丁香；(352) 蓝丁香，四季蓝丁香，羽叶丁香（裂叶丁香）；(353) 波斯丁香，辽东丁香，流苏树；(354) 女贞，水蜡树；(355) 小叶女贞，紫叶女贞，卵叶女贞，金边卵叶女贞，银边卵叶女贞；(356) 小蜡树；(357) 日本女贞，金森女贞，蜡子树；(358) 金叶女贞；(359，360) 连翘，金叶连翘，蔓生连翘，花叶连翘，金脉连翘，金钟花；(361)

迎春；(362)迎夏（探春）；(363)云南黄馨（南迎春），茉莉。

马钱科 ······················· 364

(364)大叶醉鱼草，互叶醉鱼草，密蒙花。

夹竹桃科 ···················· 365

(365)夹竹桃，重瓣夹竹桃，重瓣白花夹竹桃，黄蝉，黄花夹竹桃；(366)罗布麻，蔓长春花，花叶蔓长春花，金叶蔓长春花，沙漠玫瑰，紫芳草；(367)络石，石血，花叶亚洲络石，长春花；(368)鸡蛋花。

龙胆科 ······················· 368

(368)鳞叶龙胆，睡菜，荇菜（莕菜），翼萼蔓。

萝藦科 ······················· 369

(369)杠柳，马利筋；(370)白首乌，鹅绒藤，蔓剪草，竹灵消，萝藦。

旋花科 ······················· 371

(371)牵牛，金叶甘薯，花叶甘薯；(372)圆叶牵牛，蕹菜（空心菜）；(373)茑萝（游龙草·羽叶茑萝），槭叶茑萝，菟丝子；(374)马蹄金，打碗花，篱打碗花，田旋花，菟丝子。

紫草科 ······················· 375

(375)厚壳树，紫草，梓木草；(376)粗糠树（毛叶厚壳树），钝萼附地菜，附地菜，福建茶，聚合草。

马鞭草科 ···················· 377

(377)海州常山；(378)荆条，黄荆，牡荆，单叶蔓荆；(379)美女樱，加拿大美女樱，假连翘，花叶假连翘，细叶美女樱，美女樱；(380)假连翘，花叶假连翘，细叶美女樱，美女樱；(381)赪桐，臭牡丹，龙吐珠，老鸦糊（小米团花，鱼胆），紫珠；(382)金叶莸，三花莸，柳叶马鞭草，马鞭草，五色梅（马缨丹）。

唇形科 ······················· 383

(383)一串红，一串白，深蓝鼠尾草，荔枝草，藿香，木本香薷；(384)蓝花鼠尾草（一串蓝），丹参，朱唇（红花鼠尾草），白花朱唇（白花鼠尾草），荫生鼠尾草；(385)金疮小草，筋骨草，紫背金盘，罗勒，紫罗勒；(386)薄荷，花叶薄荷（斑叶凤梨薄荷，花叶香薄荷），皱叶留兰香，美国薄荷，印度薄荷（一摸香）；(387)活血丹，日本活血丹，白透骨消，花叶欧亚活血丹，蓝萼香茶菜；(388)假龙头花（随意草，芝麻花），六月雪假龙头花，野芝麻，宝盖草，地笋；(389)绵毛水苏，半枝莲，韩信草，黄芩；(390)夏堇（蓝猪耳），迷迭香，夏枯草，夏至草；(391)益母草，錾菜，细叶益母草，风轮菜；(392)紫苏，回回苏，糙苏，香青兰。

茄科 ························· 393

(393)枸杞，大花曼陀罗，苦藏，矮牵牛；(394)龙葵，白英，野海茄；(395)颠茄，假酸浆，牛茄子（大颠茄），乳茄，樱桃番茄。

玄参科 ······················· 396

(396)楸叶泡桐，毛泡桐；(397)白花泡桐，兰考泡桐；(398)金鱼草，香彩雀（夏季金鱼草）；(399)毛地黄，地黄；(400)阿拉伯婆婆纳，达尔文婆婆纳，大婆婆纳，婆婆纳，水蔓菁（细叶婆婆纳）；(401)弹刀子菜，刘寄奴（阴行草），毛地黄叶钓钟柳（电灯花），小通泉草；(402)荷包花（蒲包花），柳穿鱼，龙面花，白花龙面花，蔓柳穿鱼；(403)返顾马先蒿，爬岩红，毛蕊花，山萝花，松蒿。

紫葳科 ······················· 404

(404)楸树，滇楸（光叶灰楸），灰楸；(405)梓树，菜豆树；(406)黄金树，角蒿；(407)凌霄，美国凌霄，硬骨凌霄。

苦苣苔科 ···················· 408

(408)非洲堇（非洲紫罗兰），降龙草，毛萼口红花（花蔓草，大红芒毛苣苔），大岩桐，金鱼花。

胡麻科 ······················· 408

(408)芝麻，黄花胡麻。

车前科 ······················· 409

(409)长叶车前，车前，大车前，平车前。

透骨草科 ···················· 409

(409)透骨草。

茜草科 ······················· 410

(410)栀子，大花栀子，重瓣大花栀子（玉荷花），水栀子（雀舌栀子），红龙船花，黄龙船花；(411)白马骨，金边六月雪，重瓣六月雪，麦仁珠，猪殃殃，茜草；(412)鸡矢藤，毛鸡矢藤，水团花，五星花，香果树，玉叶金花（白纸扇）。

忍冬科 ······················· 414

(413)大花六道木，金叶大花六道木，六道木，糯米条；(414)金银花（忍冬），紫脉金银花，金花忍冬；(415)金银木，唐古特忍冬；(416)郁香忍冬，苦糖果；(417)蓝叶忍冬，川西忍冬；(418)鞑靼忍冬，葱皮忍冬（秦岭忍冬），台尔曼忍冬；(419)匍枝亮叶忍冬，贯月忍冬（穿叶忍冬）；(420)接骨木，金叶接骨木，金边接骨木，裂叶接骨木；(421)接骨草（陆英，草本接骨木），七子花，羽裂叶莛子藨；(422)锦带花，红王子锦带，海仙花，花叶海仙花（花叶锦带花）；(423)猬实；(424)雪果（毛核木），红雪果（小花毛核木，圆叶雪果）；(425)香荚蒾（香探春），荚蒾，绵毛荚蒾，红蕾荚蒾；(426)珊瑚树（法国冬青）；(427)木本绣球，琼花，烟管荚蒾；(428)枇杷叶荚蒾（皱叶荚蒾），桦叶荚蒾；(429)天目琼花（鸡树条荚蒾），黑果荚蒾；(430)粉团（雪球荚蒾），蝴蝶荚蒾，蒙古荚蒾。

川续断科⋯⋯⋯⋯⋯⋯⋯⋯⋯⋯⋯⋯ 431

(431) 华北蓝盆花，白花华北蓝盆花，日本续断。

葫芦科⋯⋯⋯⋯⋯⋯⋯⋯⋯⋯⋯⋯ 432

(432) 南赤瓟，斑赤瓟，赤瓟，鄂赤瓟，绞股蓝；(433) 葫芦，苦瓜，栝楼，马㼎儿。

败酱科⋯⋯⋯⋯⋯⋯⋯⋯⋯⋯⋯⋯ 434

(434) 败酱（黄花龙牙），糙叶败酱，红缬草，宽裂缬草。

桔梗科⋯⋯⋯⋯⋯⋯⋯⋯⋯⋯⋯⋯ 435

(435) 桔梗，半边莲，六倍利（山梗菜），紫斑风铃草；(436) 多歧沙参，轮叶沙参，荠苨，石沙参，丝裂沙参。

菊科⋯⋯⋯⋯⋯⋯⋯⋯⋯⋯⋯⋯ 437

(437，438) 菊花；(439) 大滨菊，滨菊，甘野菊（岩香菊），桂圆菊，太平洋亚菊（金球亚菊）；(440) 金盏菊，加拿大一枝黄花，佩兰；(441，442) 百日草（步步高、节节高、对叶梅）、丰盛橙丰花百日草，玫红小百日草，细叶百日草，紫花藿香蓟（熊耳草，大花藿香蓟）；(443) 抱茎苦荬菜，北山莴苣，菊苣，苣荬菜，毛莲菜，山莴苣；(444) 波斯菊（秋英，大波斯菊），硫华菊（黄波斯菊，硫黄菊）；(445) 菜蓟，飞廉，魁蓟，麻花头，水飞蓟，烟管蓟；(446) 大花金鸡菊，大金鸡菊（剑叶金鸡菊），蛇目菊（两色金鸡菊），红花蛇目菊，月光轮叶金鸡菊；(447) 刺儿菜，兔儿伞，蓝刺头，泥胡菜，牛蒡，红花，(448) 黑心菊，金光菊，毛叶金光菊；(449) 皇帝菊，孔雀草，万寿菊；(450) 雏菊，堆心菊，圆叶肿柄菊；(451) 翠菊，蓝目菊，蓝眼菊（非洲万寿菊，南非万寿菊）；(452) 千叶蓍（西洋蓍草，多叶蓍），高山蓍（蓍），凤尾蓍草（含香蓍草），矮蕨叶蒿（线叶艾，银叶艾蒿，朝雾草，银雾）；(453) 黄金菊，狗舌草，东风菜，勋章菊，菊蒿，蟛蜞菊；(454) 马兰，阿尔泰狗哇花，荷兰菊（柳叶菊，纽约紫菀，荷兰紫菀），三脉紫菀，一年蓬；(455) 紫松果菊，白花鬼针草，白松果菊，牛膝菊，甜叶菊；(456) 向日葵，大头橐吾，毛华菊，蚂蚱腿子，腺梗豨莶（毛豨莶）；(457) 菊芋，串叶松香草，蒲儿根，赛菊芋；(458) 旋覆花，白晶菊，花环菊（小茼蒿），黄晶菊（春俏菊），茼蒿菊（木香菊，蓬蒿菊，木茼蒿）；(459) 瓜叶菊（千日莲），芙蓉菊，银叶菊，卷云银叶菊，细裂银叶菊（银粉银叶菊）；(460) 蒲公英，华蒲公英，药用蒲公英，鸦葱；(461) 大丽花（大丽菊），紫叶大丽花，小丽花，两似蟹甲草，太白山蟹甲草；(462) 宿根天人菊（车轮菊），天人菊（老虎皮菊，虎皮菊），矢车天人菊。

时钟花科⋯⋯⋯⋯⋯⋯⋯⋯⋯⋯⋯⋯ 463

(463) 黄时钟花。

金缕梅科⋯⋯⋯⋯⋯⋯⋯⋯⋯⋯⋯⋯ 463

(463) 枫香，北美枫香；(464) 山白树，小叶蚊母；(465) 蚊母；(466，467) 檵木，红檵木，牛鼻栓；(468) 金缕梅，蜡瓣花。

爵床科⋯⋯⋯⋯⋯⋯⋯⋯⋯⋯⋯⋯ 469

(469) 金脉爵床，金苞花，九头狮子草，白接骨，金脉单药花，虾衣花。

香蒲科⋯⋯⋯⋯⋯⋯⋯⋯⋯⋯⋯⋯ 470

(470) 东方香蒲，小香蒲，水烛（香蒲，狭叶香蒲），宽叶香蒲。

黑藻科⋯⋯⋯⋯⋯⋯⋯⋯⋯⋯⋯⋯ 471

(471) 黑藻。

眼子菜科⋯⋯⋯⋯⋯⋯⋯⋯⋯⋯⋯⋯ 471

(471) 菹草。

泽泻科⋯⋯⋯⋯⋯⋯⋯⋯⋯⋯⋯⋯ 472

(471) 东方泽泻，泽泻，长喙毛茛泽泻。(472) 欧洲慈姑，大慈姑，野慈姑，剪刀草（慈姑）；(473) 大花皇冠，皇冠草，浮叶慈姑。

禾本科⋯⋯⋯⋯⋯⋯⋯⋯⋯⋯⋯⋯ 474

(474) 慈竹，观音竹，大油芒；(475) 刚竹，蒲苇，矮蒲苇，菲黄竹，菲白竹；(476) 阔叶箬竹，毛竹，花叶拂子茅，花叶芒；(477) 早园竹，龟甲竹（佛面竹），蓝羊茅，细茎针芋；(478) 紫竹（黑竹），牛筋草，淡竹叶；(479) 斑竹，狼尾草，紫叶绒毛狼尾草，紫御谷（观赏谷子）；(480) 芦竹，花叶芦竹；(481) 芦苇，横斑芒，薏苡，血草（红叶白茅）；(482) 狗尾草，菰（茭白），虎尾草，花叶草原看麦娘，棕叶狗尾草。

浮萍科⋯⋯⋯⋯⋯⋯⋯⋯⋯⋯⋯⋯ 484

(484) 浮萍。

鸭跖草科⋯⋯⋯⋯⋯⋯⋯⋯⋯⋯⋯⋯ 483

(483) 鸭跖草，杜若，疣草；(484) 紫竹梅，吊竹梅；(485) 紫露草，白花紫露草，白雪姬，蚌花（紫背万年青）。

雨久花科⋯⋯⋯⋯⋯⋯⋯⋯⋯⋯⋯⋯ 486

(486) 梭鱼草，白花梭鱼草，箭叶梭鱼草；(487) 凤眼莲，雨久花（水白菜，蓝鸟花）。

百部科⋯⋯⋯⋯⋯⋯⋯⋯⋯⋯⋯⋯ 488

(488) 百部，对叶百部。

假叶树科⋯⋯⋯⋯⋯⋯⋯⋯⋯⋯⋯⋯ 488

(488) 假叶树。

百合科⋯⋯⋯⋯⋯⋯⋯⋯⋯⋯⋯⋯ 488

(488) 木立芦荟，蜘蛛抱蛋（一叶兰），洒金蜘蛛抱蛋；(489) 郁金香；(490) 紫萼，东北玉簪，银边东北玉簪；(491) 玉簪，花叶玉簪；(492) 沿阶草（麦冬，细叶麦冬），花叶狭叶沿阶草，银纹沿阶草；(493) 山麦冬，矮生沿阶草；(494) 金边阔叶麦冬，阔叶山麦冬；(495) 吉祥草，银边吉祥草，紫黑扁葶沿阶草

（黑叶沿阶草）；(496) 玉竹，管花鹿药，湖北贝母；(497) 天门冬（武竹），文竹，羊齿天门冬；(498) 石刁柏，狐尾天门冬，龙须菜，蓬莱松（松叶武竹）；(499) 萱草，重瓣萱草；(500) 风信子，葡萄风信子，藜芦；(501) 东方百合，亚洲百合，绿花百合，渥丹，荞麦叶大百合；(502) 对叶韭，砂韭（砂葱），山韭（山葱，岩葱），野韭，虎眼万年青；(503) 宝铎草，金边吊兰，金心吊兰，山菅兰，万寿竹。

菝葜科·······················500

(500) 牛尾菜，鞘柄菝葜。

凤梨科·······················504

(504) 三色彩叶凤梨，白缘唇凤梨，虎纹凤梨，莺哥凤梨，紫花凤梨（铁兰），擎天凤梨（星花凤梨，果子蔓）。

龙舌兰科·····················505

(505) 凤尾兰，红叶朱蕉（彩红朱蕉），红边朱蕉，剑麻（菠萝麻），狐尾龙舌兰，金边毛里求斯麻；(506) 虎尾兰，金边虎尾兰，短叶虎尾兰，金边短叶虎尾兰，棒叶虎尾兰（柱叶虎尾兰，圆叶虎尾兰，葱叶虎尾兰），三色铁（三色千年木），也门铁（巴西铁，巴西千年木），金心也门铁。

石蒜科·······················507

(507) 葱莲（葱兰，玉帘），韭莲（韭兰）；(508) 朱顶红（柱顶红），石蒜；(509) 忽地笑，垂笑君子兰，君子兰，花叶君子兰；(510) 文殊兰，白线文殊兰，红花文殊兰，美丽水鬼蕉（美洲蜘蛛兰）；(511) 红口水仙，洋水仙（黄水仙，喇叭水仙），重瓣洋水仙，秋水仙，南美水仙，水仙。

薯蓣科·······················512

(512, 513) 薯蓣，穿龙薯蓣，日本薯蓣。

鸢尾科·······················514

(514) 日本鸢尾（蝴蝶花），白花日本鸢尾（白蝴蝶花），小花鸢尾，野鸢尾；(515) 黄花鸢尾（黄菖蒲）；(516, 517) 马蔺，喜盐鸢尾；德国鸢尾，花菖蒲，蓝花喜盐鸢尾，燕子花，鸢尾；(518) 唐菖蒲，香雪兰，雄黄兰，巴西鸢尾；(519) 射干，条纹庭菖蒲。

芭蕉科····················519，520

(519, 520) 芭蕉，紫苞芭蕉，地涌金莲。

姜科·························521

(521) 姜，艳山姜，花叶艳山姜；(522) 黄姜花，姜荷花，郁金。

旅人蕉科·····················523

(523) 棒叶鹤望兰，大鹤望兰，鹤望兰，尼古拉鹤望兰。

美人蕉科·····················524

(524) 美人蕉，紫叶美人蕉；(525) 大花美人蕉（水生美人蕉），金脉美人蕉（花叶美人蕉）。

竹芋科·······················526

(526) 白粉水竹芋（再力花，水莲蕉），垂花水竹芋。

兰科·························527

(527) 白及（双肾草，紫兰），跳舞兰（文心兰）；(528) 蝴蝶兰；(529) 卡特兰，史蒂芬森卡特兰；(530) 大花蕙兰；(531) 玫瑰石斛，长距石斛，长苏石斛，莫莫佐公主石斛，鼓槌石斛；(532) 喉红石斛，尖刀唇石斛，秋石斛，滇桂石斛，独花兰，建兰。

天南星科·····················533

(533) 大薸，菖蒲，龟背竹，花烛（红掌），水晶花烛，独角莲；(534) 芋，象耳芋，紫芋，海芋（滴水观音），魔芋；(535) 掌叶半夏（虎掌），异柄白鹤芋，彩色马蹄莲，绿巨人白鹤芋，马蹄莲；(536) 刺柄南星，双喜草（灯台莲），天南星（一把伞南星），宽叶天南星，细齿南星，象南星。

莎草科·······················537

(537) 水葱，花叶水葱，扁秆蔍草；(538) 旱伞草（水竹，风车草），纸莎草，香附子，宽叶苔草。

灯芯草科·····················538

(538) 葱状灯芯草。

棕榈科·······················539

(539) 棕榈，贝叶棕，糖棕，油棕；(540) 短穗鱼尾葵，多裂棕竹，棕竹，蒲葵，散尾葵。

中文名称索引·················541
拉丁文名称索引···············555
参考文献·····················574
科名索引·····················578

| 苏铁（铁树） | *Cycas revoluta* Thunb. | Sago-plum, Sago Cycas | 苏铁科苏铁属 |

识别要点：常绿乔木。树干常不分枝。叶羽状分裂，羽片条形，革质而坚硬，边缘显著反卷；雄球花长圆柱形。雌球花扁球形，大孢子叶羽状分裂；种子倒卵形，微扁，红褐色或橘红色；花期 6~8 月，种熟期 10 月。

分布：产于我国东南沿海和日本，我国野外已绝迹。

习性：喜光，喜温暖湿润气候，不耐寒；喜肥沃湿润的沙壤土，不耐积水；生长缓慢，寿命长。

繁殖：分蘖、播种、埋插等法繁殖。

园林应用：树形古朴，主干粗壮坚硬，叶形羽状，四季常青，为重要观赏树种；用于装点园林，不但具有南国热带风光，而且显得典雅、庄严和华贵。

苏铁盆栽

苏铁雄球花

苏铁

苏铁雌球花

苏铁种子

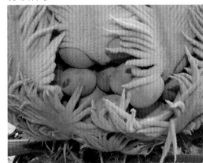

苏铁种子和大孢子叶

裸子植物

| 银杏 | *Ginkgo biloba* L. | Maidenhairtree | 银杏科银杏属 |

识别要点：落叶乔木，高达 40 m。树皮灰褐色，深纵裂；叶扇形，二叉状叶脉，具长柄，在长枝上互生，在短枝上簇生，两面淡绿色，基部楔形，顶端常 2 裂；雌雄异株，种子核果状，具长梗，被白粉，成熟时淡黄色或橙黄色；花期 4 ~ 5 月，果期 9 ~ 10 月。

分布：原产于中国。

习性：喜光，稍耐旱，颇耐寒，不宜盐碱土及黏重土。

繁殖：以播种或嫁接繁殖为主。

园林应用：银杏可孤植、丛植或列植于园林中，宜与枫、槭等树木混栽，至深秋形成黄叶与红叶交织成似锦的美景。

品种：金叶银杏 'Aurea'，叶金黄色；蝴蝶叶银杏 (酒杯叶银杏) 'Hudieye'，叶基部呈圆筒状，盛水时滴水不漏，顶端叉开，似展翅欲飞的蝴蝶，十分奇特。

蝴蝶叶银杏

金叶银杏

银杏秋色叶

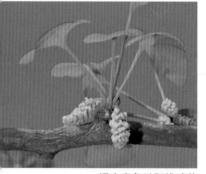
银杏春色叶和雄球花

银杏种子

银杏

南洋杉 *Araucaria cunninghamii* Sweet　Hoop Pine,Moreton Bay Pine　南洋杉科南洋杉属

南洋杉

识别要点：乔木，大枝平展或斜伸，侧身小枝密生，下垂，近羽状排列；叶二型。球果卵圆形或椭圆形；雄球花单生枝顶，圆柱形；球果卵形或椭圆形；种子椭圆形。

分布：原产大洋洲东南沿海地区。中国广州、厦门、海南岛等地有栽培，作庭园树，生长快，已开花结实；长江以北有盆栽。

习性：喜气候温暖，空气清新湿润，光照柔和充足，不耐寒，忌干旱，冬季需充足阳光。

繁殖：播种繁殖或扦插繁殖。

园林应用：南洋杉树形高大，姿态优美，它和雪松、日本金松、北美红杉、金钱松并称为世界五大公园树种；最宜独植作为园景树或纪念树，亦可作行道树，但以栽于无强风地点为宜。

同属植物：异叶南洋杉 *Araucaria heterophylla* (Salisb.) Franco；智利南洋杉 *Araucaria araucana* (Molina) K. Koch。

南洋杉叶形

智利南洋杉

异叶南洋杉

异叶南洋杉枝叶

裸子植物

辽东冷杉（杉松） *Abies holophylla* Maxim.　Manchurian Fir　松科冷杉属

识别要点：常绿乔木，高达 30 m。叶条形，先端急尖或渐尖，无凹缺，下面有 2 条白色气孔带，果枝上的叶面有 2~5 条不明显的气孔带。球果圆柱形，苞鳞长不及种鳞之半，不露出。

分布：产于我国东北地区，俄罗斯西伯利亚和朝鲜也有分布。

习性：喜冷湿气候和深厚、湿润、排水良好的酸性暗棕色森林土。

繁殖：播种繁殖。

园林应用：树姿优美，是优良的山地风景林树种，也常用于庭园观赏。

同属植物：臭冷杉（臭松）*Abies nephrolepis* (Trautv.) Maxim. (Khingan Fir)，一年生枝条密被短柔毛；营养枝叶顶端凹缺或 2 裂；种鳞肾形，苞鳞顶端有时露出；树皮具臭包；日本冷杉 *Abies firma* Siebold et Zucc.。

辽东冷杉叶形

辽东冷杉

臭冷杉叶形

日本冷杉

臭冷杉树干和臭包

裸子植物

识别要点：常绿乔木，高达 50 m。树冠圆锥形，树皮淡黄灰色，浅裂或不规则鳞片状剥落；小枝淡黄色或淡黄灰色，无毛；叶四棱状线形，各面均有白色气孔线；球果卵状圆柱形，种鳞宽大光滑。

分布：我国特有树种，多分布于湖北西部、陕西南部、甘肃。

习性：耐寒，耐阴，喜冷凉、湿润气候；喜排水良好的微酸性、中性深厚土壤；抗风力差。

繁殖：种子繁殖。

园林应用：青杆树形整齐，叶较细密，适宜在庭院绿地中孤植、散植。

同属植物：白杆 *Picea meyeri* Rehd. et Wils.(Meyer Spruce)，叶先端微钝。球果熟前种鳞背部绿色，上部边缘紫红色。

青杆叶形

白杆叶形

青杆

白杆

裸子植物

| 云杉 | *Picea asperata* Mast. | China Spruce, Dragon Spruce | 松科云杉属 |

蓝杉

识别要点：常绿乔木,高达30 m。树冠为狭圆锥形,树干端直；树皮鳞状开裂,大枝平展,一年生小枝具白粉,叶四棱形针状,青绿色,先端尖,四面均有气孔带,呈螺旋形围绕着茎；球果较大,圆柱状短圆形,熟前绿色,熟时栗褐色；花期4月,果期10月。

分布：为我国特有树种,多分布于四川、陕西南部、甘肃及青海。

习性：耐阴、耐寒,喜湿润气候,宜生于中性或酸性土壤。

繁殖：播种繁殖。

园林应用：云杉叶上有粉白色气孔线,远眺如白云缭绕,可孤植或丛植。

同属植物：麦吊云杉 *Picea brachytyla* (Franch.) Pritz.,侧枝细而下垂；红皮云杉 *Picea koraiensis* Nakai（Korean Spruce）,一年生小枝无白粉；球果种鳞露出部分平滑无纵纹。蓝杉（蓝粉云杉）*Picea pungens* Englm. f. *glauca* (Regel) Beissn,叶蓝色或蓝绿色。

蓝杉叶形

麦吊云杉叶形

云杉

麦吊云杉

云杉球果

红皮云杉

裸子植物

| 雪松 | *Cedrus deodara* (Roxb.) G. Don | Deodar Cedar, India Cedar | 松科雪松属 |

识别要点：常绿乔木，高可达 50 m。树冠圆锥形。主干挺直。大枝常平展，不规则轮生，小枝略下垂；叶针形，灰绿色，幼时有白粉，在长枝上呈螺旋状散生，在短枝的枝端簇生；球果椭圆状卵形；花期 10～11 月，果期翌年 10 月。

分布：西藏西南部、华北至长江流域。

习性：喜光，喜温凉气候，耐寒，稍耐阴，抗旱性强，忌积水。

繁殖：播种繁殖。

园林应用：雪松高大雄伟，树形优美，冬季白雪积于枝叶上甚是美观动人，可在庭园中对植，也适宜孤植或群植于草坪上，或列植于园路的两旁，形成甬道，也极为壮观。

品种：垂枝雪松 'Pendula'，大枝下垂。

同属植物：北非雪松 *Cedrus atlantica* Manetti。

北非雪松叶形

垂枝雪松

雪松示成熟雄球花

北非雪松

雪松球果

雪松

金钱松　*Pseudolarix amabilis* (Nelson) Rehd.　Chinese Golden Larch　松科金钱松属

识别要点：落叶乔木，高达50 m。树冠宽塔形。树皮深裂成鳞状块片；叶条形，柔软，在长枝上螺旋状排列，在短枝上簇生，呈辐射状平展；雌雄同株；球果卵圆形或倒卵形，直立，当年成熟；种鳞木质，脱落，种子有翅；花期4~5月，球果10~11月成熟。

分布：我国特产，分布于长江中下游以南。

习性：喜光，喜温暖湿润气候，较耐寒，适于中性至酸性土壤，忌石灰质土壤，不耐干旱和积水。深根性。

繁殖：播种繁殖。

园林应用：树姿挺拔雄伟，秋叶金黄色，是世界五大公园树种之一，适于配植在池畔、溪旁、瀑口、草坪一隅，孤植或丛植，以资点缀。

金钱松

金钱松盆栽

金钱松幼苗

金钱松雄球花

金钱松树干

金钱松叶形

裸子植物

| 落叶松 | *Larix gmelini* (Rupr.) Rupr. | Dahurian Larch | 松科落叶松属 |

识别要点：落叶乔木，高达30 m。树皮暗灰色或灰褐色，一年生枝淡黄色，基部常有长毛；叶倒披针状条形，先端钝尖；球果卵圆形，熟时上端种鳞张开，黄褐色或紫褐色，种鳞三角状卵形，先端平，微圆或微凹；苞鳞先端长尖，不露出；花期5~6月，球果9月成熟。

分布：产于东北大兴安岭和小兴安岭。

习性：强阳性，耐严寒，对土壤的适应性强。

繁殖：播种繁殖。

园林应用：为优良的山地风景林树种。

同科植物：日本落叶松 *Larix kaempferi* (Lamb.) Carr.，一年生长枝淡黄色或淡红褐色，有白粉；华北落叶松 *Larix principis-rupprechtii* Mayr.，叶条形，扁平。

落叶松叶形

落叶松

落叶松球果

华北落叶松球果

华北落叶松

日本落叶松

裸子植物

白皮松　*Pinus bungeana* Zucc. ex Endl.　Lace-bark Pine, Bunge Pine　松科松属

识别要点：常绿乔木，高达 30 m，树冠阔圆锥形；幼树树皮灰绿色，平滑，老树树皮薄鳞片状脱落。小枝灰绿色，无毛。叶 3 针一束，粗硬，叶鞘早落。球果圆锥状卵圆形，鳞盾菱形；花期 4 ~ 5 月，球果翌年 9 ~ 10 月成熟。

分布：为我国特产，产于甘肃、山西、陕西、河南、湖北、四川等省。

习性：喜光，较耐旱，耐干燥瘠薄，抗寒力强。

繁殖：播种繁殖。

园林应用：可以孤植、对植、丛植或作行道树，亦适于园林及庭院或岩石旁栽植，苍松奇峰相映成趣。

白皮松枝干

白皮松

白皮松球果

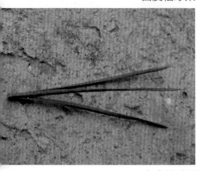

白皮松叶形

白皮松盆景

华山松

华山松当年生球果

华山松成熟球果

识别要点：常绿乔木，高达 35 m。树冠广圆锥形；幼树树皮灰绿色或淡灰色，光滑，老树皮则裂成方形厚块片；冬芽小，圆柱形，栗褐色；叶 5 针一束，质柔软，叶鞘早落。球果圆锥状长卵形；花期 4 ~ 5 月，球果翌年 9 ~ 10 月成熟。

分布：主产于西北、中南及西南各地。

习性：阳性树，喜光、喜温凉湿润气候，不耐水涝及盐碱。

繁殖：播种繁殖。

园林应用：华山松在园林中可用作园景树、庭阴树、行道树及林带树，可丛植或群植。

华山松盆栽

华山松种子

野生状态下的华山松

华山松幼苗

乔松　*Pinus griffithii* McClelland　Bhutan Pine, Himalayan Pine　松科松属

识别要点：常绿乔木，高 70 m。树冠阔尖塔形。树皮灰褐色，小块裂片易脱落；枝条开展，当年生枝初绿色渐变为红褐色，无毛，有光泽，微被白粉；叶 5 针一束，细柔下垂，边缘有细锯齿，叶面有气孔线。球果圆柱形下垂，成熟后淡褐色；花期 4～5 月，球果于翌年秋季成熟。

分布：主产于西藏南部和云南南部。

习性：性喜光，稍耐阴，喜酸性土壤，较耐寒，耐干旱。

繁殖：播种繁殖。

园林应用：是优良的观赏树种，在城市绿化中可以在绿地上孤植和散植。

乔松枝叶

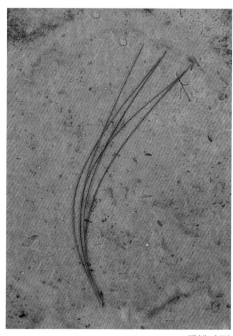

乔松叶形

乔松球果

乔松树干

乔松

日本五针松　*Pinus parviflora* Sieb. et Zucc.　Japanese White Pine　松科松属

识别要点：常绿乔木，原产地高达 25 m。树冠圆锥形；树皮灰黑色，不规则鳞片状剥裂；小枝密生淡黄色柔毛；叶蓝绿色，5 针一束，较短细，叶鞘早落。球果卵圆形或卵状椭圆形；种鳞长圆状倒卵形，鳞脐凹下；种子具长翅。
分布：原产日本。
习性：耐阴性较强，对土壤要求不严格，喜深厚湿润而排水良好的酸性土。
繁殖：播种、扦插或嫁接繁殖。
园林应用：树姿优美，枝叶密集，针叶细短而呈蓝绿色，望之如层云簇拥，为珍贵园林树种；树体较小，适于小型庭院、山石、厅堂配植，常丛植。

日本五针松

日本五针松雄球花

日本五针松盆景

日本五针松雌球花

日本五针松球果

油松球果

识别要点：常绿乔木，高达 30 m。树冠呈塔形或阔卵形；树皮灰褐色，呈红褐色鳞状裂片；枝红褐色或淡灰黄色，无毛，幼时微被白粉；叶 2 针一束；冬芽长圆形，红棕色；球果卵圆形，熟时淡褐黄色，宿存树上不落；花期 4 ~ 5 月，果熟期翌年 10 月。

分布：我国特有树种，产于华北、西北。

习性：深根性，喜光，能耐 -25℃低温，耐瘠薄，抗风。

繁殖：种子繁殖。

园林应用：树干挺拔苍劲，可孤植或群植于山坡、悬崖、岩石、假山、墙隅、草坪边，亦可作行道树，以杨柳、元宝枫为背景，树冠层次有别，树色丰富。

油松红褐色冬芽

油松雌球花和雄球花

油松

油松新枝

| 黑松 | *Pinus thunbergii* Parl. | Japanese Black Pine | 松科松属 |

识别要点：常绿乔木，高达 35 m。树冠幼时呈狭圆锥形，老时呈伞状；树皮灰黑色，老枝略下垂；冬芽圆筒形，银白色；叶 2 针一束，粗硬，叶鞘宿存；球果圆锥状卵形至卵圆形，有短柄，熟时褐色；鳞盾微肥厚，有短尖刺；花期 3～5 月，球果翌年 9～10 月成熟。

分布：原产日本。

习性：喜光，喜温暖湿润的气候，耐干旱贫瘠及盐碱，不耐积水，深根性，抗病虫害强。

繁殖：播种繁殖。

园林应用：宜作风景林、防护林、行道树、庭阴树；公园和绿地内可用来配置假山、花坛或孤植于草坪。

黑松幼球果

黑松

黑松盆景

黑松球果

黑松白色冬芽和幼果

马尾松	*Pinus massoniana* Lamb.	Masson Pine	松科松属

识别要点：常绿乔木，高达 40 m。树皮红褐色至灰褐色；树冠在壮年期呈狭圆锥形，老年期开张如伞；一年生枝淡黄褐色，无白粉；叶 2 针一束，质地柔软；球果卵圆形；花期 4~5 月，球果翌年 10~12 月成熟。

分布：分布广，是长江流域及其以南最常见的松树。

习性：强阳性，幼苗也不耐阴；喜温暖湿润气候，耐短时间 –18℃低温；喜酸性黏质土壤，耐干旱瘠薄，不耐水涝和盐碱；对氯气有较强抗性。

繁殖：播种繁殖。

园林应用：树体高大雄伟，是优良的园林造景材料，最适于群植成林。

马尾松幼球果

马尾松雌球花

马尾松叶形和幼果

马尾松

马尾松雄球花

| 赤松（日本赤松） | *Pinus densiflora* Sieb. et Zucc. | Japanese Red Pine | 松科松属 |

识别要点：常绿乔木，高达 35 m。树冠圆锥形或扁平伞形；树皮橙红色，呈不规则状薄片剥落；一年生小枝橙黄色，略有白粉；叶 2 针一束；球果长圆形，有短柄；花期 4 月，果翌年 9~10 月成熟。

分布：产于黑龙江、吉林长白山区、山东半岛、辽东半岛及苏北云台山区等地。日本、朝鲜、俄罗斯也有分布。

习性：强阳性，不耐庇荫；喜酸性或中性排水良好的土壤，在石灰质、沙地及多湿处生长略差。深根性，抗风力强。

繁殖：播种繁殖。

园林应用：树皮橙红色，斑驳可爱，幼时树形整齐，老时虬枝蜿垂，是优良观赏树木，宜对植或草坪中孤植、丛植，也适宜与假山、岩洞、山石相配，均疏影翠冷、萧瑟宜人。

品种：平头赤松'Umbraculifera'，树冠伞形，丛生大灌木状。

同科植物：樟子松（獐子松，海拉尔松）*Pinus sylvestris* L. var. *mongolica* Litv.。

赤松盆景

赤松树干

赤松

赤松球果

平头赤松

樟子松

湿地松　*Pinus elliottii* Engelm.　Slash Pine　松科松属

识别要点：常绿乔木，原产地高 30~36 m。树皮灰褐色，纵裂成大鳞片状剥落；叶 2 针、3 针 1 束约各占一半，粗硬，深绿色，有光泽，腹背两面均有气孔线，叶缘具细锯齿；球果常 2~4 个聚生，罕单生，圆锥形，有梗，种鳞平直或稍反曲，鳞盾肥厚，鳞脐疣状，先端急尖；种子卵圆形，易脱落。

分布：原产美国东南部，我国 20 世纪 30 年代开始引栽。

习性：极喜光，耐 40 ℃的高温和 –20 ℃的低温，耐水湿，但长期积水生长不良。

繁殖：播种繁殖。

园林应用：湿地松苍劲而速生，适应性强，在自然风景区中作为重要树种应用。

同科植物：火炬松 *Pinus taeda* L.(Loblolly Pine)，叶大多数 3 针一束。

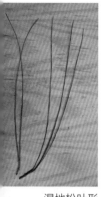

湿地松叶形

湿地松枝叶

湿地松

火炬松

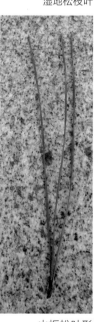

火炬松叶形

湿地松球果

裸子植物

| 杉木 | *Cunninghamia lanceolata* (Lamb.) Hook. | Chinese Fir | 杉科杉木属 |

杉木

杉木未成熟球果

识别要点：常绿乔木，高达 30 m。广圆锥形树冠，树皮褐色，裂成长条状脱落；叶披针形或条状披针形，边缘有锯齿，革质，坚硬，深绿色而有光泽；卵形或球形球果 2 ~ 3 个簇生于枝顶，成熟时棕黄色；花期 4 月，球果 10 月成熟。

分布：北至淮海，南至雷州半岛，东至浙江、福建沿海，西至青藏高原。

习性：阳性树，喜温暖湿润气候，不耐寒，喜肥沃、排水良好的酸性土壤。

繁殖：播种繁殖、扦插繁殖。

园林应用：杉木主干端直，最适列植于道旁，亦可在园林中山谷、溪边、村缘群植，在建筑物附近成丛点缀或山岩、亭台之后片植。

杉木雄球花

杉木球果

杉木林相

裸子植物

柳杉 *Cryptomeria fortunei* Hooibrenk ex Otto et Dietr. Chinese Cedar, Chinese Cryptomeria **杉科柳杉属**

识别要点：常绿乔木，高达40 m。树冠塔圆锥形。树皮赤棕色，纤维状裂成长片状剥落。大枝斜展或平展，小枝下垂；叶螺旋状互生，钻形，微向内曲。球花黄色或淡绿色，球果成熟时深褐色。花期4月，球果10～11月成熟。

分布：主产于长江流域以南至广东、广西、云南、贵州、四川等地。

习性：为中等的阳性树，略耐阴，略耐寒，喜温暖湿润气候，宜长在湿润肥厚的酸性土壤。

繁殖：播种繁殖及扦插繁殖。

园林应用：柳杉树形圆整而高大，树干粗壮，最适独植、对植，且纤枝略垂，群植也极为美观。

同属植物：日本柳杉 *Cryptomeria japonica* (L. f.) D. Don (Japan Cedar, Japan Cryptomeria)，日木柳杉叶锥形，其叶直伸，先端不内曲，略短。原产日本。

柳杉

柳杉球果

日本柳杉雄球花

柳杉叶形

日本柳杉

裸子植物

| 池杉 | *Taxodium ascendens* Brongn. | Pond Cypress | 杉科落羽杉属 |

识别要点：落叶乔木，高达 25 m。树冠尖塔形。树干基部膨大，常有屈膝状的呼吸根；树皮褐色，纵裂成长条片状脱落；一年生小枝绿色，多年生小枝红褐色；叶钻形，略内曲，枝上螺旋状伸展；球果圆球形，有短梗，成熟时黄褐色。花期 4 月，球果 10 月成熟。

分布：原产美国。

习性：强阳性，不耐阴，耐涝，较耐旱，喜温暖湿润气候，不宜在盐碱地种植。

繁殖：播种和扦插繁殖。

园林应用：池杉树姿优美，秋叶棕褐色，适宜于公园、水滨、桥头、低湿草坪上列植、群植。

池杉

池杉球果

池杉雄花序

池杉叶形

池杉园林应用

裸子植物

落羽杉（落羽松） *Taxodium distichum* (L.) Rich. Common Baldcypress 杉科落羽杉属

识别要点：落叶乔木，原产地高达 50 m。树干基部常膨大，具膝状呼吸根；一年生小枝褐色，着生叶片的侧生小枝排成 2 列，冬季与叶俱落；叶条形，长 1～1.5 cm，扁平，螺旋状着生，基部扭转成羽状，排列较疏。球果圆球形，径约 2.5 cm。花期 3 月，球果 10 月成熟。

分布：原产北美东南部。

习性：生于亚热带排水不良的沼泽地区，强阳性，不耐庇荫，喜温暖湿润气候，极耐水湿，能生长于短期积水地区。

繁殖：播种和扦插繁殖。

园林应用：树形美观，性好水湿，常有奇特的屈膝状呼吸根伸出地面，新叶嫩绿色，入秋变为红褐色，是世界著名的园林树种，适于水边、湿地造景，可列植、丛植或群植成林。

落羽杉球果

落羽杉呼吸根

落羽杉园林应用 1

落羽杉

落羽杉叶形

落羽杉园林应用 2

落羽杉园林应用 3

| 水松 | *Glyptostrobus pensilis* (Staunt. ex D. Don) Koch | Chinese Deciduous Cypress | 杉科水松属 |

识别要点：落叶或半常绿乔木，高 8 ~ 10 m。树冠圆锥形；小枝绿色；叶互生，三型，鳞形叶宿存，条状钻形叶和条形叶常排成 2 ~ 3 列的假羽状，冬季与小枝同落；雌雄同株；球果倒卵球形，种鳞木质而扁平。

分布：华南和西南零星分布。

习性：多生于河流沿岸，强阳性，喜温暖湿润气候，喜中性和微碱性土壤，耐水湿；主根和侧根发达，寿命长。

繁殖：播种和扦插繁殖。

园林应用：著名的古生树种，第四纪冰川期后的孑遗植物，我国特产，树形美观，秋叶红褐色，并常有奇特的呼吸根，是优良的防风固堤、低湿地绿化树种，可成片植于池畔、湖边、河流沿岸、水田隙地。

水松

水松条形叶

水松球果

水松鳞形叶和钻形叶

水松树干

裸子植物

识别要点：落叶乔木，高达 35 m。幼树树冠尖塔形，老树则为广圆头形。主干高耸通直。大枝轮生，小枝对生；叶交互对生，叶基扭转排列成 2 列，呈羽状，条形，扁平；雄球花为总状花序或圆锥状花序；球果近球形，成熟时深褐色，下垂；花期 2 月，球果 11 月成熟。

分布：我国特有树种，天然分布于四川、湖北、湖南等地。

习性：阳性树，喜温暖湿润气候，喜湿润肥厚的酸性土壤，不耐涝。

繁殖：扦插或播种繁殖。

园林应用：水杉树干通直挺拔，入秋后叶色金黄，可在公园、庭园、草坪、绿地中孤植、列植或群植，还可栽于建筑物前或用作行道树。生长迅速，是郊区、风景区绿化的重要树种。

水杉叶形

水杉园林应用

水杉

湖北利川水杉王

水杉球果

柏木

铺地柏

柏科植物 1：

柏木 *Cupressus funebris* Endl.；
刺柏 *Juniperus formosana* Hayata；
杜松 *Juniperus rigida* Sieb. et Zucc.；
铺地柏 *Sabina procumbens* (Endl.) Iwata et Kusaka；
砂地柏（叉子圆柏）*Sabina vulgaris* Ant.；
北美香柏 *Thuja occidentalis* L.。

杜松叶形

砂地柏

杜松

北美香柏

刺柏

| 侧柏 | *Platycladus orientalis* (L.) Franco | Oriental Arbor-vitae, China Arbor-vitae | 柏科侧柏属 |

识别要点：常绿乔木，高达 20 m。幼树树冠尖塔形，老树广圆形；树皮浅褐色，呈薄片状剥离；大枝斜出，小枝平展，无白粉；叶全为鳞片状；球果卵形，成熟前绿色，成熟后木质、红褐色。花期 3 ~ 4 月，果 10 ~ 11 月成熟。

分布：原产我国东北、华北，现全国各地皆有栽培。

习性：喜光，耐阴，耐寒，耐旱，喜温暖湿润气候，对土壤要求不严。

繁殖：播种或扦插繁殖。

园林应用：可群植于草坪上或用于行道旁作绿篱，亦可栽植于花坛中心，装饰建筑、雕塑、假山石或对植入口两侧。

品种：千头柏 'Sieboldii'，丛生灌木，无明显主干，高 3 ~ 5 m，枝密生，树冠呈紧密卵圆形；金球侧柏 'Semperaurescens'，叶全年保持金黄色。

侧柏

侧柏雌球花

侧柏球果与种子

金球侧柏

千头柏

| 日本花柏 | *Chamaecyparis pisifera* (Sieb.et Zucc.) Endl. | Sawara Falwe Cypress | 柏科扁柏属 |

识别要点：常绿乔木，原产地高达 50 m；树冠圆锥形；叶表暗绿色，下面有白色线纹，鳞叶端锐尖，略开展；球果圆球形，径约 6 mm；种子三角状卵形，两侧有宽翅。

分布：原产日本。

习性：中等喜光，喜温暖湿润气候，不耐干旱和水湿，浅根性。

繁殖：播种繁殖或扦插、嫁接繁殖。

园林应用：树形端庄，枝叶多姿，在园林中孤植、列植、丛植、群植均适宜。

品种：凤尾柏 'Plumosa'，灌木，小枝外形颇似凤尾蕨。

日本花柏球果

凤尾柏

日本花柏叶形

日本花柏

日本花柏雄球花

粉柏

日本扁柏

粉柏叶色

柏科植物 2：

日本扁柏 *Chamaecyparis obtusa* (Sieb.et Zucc.)Endl.，
洒金云片柏‘Aurea Breviramea’；
绒柏 *Chamaecyparis pisifera* (Sieb.et Zucc.) Endl.‘Squarrosa’；
粉柏 *Sabina squamata* (Buch.-Hamilt.)Ant.‘Meyeri’。

绒柏园林应用

绒柏

洒金云片柏

龙柏

蜀柏

圆柏属植物：

圆柏 *Sabina chinensis* (L.) Ant. ,
龙柏‘Kaizuca’,
洒金圆柏‘Aurea’；
北美圆柏 *Sabina virginiana* (L.) Ant.；
蜀柏(塔枝圆柏，蜀桧) *Sabina komarovii* (Florin) Cheng et W.T.Wang。

北美圆柏

圆柏

洒金圆柏

罗汉松 *Podocarpus macrophyllus* (Thunb.) D. Don　Yaccatree　罗汉松科罗汉松属

识别要点：常绿乔木，高达 20 m。树冠广卵形；树皮灰色，浅裂，呈薄鳞片状脱落；叶条状披针形，两面中脉明显；雄球花穗状腋生、近无柄，雌球花单生于叶腋；种子卵圆形，未成熟时绿色，成熟时紫色，被白粉，种托肉质红色。花期 5 月，种子 8 ～ 9 月成熟。

分布：产于江苏、浙江、安徽、湖南、广东等地。

习性：较耐阴，为半阴性树，喜排水良好湿润的沙质上壤，不耐寒。

繁殖：播种或扦插繁殖。

园林应用：树形独特优美，种子与种托红绿相映，颇富奇趣，适宜孤植作庭阴树，或对植、散植于厅堂之前；耐剪整姿，可作景观树或绿篱。

同属植物：竹柏 *Podocarpus nagi* (Thunb.) Zoll. et Mor. ex Zoll.，叶对生或近对生，卵状披针形，革质，表面光滑，揉碎后有番石榴气味；种子球形，种托干瘦，木质。

罗汉松盆栽

罗汉松园林应用

罗汉松

罗汉松雄球花

罗汉松种子和种托

竹柏

裸子植物

粗榧 *Cephalotaxus sinensis* (Rehd. et Wils.) Li   China Plum-yew   三尖杉科三尖杉属

识别要点：常绿乔木，高达 12 m。树冠广圆形。树皮灰色或灰褐色，呈薄片状脱落；叶条形，对生，通常直，端渐尖，基部近圆形，上面绿色，下面气孔带白色，绿色边带不明显；种子椭圆状卵形，成熟时紫色。花期 4 月，种子翌年 10 月成熟。

分布：产于长江流域及其以南地区。

习性：喜光，耐寒，病虫害少，生长慢，耐修剪，不耐移植。

繁殖：播种繁殖，层积处理后进行春播。

园林应用：宜与其他树配植，作基础种植用，或在草坪边缘植于大乔木之下。

同属植物：三尖杉 *Cephalotaxus fortunei* Hook. f. (Chinese Cowtail Pine)，叶螺旋状着生两列，线形披针形，较粗榧长，稍弯曲，叶端尖，叶基楔形。

粗榧

粗榧种子

三尖杉叶形

粗榧雄球花

三尖杉

矮紫杉 *Taxus cuspidata* Sieb. et Zucc. 'Nana'　　Dwarf Japanese Yew　　红豆杉科红豆杉属

欧洲红豆杉

识别要点：常绿灌木，树皮赤褐色，片状剥裂。叶条形，先端突尖，上面深绿色，有光泽，下面有两条灰绿色气孔带，在主枝上呈螺旋状排列，在侧枝上呈不规则羽状排列；种子卵圆形，顶端有小钝尖头，紫红色。花期 5 ~ 6 月，种子 9 月成熟。

分布：产于吉林及辽宁东部长白山林区中。

习性：阴性树种，耐寒，喜生于肥沃、湿润、疏松、排水良好的土壤，生长缓慢，耐修剪。

繁殖：播种繁殖。

园林应用：树形端庄，易修剪，可孤植或群植，又可植为绿篱或修剪为各种雕塑物。

同属植物：东北红豆杉 *Taxus cuspidata* Sieb. et Zucc.；欧洲红豆杉（欧紫杉，英国紫杉）*Taxus baccata* L.；云南红豆杉（西南红豆杉）*Taxus yunnanensis* Cheng et L. K. Fu，叶质地薄，披针状条形或条状披针形，常呈弯镰状，中上部渐窄，先端渐尖。

云南红豆杉

矮紫杉

矮紫杉园林应用

东北红豆杉

欧洲红豆杉种子与假种皮

红豆杉 *Taxus chinensis* (Pilger) Rehd. Chinese Yew 红豆杉科红豆杉属

识别要点：常绿乔木，高达 30 m。叶条形，略弯曲，长 1 ~ 3.2 cm，叶缘微反曲，背面有 2 条宽的黄绿色或灰绿色气孔带，绿色边带极狭窄，中脉上密生细小凸点；种子多呈卵圆形，有 2 棱，假种皮杯状，红色。

分布：产于甘肃南部、陕西南部、湖北、四川等地。

习性：喜温暖、湿润气候。

繁殖：播种或扦插繁殖。

园林应用：树形端庄，园林中可孤植、丛植和群植。

同属植物：南方红豆杉 *Taxus chinensis* (Pilger) Rehd. var. *mairei* (Lemeé et Lévl.) Cheng et L. K. Fu，叶较宽长，常呈弯镰刀状；种子多为倒卵形。

红豆杉叶形

红豆杉假种皮

南方红豆杉

盆栽红豆杉园林应用

红豆杉盆栽

红豆杉

香榧雄球花

香榧种子（干果）

榧树

木贼麻黄

草麻黄

麻黄科植物：

草麻黄 *Ephedra sinica* Stapf.；
木贼麻黄 *Ephedra equisetina* Bunge。

红豆杉科榧树属植物：

榧树 *Torreya grandis* Fort. ex Lindl.，
叶呈假二列状排列，线状披针形；种
子核果状，矩状椭圆形或倒卵状长圆
形；
香榧 *Torreya grandis* Fort. ex Lindl.
'Mettillii'。

香榧

香榧叶形

| 鱼腥草 | *Houttuynia cordata* Thunb. | Heartleaf Houttuynia | 三白草科蕺菜属 |

识别要点：多年生草本植物，高 30 ～ 60 cm，全株有鱼腥味。叶阔卵形，先端短渐尖，基部心形，互生，全缘，背面紫红色；穗状花序顶生或与叶互生，总苞片白色，花瓣状；蒴果卵圆形。花期 4 ～ 7 月，果期 7 ～ 10 月。

分布：产于中国华南、华东及西南地区。

习性：阴性植物，怕强光，喜温暖潮湿环境，较耐寒，忌干旱，以肥沃的沙壤土或腐殖质壤土生长最好。

繁殖：播种或分株繁殖。

园林应用：植株叶茂花繁，生性强健，为乡土地被植物，是良好的观叶植物，可盆栽观赏，或带状丛植于溪沟旁，或群植于潮湿的疏林下。

品种：花叶鱼腥草 'Variegata'，叶具花斑，呈现红色、绿色、褐色、黄色等颜色。

同科植物：三白草 *Saururus chinensis* (Lour.) Baill.，叶全缘，基出脉 5。总状花序 1 ～ 2 枝顶生；花小，雄蕊 6。果实分裂为 4 个果瓣。

鱼腥草

银线草

多穗金粟兰

花叶鱼腥草

金粟兰科植物：

银线草 *Chloranthus japonicus* Sieb.；
多穗金粟兰 *Chioranthus multistachys* Pei。

三白草

银线草俯视

毛白杨 *Populus tomentosa* Carr.　Chinese White Poplar　杨柳科杨属

小叶杨

识别要点：落叶乔木，高达 30 ~ 40 m。树冠卵圆形或卵形；树干通直，树皮幼时青白色，老时纵裂暗灰色；叶三角状卵形或三角状卵圆形，基部心形，叶缘具波状缺刻或锯齿，背面密生白茸毛，叶柄扁平；花期 2 ~ 3 月，果期 3 ~ 4 月。

分布：河南中部、北部和山东西部等地。

习性：喜光，喜凉爽湿润气候，对土壤要求不严，喜深厚肥沃沙壤土。

繁殖：主要采用埋条、扦插、嫁接、留根、分蘖等法繁殖。

园林应用：树枝高大挺拔，常用作行道树、庭阴树，可孤植、丛植于建筑周围、草坪、广场；在广场、学校、干道、水滨两侧规则式列植、群植，气势雄伟。

变种：抱头毛白杨 var. *fastigiata* Y. H. Wang，树干通直，枝叶紧密，树冠狭窄，侧枝展开，呈 10° ~ 25° 角。

同属植物：小叶杨 *Populus simonii* Carr.。

抱头毛白杨

毛白杨雌花序

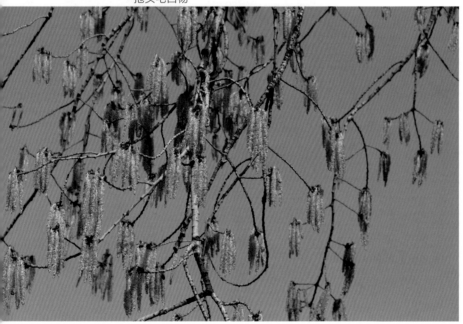

毛白杨雄花序

毛白杨秋色叶

毛白杨

双子叶植物

| 银白杨 | *Populus alba* L. | White Poplar, Dutch Beech | 杨柳科杨属 |

识别要点：落叶乔木，高达 35 m。树冠广卵形或圆球形。树皮灰白色、光滑，老时纵深裂，幼叶密被白色茸毛，长枝的叶呈掌状裂，短枝的叶卵形或椭圆状卵形，具波状钝齿，老枝背面及叶柄密被白色茸毛；蒴果长圆锥形，2 裂；花期 3 ~ 4 月，果期 4 ~ 5 月。

分布：新疆有野生。

习性：喜光，不耐阴，耐干旱，但不耐湿热。

繁殖：常用播种、分蘗、扦插等方法繁殖。

园林应用：叶片银光闪烁，颇美观，在园林中用作庭阴树、行道树、景观树，或于草坪、绿地孤植、丛植，或片植成林。

同属植物：新疆杨 *Populus bolleana* Lauche，树冠窄圆柱形或尖塔形；树皮灰白或青灰色，光滑少裂。仅见雄株。

新疆杨

银白杨叶背面

银白杨叶形

银白杨

银白杨园林应用

加拿大杨	*Populus canadensis* Moench.	Canada Poplar	杨柳科杨属

加拿大杨叶形

识别要点：落叶乔木，高达 30 m。树冠宽卵形。树干通直，树皮灰褐色，纵裂，芽大，先端反曲；叶近三角形，先端渐尖，基部截形，锯齿钝圆，叶缘半透明。雄花序 7 ～ 15 cm，黄绿色；花期 4 月，果熟期 5 月。

分布：原产美洲。

习性：性喜光，耐寒，喜湿润而且排水良好的冲积土，抗盐碱、贫瘠、水涝，适应性强。

繁殖：扦插繁殖。

园林应用：树体高大宽阔，叶片大而有光泽，可片植成林，亦可作行道树、庭阴树。

同属植物：山杨 *Populus davidiana* Dode，叶卵圆形、圆形或三角状圆形，先端圆钝，基部圆形或截形，边缘具波状浅齿；响叶杨 *Populus adenopoda* Maxim.，叶卵状圆形或卵形，先端长渐尖；叶柄侧扁，长 2~8 cm，顶端有 2 显著腺体。

山杨

响叶杨

加拿大杨

加拿大杨秋色叶

加拿大杨幼果序

河北杨叶形

河北杨

识别要点：落叶乔木，高达 30 m。树冠阔圆形。树皮灰白色，光滑。小枝圆柱形；叶卵圆形或近圆形，长 3 ~ 8 cm，缘具疏波齿或不规则缺刻，先端钝或短尖，基部圆形或近截形，幼叶背面密被茸毛，后渐脱落；叶柄扁，无腺体。

分布：华北及西北各省。

习性：喜光，较耐寒，适生于高寒多风地区，耐干旱，喜湿润，但不耐水淹。

繁殖：播种、压条、根蘖及嫁接繁殖。

园林应用：树皮白色洁净，树冠圆整，枝条细柔平伸甚至稍垂，加之圆形和波缘的叶片，形成清秀柔和的景色，是优美的庭阴树、行道树和风景树。

同属植物：钻天杨 *Populus nigra* L. var. *italica* (Moench) Koehne，叶三角形，树冠圆柱形。

河北杨树干

钻天杨叶形

钻天杨

双子叶植物

| 旱柳 | *Salix matsudana* Koidz. | Dryland Willow | 杨柳科柳属 |

旱柳

绦柳

识别要点：落叶乔木，高达 18 m。树冠卵圆形至倒卵圆形。树皮灰黑色，纵裂；枝条直伸或斜展。叶互生，披针形，先端渐尖，基部楔形，缘有细齿，背面微被白粉，叶柄短；葇荑花序直立。花期 3 ~ 4 月，果期 4 ~ 5 月。

分布：中国分布甚广，东北、华北、西北及长江流域各省区均有分布。

习性：喜光、不耐庇荫，耐旱，耐水湿，适合在排水良好的深厚沙壤土上生长。

繁殖：扦插繁殖。

园林应用：枝条柔软，树冠丰满，最适作庭荫树、行道树。常栽植在湖、河岸边或孤植于草坪，对植于建筑、大门两旁。

品种和变型：馒头柳 'Umbraculifera'，分枝密，端梢齐整，形成半圆形树冠，状如馒头；绦柳 f. *pendula* Schneid.，枝条柔弱光滑，黄色，无毛，下垂。

旱柳雄花序

馒头柳

绦柳园林应用

双子叶植物

龙爪柳园林应用 1

花叶杞柳园林应用

龙爪柳枝和叶形

龙爪柳园林应用 2

花叶杞柳

柳属植物：

龙爪柳 *Salix matsudana* Koidz. 'Tortuosa'，枝条扭曲向上，树体较小，易衰老；花叶杞柳（彩叶柳）*Salix integra* Thunb. 'Hakuro Nishiki'，新叶先端粉白色，基部黄绿色，密布白色斑点，之后叶色变为黄绿色，具有粉白色斑点。

龙爪柳

双子叶植物

河柳托叶

河柳

Salix chaenomeloides Kimura　　Floweringquince Willow　　杨柳科柳属

识别要点：落叶小乔木。小枝褐色或红褐色。叶片宽大，椭圆状披针形至椭圆形、卵圆形，长 4 ~ 8 cm，宽 1.8 ~ 3.5 cm，边缘有腺齿，下面苍白色，嫩叶常呈紫红色，叶柄顶端有腺点，托叶半圆形；雄蕊 3 ~ 5 枚，花丝基部有毛，腺体 2；子房仅腹面有 1 腺体；果穗中轴有白色柔毛。花期 4 月，果期 5 月。

分布：产于辽宁南部、黄河中下游至长江中下游。

习性：喜光、耐寒、耐水湿。

繁殖：扦插、播种繁殖。

园林应用：常种植水旁，为护堤、护岸的重要绿化树种。

河柳果序

河柳叶形

河柳

河柳雌花序

| 垂柳 | *Salix babylonica* L. | Babylon Weeping Willow | 杨柳科柳属 |

识别要点：落叶乔木，高达 18 m。树冠倒广卵形。小枝细长下垂。叶互生，披针形或条状披针形，先端渐长尖，基部楔形，具细锯齿，背面蓝灰绿色。花期 3 ~ 4 月，果期 5 ~ 6 月。

分布：产于长江流域及其以南平原地区以及华北、东北地区均有栽培。

习性：喜光，耐水湿，较耐寒，喜肥沃湿润土壤，但亦能生于碱性土壤。

繁殖：以扦插繁殖为主，亦可种子繁殖。

园林应用：枝条细长下垂，飘洒俊逸，最宜配置在湖岸水边，若兼植桃花，则桃红柳绿，别有景致。也可作庭阴树，孤植草坪、水滨、桥头，亦可列植作行道树、园路树。亦可用于工厂绿化，固堤护岸。

垂柳

垂柳园林应用

垂柳果序与种子

垂柳叶形

垂柳雌花序

垂柳雄花序

双子叶植物

垂枝黄花柳　　　　　　　　　　　　　　　　　　　　垂枝黄花柳雄花序

杨梅科植物： 杨梅 *Myrica rubra* (Lour.) Sieb. et Zucc.。

垂枝黄花柳叶形　　　　　　　　　　　　　　　　　　　　　　杨梅

柳属植物：

鸡公柳 *Salix chikungensis* Schneid.；
垂枝黄花柳 *Salix caprea* L. 'Kilmarnock'；
银芽柳 *Salix leucopithecia* Kimura。

鸡公柳　　　　　　　　　　　　　　　　　　　　　　银芽柳

　　　　　　　　　　　　　　　　　　　　　　　双子叶植物

| 胡桃 | *Juglans regia* L. | English Walnut, Persia Walnut | 胡桃科胡桃属 |

识别要点：落叶乔木，高达 30 m。树冠广卵形至扁球形。树皮灰白色，纵裂；奇数羽状复叶互生，小叶 5 ~ 9 枚，椭圆形，全缘，光滑；雄花为柔荑花序，雌花为穗状花序，赤红色；果实球形，绿色，果核有 2 条纵脊；花期 4 ~ 5 月，果期 9 ~ 11 月。

分布：我国新疆霍城、新源、额敏等山地有野生。

习性：喜光，喜温暖凉爽气候，耐干冷，不耐湿热。在盐碱、干瘠、酸性较强及积水处均可生长。

繁殖：播种、嫁接繁殖。

园林应用：树冠庞大，枝叶葱绿，干皮灰白色，亦颇宜人，是良好的庭荫树，孤植、丛植于草坪绿地或园中隙地都很合适，亦可在河流、湖泊岸沿作行道树。

同属植物：野核桃 *Juglans cathayensis* Dode，小叶 9~17 枚，缘细锯齿；果序具 6 ~ 10 个果实，核果卵圆形，有腺毛，先端急尖；果核卵圆形，有 6~8 条钝的纵脊。

胡桃

胡桃叶形

胡桃雌花

胡桃雄花序

野核桃

双子叶植物

045

| 胡桃楸 | *Juglans mandshurica* Maxim. | Manchurian Walnut | 胡桃科胡桃属 |

胡桃楸 化香

胡桃楸雌花序和雄花序

识别要点：落叶乔木，高达 30 m。树冠广卵形。奇数羽状复叶，小叶矩圆形或椭圆形，全缘，背面脉腋有簇毛，叶柄叶轴有毛；雄花柔荑花序，雌花顶生，穗状花序；果序具 4 ~ 5 个果实，核果近球形，顶端尖。花期 4 ~ 5 月，果期 9 ~ 11 月。

分布：主要产于小兴安岭、完达山脉、长白山区及辽宁东部的河谷两岸及山麓。

习性：强阳性，不耐庇荫，耐寒性强。喜湿润、肥沃而排水良好的土壤，不耐干旱和贫瘠。

繁殖：播种、嫁接法繁殖。

园林应用：树干通直，枝叶茂密，宜孤植或丛植于庭院公园、草坪、湿地、池畔、建筑旁。也可作庭阴树、行道树及成片栽植。

同科植物：化香 *Platycarya strobilacea* Sieb. et Zucc.，小枝髓实心；无花被；雌、雄花序均顶生，蘯立；具翅小坚果生于木质的苞腋，多数木质苞片聚成球果状。

化香果序

胡桃楸叶形

美国黑核桃　　*Juglans nigra* L.　　California Black Walnut　　胡桃科胡桃属

识别要点：小乔木或灌木，高9m，常多个树干。奇数羽状复叶，小叶9～15枚，长7～8cm；核果圆形，径1.8～2cm。

分布：产于美国加州。

习性：喜光，较耐寒，喜温暖凉爽气候，喜肥沃、湿润且排水良好的土壤。

繁殖：播种繁殖。

园林应用：庭园观赏树。

美国黑核桃果实1

美国黑核桃叶形

美国黑核桃果实2

美国黑核桃

美国黑核桃雄花序

美国黑核桃叶形和树干

| 美国山核桃 | *Carya illinoensis* (Wangh.) K. Koch | Pecan | 胡桃科山核桃属 |

识别要点：落叶乔木，原产地高达 55 m。鳞芽，被黄色短柔毛；小叶 11 ～ 17 枚，呈不对称的卵状披针形，常镰刀状弯曲，长 9 ～ 13 cm，下面脉腋簇生毛；果 3 ～ 10 集生，长圆形，长 4 ～ 5 cm，有 4 纵脊，果壳薄，种仁大；花期 5 月，果期 10 ～ 11 月。

分布：原产北美洲，我国于 20 世纪初引种。

习性：喜光，喜温暖湿润气候，最适生于深厚肥沃的沙壤土，不耐干瘠，耐水湿。

繁殖：播种或嫁接繁殖。

园林应用：著名干果树种，树体高大，根深叶茂，树姿雄伟壮丽。在适生地区是优良的行道树和庭阴树，还可植作风景林。

美国山核桃雄花序

美国山核桃

美国山核桃果实（商品）

美国山核桃叶形

美国山核桃果序

双子叶植物

枫杨 *Pterocarya stenoptera* C. DC.   Chinese Wingnut   胡桃科枫杨属

识别要点：落叶乔木，高达 30 m。树冠广卵状。树皮幼年平滑，老时浅纵裂。褐芽密被褐色毛；羽状复叶互生，叶轴具翅，小叶 9 ~ 23 枚，长椭圆形，缘有细锯齿；果序下垂，坚果近球形，具 2 枚长圆状披针形果翅，斜展；花期 4 ~ 5 月，果熟期 8 ~ 9 月。

分布：产于我国华北、东北、华中、华南和西南等地。

习性：喜光，稍耐庇荫，喜温暖湿润气候，耐水湿，耐干旱贫瘠。

繁殖：播种繁殖。

园林应用：冠大阴浓，为河床两岸低洼湿地的良好绿化树种，既可作为行道树，也可成片种植或孤植于草坪及坡地。同时对烟尘及有毒气体有一定的抗性。

枫杨叶形

枫杨

枫杨雄花序

枫杨雌花序

枫杨果序

湖北枫杨（花杨，山柳树） *Pterocarya hupehensis* Skan　Hupeh Wingnut　胡桃科枫杨属

识别要点：落叶乔木，高 10 ～ 20 m。树皮灰色纵裂。冬芽裸露；叶轴不具翅；小叶 5 ～ 11 枚，长椭圆形至卵状椭圆形，长 6 ～ 12 cm，先端尖，基部圆形，偏斜，边缘有锯齿，表面有细小疣状凸起及稀疏盾状腺体，中脉疏生星状毛，背面有极小灰色鳞片及稀疏盾状腺体，脉腋有簇生星状毛，无小叶柄；果实无毛，果翅半圆形，与果体同具鳞片状腺体；花期 6 月，果熟期 9 月。

分布：产于陕西、甘肃、湖北、河南、四川等省。2018 年 5 月作者在河南鲁山县尧山发现大面积湖北枫杨天然群落。

习性：喜湿润深厚土壤，耐水湿，不耐干旱瘠薄。

繁殖：播种繁殖。

园林应用：树冠宽广，枝叶繁茂，生长快，适应性强，常作水边护岸固堤及防风林树种，也可作庭园观赏树种及行道树。

湖北枫杨

湖北枫杨叶形

湖北枫杨果序

湖北枫杨园林应用

双子叶植物

白桦	*Betula platyphylla* Suk.	Asia White Birch	桦木科桦木属

识别要点：落叶乔木，高达 25 m。树冠卵圆形，树皮白色，纸状分层剥离，皮孔黄色；小枝细、红褐色，无毛，外被白色蜡层；叶三角状卵形或菱状卵形，侧脉 5 ~ 8 对，先端渐尖，基部广楔形，缘有不规则重锯齿；坚果小而扁，两侧具宽翅；花期 5 ~ 6 月，果熟期 8 ~ 10 月。

分布：产于东北大、小兴安岭，长白山及华北高山地区。

习性：喜光，不耐阴，耐严寒。对土壤适应性强，喜生于酸性土、沼泽地、干燥阳坡及湿润阴坡，深根性、耐瘠薄。

园林应用：可孤植、丛植于庭园、公园的草坪，池畔，湖滨或列植于道旁。

同属植物：红桦 *Betula albo-sinensis* Burk.，小枝和叶柄均无毛，叶侧脉 10~14 对；坚桦 *Betula chinensis* Maxim.，小枝和叶柄均无毛，叶侧脉 10~14 对。

同科植物：千金榆 *Carpinus cordata* Blume，叶卵状长椭圆形，基部心形，叶缘具重锯齿，侧脉 15~20 对，直伸。

白桦叶形

红桦

千金榆

千金榆果序

白桦

坚桦

识别要点：落叶乔木，高达40 m。芽具短柄；小枝无毛。叶椭圆状倒卵形、椭圆状倒披针形或椭圆形，疏生细钝锯齿，侧脉8～16对。雄花序单生。果序单生，长圆形；花期2～3月，果期11月。

分布：产于四川、贵州、陕西等地。

习性：喜温暖湿润气候，多生于溪边和河滩湿地，在干瘠山地也能生长；对土壤要求不严格。

繁殖：播种繁殖。

园林应用：生长速度快，是重要的速生用材树种，也是护岸固堤、改良土壤、涵养水源的优良树种。

同科植物：华榛 *Corylus chinensis* Franch.；平榛 *Corylus heterophylla* Fisch. ex Trautv.，川榛 var. *sutchuensis* Franch.；鹅耳枥 *Carpinus turczaninowii* Hance。

川榛

鹅耳枥

桤木

平榛

华榛

麻栎

麻栎叶形

识别要点：与栓皮栎的区别在于：麻栎叶背淡绿色，无毛或略有毛。

分布：北自东北南部、华北，南达两广，西至甘肃、四川、云南等省。

习性：喜光，喜温暖湿润气候，耐旱，耐寒；以深厚、肥沃、湿润且排水良好的中性或酸性壤土最适宜。

繁殖：播种繁殖或萌芽更新。

园林应用：树形高大，树冠伸展，浓阴葱郁，可作庭阴树、行道树，若与枫香、苦槠、青冈栎等混植，可构成城市风景林、防火林、水源涵养林等。

同属植物：槲栎 *Quercus aliena* Bl.，叶长椭圆状倒卵形至倒卵形，叶缘具波状钝齿，叶背被棕灰色细绒毛；壳斗杯形，小苞片卵状披针形，长约 2 mm，排列紧密，被灰白色短柔毛；锐齿槲栎 var. *acuteserrata* Maxim.，叶长椭圆状卵形至卵形，叶缘有粗大锯齿，齿端尖锐，内弯，背面密生灰白色星状细绒毛。壳斗碗形，包围坚果 1/3；苞片小，卵状披针形。

槲栎

麻栎果实

锐齿槲栎

麻栎雄花序

| 栓皮栎 | *Quercus variabilis* Blume | Chinese Cork Oak | 壳斗科栎属 |

识别要点：落叶乔木，高达 25 m。树冠广卵状。树皮灰褐色，深纵裂；小枝淡褐黄色。冬芽圆锥形；单叶互生，叶先端渐尖，缘有芒状锯齿；雄花为柔荑花序下垂，雌花单生或双生于当年生枝的叶脉；总苞杯状，鳞片翻卷。坚果卵球形，灰褐色；花期 5 月，果期 9 ~ 10 月。

分布：北至河北、辽宁，南至两广，东至华东各地，西至云南、四川。

习性：喜光，耐寒，耐干旱、瘠薄，以深厚、肥沃、湿润且排水良好的土壤最适宜，不耐积水，不耐移植。

繁殖：播种或分蘖繁殖。

园林应用：树冠开展，浓阴如盖，秋季叶色转为橙褐色。宜作行道树、庭阴树，可孤植、群植或与其他树种混植成风景林，也可作防风林、防火林等。

同属植物：槲树 *Quercus dentata* Thunb.，叶倒卵形，长达 30 cm，宽达 20 cm，基部耳形，叶缘有 4~10 对波状缺裂，幼叶有毛；壳斗杯形，包围坚果约 1/2；苞片狭披针形，棕红色，反卷。橿子栎 *Quercus baronii* Skan，叶卵状披针形，长 3~6 cm，宽 1.3~2 cm，叶缘 1/3 以上有锐锯齿；壳斗杯形，径 1.2~1.8 cm；小苞片钻形，长 3~5 mm，反曲。

栓皮栎

橿子栎

栓皮栎秋色叶

栓皮栎雄花序

槲树

板栗

短柄枹栎

茅栗

壳斗科植物：

白栎 *Quercus fabri* Hance；
短柄枹栎 *Quercus glandulifera* Bl. var. *brevipetiolata* Nakai；
沼生栎 *Quercus palustris* Muench.；
板栗 *Castanea mollissima* Bl.；
茅栗 *Castanea seguinii* Dode；
青冈栎 *Cyclobalanopsis glauca* (Thunb.) Oerst.。

白栎

沼生栎

青冈栎

双子叶植物

| 大叶垂榆 | *Ulmus americana* L. 'Pendula' | Pendulous American Elm | 榆科榆属 |

大叶垂榆叶形　　　　　　　　　　　　　　榆树　　　　　　　　　　　　　垂枝榆

识别要点：为美洲垂榆的栽培变种。枝条下垂。叶大、叶片深绿色，叶面积是普通垂榆的 3 倍以上。浓密和大叶片配以庞大的伞形树冠，观赏价值较高。

习性：喜光，耐寒，耐干旱，适应性强。

繁殖：嫁接繁殖。

园林应用：可作庭园观赏树。

同属植物：榆树（白榆）*Ulmus pumila* L.，叶卵状椭圆形至椭圆状披针形，叶缘多重锯齿；花两性，早春先长叶后开花或花叶同放，紫褐色，聚伞花序簇生；翅果近圆形，顶端有凹缺。垂枝榆 'Pendula'，枝条下垂后全株呈伞形。中华金叶榆 'Jinye'，叶片金黄色，有自然光泽，色泽艳丽；叶脉清晰，质感好。

大叶垂榆　　　　　　　　　　　　　　　　　　　　　　　　中华金叶榆

裂叶榆果实

裂叶榆

裂叶榆叶形

识别要点：落叶乔木，高 25 m。叶倒卵形或卵状椭圆形，长 6 ~ 18 cm，叶先端 3 ~ 7 裂，裂片三角形或成长尾状；叶面粗糙，背面有短柔毛；翅果椭圆形或长圆状椭圆形，长 1 ~ 2 cm；花期和果期 4 ~ 5 月。

分布：产于我国东北、内蒙古及华北等地区。

习性：喜光，稍耐阴，较耐干旱、瘠薄。

繁殖：播种繁殖。

园林应用：庭阴树及观赏树。

同属植物：黑榆 *Ulmus davidiana* Planch. ex DC.，叶倒卵形或椭圆状卵形，叶缘重锯齿；翅果仅中部有毛，种子位于翅果上部。脱皮榆 *Ulmus lamellosa* T. Wang et S. L. Chang，树皮灰色或灰白色，不断地裂成不规则薄片脱落，内皮初为淡黄绿色，后变为灰白色或灰色，不久又挠裂脱落，干皮上有明显的棕黄色皮孔，常数个皮孔排成不规则的纵行。

脱皮榆

黑榆

榔榆（小叶榆，秋榆，掉皮榆）　*Ulmus parvifolia* Jacq.　Chinese Elm, Septenber Elm　榆科榆属

识别要点：落叶小乔木，高达 25 m。树冠卵圆形。干皮灰褐色，鳞片状剥落；小枝灰褐色，密生短柔毛；单叶互生，叶狭椭圆形，近革质，先端短渐尖，叶缘具单细锯齿，叶表深绿色，光亮；花两性；翅果较小，椭圆形，顶端凹陷，果梗细；花期 9 月，果期 10 月。

分布：主产于长江流域及其以南地区，北至河南、山东、山西、陕西等省区。

习性：喜光，也稍耐阴，喜温暖湿润气候和肥沃土壤，极耐干旱瘠薄，适应性强，生长缓慢。

繁殖：种子繁殖。

园林应用：干皮美丽，叶片清秀，春花秋实，是园林绿化中较为特殊的季相树种，还可用于制作盆景。

同属植物：大果榆 *Ulmus macrocarpa* Hance，叶缘重锯齿；翅果中部和边缘均有毛；种子位于翅果中部。

榔榆树干

大果榆叶形

榔榆

大果榆

榔榆应用

| 青檀 | *Pteroceltis tatarinowii* Maxim. | Wingceltis | 榆科青檀属 |

青檀成熟果实

青檀

识别要点：落叶乔木，高达 20 m。树皮暗灰色，薄片状脱落，树干常凹凸不平。叶卵形，纸质，单叶互生，先端渐尖或尾尖，基部全缘、不对称；背面叶脉有簇毛；花腋生，小坚果周围有薄翅。花期 4 月，果期 8 ~ 9 月。

分布：主产于黄河及长江流域，南至两广及西南地区。

习性：喜光，稍耐阴，耐干旱贫瘠，喜石灰岩山地。

繁殖：播种繁殖。

园林应用：树体高大，树冠开阔，宜作庭阴树、行道树，可孤植、丛植于溪边，适合在石灰岩山地绿化造林。

青檀叶形

青檀古树

青檀叶背面与果实

双子叶植物

榉树叶背面　　　　　　　　　　　　　　　　　　　　　榉树

识别要点：落叶乔木，高达 25 m。树冠倒卵状伞形，树皮深褐色，光滑；一年生小枝有毛。单叶互生，叶椭圆状卵形，先端渐尖，基部宽楔形，边缘锯齿近桃形，表面粗糙，被密生柔毛；坚果上部歪斜；花期 3～4 月，果期 10～11 月。

分布：产于淮河及秦岭以南，长江中下游至华南、西南各省区。

习性：喜光略耐阴。喜温暖湿润气候，在酸性、中性及钙质土上均可生长，不耐干旱贫瘠。

繁殖：播种繁殖。

园林应用：树姿雄伟，枝细叶美，秋叶红艳，最宜作为庭院观赏树，列植于人行道、公路旁作行道树，也可林植群植为风景林，三五株点缀于亭台池边饶有风趣。

同属植物：大果榉 *Zelkova sinica* Schneid.，叶背面仅脉腋有毛，叶缘锯齿钝尖；光叶榉 *Zelkova serrata* (Thunb.) Makino，叶背面无毛，叶缘有锐尖锯齿。

光叶榉

大果榉

榉树果实

| 朴树 | *Celtis sinensis* Pers | Chinese Nettletree | 榆科朴属 |

识别要点：落叶乔木，高达 20 m。树冠扁球形。树皮灰色，光滑；枝条平展，小枝幼年有毛；单叶互生，叶卵状椭圆形，先端短尖，基部不对称，叶缘锯齿钝，表面有光泽；核果近球形，橙红色；花期 4～5 月，果 9～10 月成熟。

分布：原产于淮河流域、秦岭以南至华南各省区。

习性：喜光稍耐阴，喜温暖气候和深厚、湿润、疏松土壤，耐干旱贫瘠和轻度盐碱。

繁殖：播种繁殖。

园林应用：树冠圆满宽阔，树阴浓郁，最适作景观树、庭阴树，也可在行道路旁、河堤湖岸作行道树。

同属植物：珊瑚朴 *Celtis julianae* Schneid.，果大，径 10~13 mm，果柄长为叶柄的 2 倍以上。

珊瑚朴果实

朴树果实

朴树

朴树花

珊瑚朴

双子叶植物

大叶朴   紫弹树果实

紫弹树叶形

朴属植物：

小叶朴 *Celtis bungeana* Bl.；
紫弹树 *Celtis biondii* Pamp.；
大叶朴 *Celtis koraiensis* Nakai。

大叶朴果实   紫弹树

小叶朴   小叶朴果实和叶形

双子叶植物

构树	*Broussonetia papyrifera* (L.) Vent	Common Paper Mulberry	桑科构属

识别要点：落叶乔木，高达 16 m。树皮浅灰色，不裂；小枝密被丝状刚毛；单叶互生，卵形，先端渐尖，基部圆形或近心形，缘有锯齿，不裂或有 2 ~ 5 裂，两面密生柔毛；聚花果球形，成熟时橙红色；花期 4 ~ 5 月，果期 8 ~ 9 月。

分布：我国华北、华中、华南、西南、西北各省都有分布。

习性：喜光，耐干冷和湿热气候，耐干旱瘠薄，抗烟、抗粉尘。

繁殖：播种、扦插、分株或压条繁殖。

园林应用：枝叶繁密，尤其适合作工矿区及荒山坡地绿化，亦可作庭阴树、行道树或列植于水边护岸固堤。

同科植物：小构树 *Broussonetia kazinoki* Sieb. et Zucc.，灌木，枝蔓生或攀援；聚花果径 5~6 mm。柘桑（柘树）*Cudrania tricuspidata* (Carr.) Bur. ex Lavallee，枝具刺；花集成球形头状花序。

构树雄花序

构树雌花序

构树

柘桑

檀香科植物：

米面蓊 *Buckleya henryi* Diels。

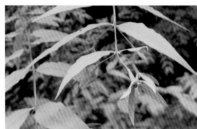

米面蓊

小构树

无花果	*Ficus carica* L.	Fig	桑科榕属

识别要点：落叶小乔木或灌木，高达 10 m。小枝粗壮，叶广卵形或近圆形，3～5 掌状裂，叶缘波状或具粗齿，表面粗糙，背面有毛；隐花果，梨形，黄绿色至紫黑色；花期 4～5 月，果熟 6～10 月。

分布：原产于地中海沿岸，以长江流域和华北沿海地带栽植较多。

习性：喜光，喜温暖湿润气候，不耐寒。对土壤要求不严。

繁殖：分株、扦插、压条繁殖。

园林应用：叶片宽大，果实奇特，是优良的庭院绿化和经济树种，可用于庭院、绿地栽培或盆栽观赏。

同属植物：薜荔 *Ficus pumila* L.；爬藤榕 *Ficus martini* Lévl. et Vant.；异叶榕 *Ficus heteromorpha* Hemsl.；珍珠莲 *Ficus sarmentosa* Buch.-Ham. ex J. E. Smith. var. *henryi* (King et Oliv.) Corner。

薜荔

爬藤榕

无花果

异叶榕

珍珠莲

| 大麻 | *Cannabis sativa* L. | Hemp Fimble | 桑科大麻属 |

识别要点：一年生草本植物，高达 3 m。枝具纵槽，密被灰白色平伏毛；叶互生或下部对生，掌状全裂，上部叶具 1 ～ 3 裂片，下部叶具 5 ～ 11 裂片，裂片披针形或线状披针形，先端渐尖，基部宽楔形，上面微被糙毛，托叶线形；雄花序为圆锥花序，长达 25 cm，雌花簇生叶腋，绿色。瘦果侧扁，为宿存黄褐色苞片所包，果皮坚脆，具细网纹；种子扁平；花期 5 ～ 6 月，果期 7 月。

分布：产于我国新疆；中亚和印度、尼泊尔、不丹也有分布。

习性：生性强健，耐寒，耐干旱，在温暖、湿润的环境中生长尤好。

繁殖：播种繁殖。

园林应用：花色清雅，株形优美，可丛植或片植于庭园。

同科植物：葎草 *Humulus scandens* (Lour.) Merr.（Japanese Hop），缠绕草本，叶对生，果穗长 5~15 mm。啤酒花 *Humulus lupulus* L.，缠绕草本；叶对生；果穗近圆形，长 3~7 cm。蒙桑 *Morus mongolica* (Bur.) Schneid.，乔木，花柱柱头有柄，叶缘有刺毛状尖头粗锯齿。

大麻花序

大麻

葎草

葎草雌花

蒙桑

啤酒花

识别要点：落叶乔木或灌木，高达 16 m。树冠倒卵形。树皮不规则浅纵裂；单叶互生，叶卵形，先端尖，基部圆形或心形，叶缘具粗钝锯齿，背部叶脉有簇毛；聚花果长卵形，成熟时紫红色或近白色；花期 4 月，果期 5 ~ 6 月。

分布：原产中国中部和北部。

习性：喜光，喜温暖，耐寒，耐干旱贫瘠，在微酸性、中性、石灰质土壤皆可生长。

繁殖：播种、扦插、压条、分根、嫁接繁殖。

园林应用：树冠广阔，枝叶茂密，秋叶变黄，宜孤植作庭阴树，也可与喜阴花灌木配置成树坛、树丛或与其他树种混植成风景林，果能吸引鸟类，宜构成鸟语花香的自然景观。

品种：垂枝桑 'Pendula'，枝条下垂；龙桑 'Tortuosa'，枝条扭曲。

同属植物：鸡桑 *Morus australis* Poir.，乔木，花柱柱头有柄，叶缘有粗钝或锐尖锯齿。

同科植物：花叶印度橡皮树 *Ficus elastica* Roxb. ex Hornem. 'Variegata'，叶椭圆形，长 10~30 cm，厚革质，先端钝尖，基部圆，全缘，叶面深绿色，具灰绿色或黄白色的斑纹褐斑点，背面淡绿色；托叶红褐色，包于顶芽外，新叶展开时脱落；全株有乳汁。

垂枝桑

鸡桑

龙桑

花叶印度橡皮树

桑树

桑树果实

| 红蓼 | *Polygonum orientale* L. | Red Knotweed | 蓼科蓼属 |

红蓼

红蓼花序

萹蓄

萹竹蓼

赤胫散

杠板归

识别要点：一年生大型草本植物，株高 1 ~ 3 m。茎直立，中空，多分枝，全株密被粗长毛；叶大互生，阔卵形或卵状披针形，先端渐尖，基部浑圆或稍呈心形，全缘；花梗长，总状花序顶生或腋生，柔软下垂如穗状，小花粉红色或白色。花期 6 ~ 9 月，果期 8 ~ 10 月。

分布：中国除西藏以外各地均有栽培。

习性：喜温暖湿润的环境，喜光照充足，宜植于肥沃、湿润之地，也耐瘠薄，适应性强。

繁殖：播种繁殖。

园林应用：可作为花境、草坪、湖边等处的背景植物，远看一片粉红，也可作切花材料。

同属植物：萹蓄 *Polygonum aviculare* L.，叶基部具关节，花 1~5 簇生于叶腋。赤胫散 *Polygonum runcinatum* Buch.-Ham. ex D. Don，花柱头状；叶片基部凹陷成耳状；花被 5 裂；花柱 3。杠板归 *Polygonum perfoliatum* L.，托叶鞘斜形；茎有棱，沿棱有倒生钩刺。

同科植物：萹竹蓼（竹节蓼）*Homalocladium platycladum* (F. Muell. ex Hk.) L. H. Bailey，直立灌木；老茎圆柱形，有节，暗褐色，有纵线条；幼枝扁平，多节，绿色，形似叶片；叶退化；总状花序簇生在新枝的节上，淡红色或绿白色。

山荞麦（木藤蓼，康藏何首乌） *Polygonum aubertii* L. Henry　Sil-Vervine Fleeceflower　蓼科蓼属

识别要点：多年生草本或半灌木状植物。茎缠绕或近直立，初为草质，1 ~ 2 年后变为木质或近木质。叶互生或簇生，长圆状卵形，先端急尖，基部浅心形，两面光滑无毛；花序圆锥状，花小，白色，有香气，顶生；果实卵状三棱形，黑褐色；花期 9 ~ 10 月，果期 11 ~ 12 月。

分布：产于我国陕西、甘肃。内蒙古、山西、河南、青海、宁夏、云南、西藏等省区也有分布。

习性：耐寒、耐旱，喜光，几无病虫害，生长迅速。

繁殖：播种或扦插繁殖。

园林应用：开花时一片雪白，有微香，是良好的攀援和蜜源植物，可牵引攀于墙垣、花架、花门之上。

同科植物：苦荞麦 *Fagopyrum tataricum* (L.) Gaertn.，一年生草本植物，无肉质块根。瘦果超出花被1~2倍，果为锥状三棱形，表面常有沟槽，角棱仅上部锐利，下部圆钝呈波状；荞麦三七 (金荞麦，野荞麦)*Fagopyrum cymosum* (Trev.) Meisn.，多年生草本植物，具肉质块根。瘦果超出花被1~2倍，果表面平滑。

苦荞麦

荞麦三七

荞麦三七花序

山荞麦

山荞麦果实

双子叶植物

| 虎杖 | *Polygonum cuspidatum* Sieb. et Zucc. | Japanese Fleece-flower | 蓼科蓼属 |

虎杖

虎杖花序

识别要点：多年生灌木状草本植物，无毛，高 1 ~ 2 m。茎直立，丛生，中空，有白色肋纹，表面具紫红色斑点；叶片宽卵状椭圆形或卵形，顶端急尖，基部圆形或阔楔形；圆锥花序腋生，花梗细长，花被淡绿色；花期 6 ~ 7 月，果期 9 ~ 10 月。

分布：产于山东、河南、陕西、湖北、湖南、江西、福建、台湾、云南、四川、贵州。

习性：喜温暖湿润气候，耐寒、耐涝。对土壤要求不严格，但以疏松肥沃的土壤生长较好。

繁殖：分根或种子繁殖。

园林应用：株形优美，花姿悦目，可栽于溪边岩石或石缝中，任其蔓延生长，点缀园林。

同属植物：戟叶蓼 *Polygonum thunbergii* Sieb. et Zucc.，托叶鞘斜形；茎四棱形，沿棱有倒生钩刺。

虎杖果实

虎杖叶形

戟叶蓼花

戟叶蓼

双子叶植物

金线草

千叶兰

何首乌

何首乌叶形

蓼科植物：

何首乌 *Fallopia multiflora* (Thunb.) Harald；

金线草（金线蓼）*Antenoron filiforme* (Thunb.) Rob. et Vaut.；

千叶兰 *Muehlewbeckia complera*；

酸模叶蓼 *Polygonum lapathifolium* L.。

酸模叶蓼

酸模叶蓼花序

双子叶植物

大银脉虾蟆草

粗齿冷水花

花叶冷水花

荨麻科冷水花属植物:

粗齿冷水花 *Pilea sinofasciata* C. J. Chen;
大银脉虾蟆草 *Pilea spruceana* Wedd. 'Norkolk';
花叶冷水花 *Pilea cadierei* Gagnep. et Guill;
镜面草 (香菇草) *Pilea peperomioides* Diels;
透茎冷水花 *Pilea pumila* (L.) A. Gray;
皱叶冷水花 (虾蟆草，月面冷水花)*Pilea mollis* Wedd.。

透茎冷水花

镜面草

皱叶冷水花

双子叶植物

大叶苎麻

细野麻

悬铃木叶苎麻

赤麻

日本苎麻

苎麻

双子叶植物

荨麻科植物：

顶花螫麻 *Laportea terminalis* C. H. Wright；
珠芽艾麻 *Laportea bulbifera* (Sieb. et Zucc.) Wedd.；
糯米团 *Gonostegia hirta* (Bl.) Miq.；
荨麻 (裂叶荨麻)*Urtica fissa* E. Pritz.；
狭叶荨麻 *Urtica angustifolia* Fisch. ex Hornem.；
墙草 *Parietaria micrantha* Ledeb.。

顶花螫麻

糯米团

荨麻

墙草

珠芽艾麻

狭叶荨麻

马兜铃

绵毛马兜铃

楼梯草

庐山楼梯草

青城细辛

细辛

双子叶植物

| 地肤 | *Kochia scoparia* (L.) Schrad. | Broomsedge | 藜科地肤属 |

地肤

地肤叶形

识别要点：草本植物。株丛紧密，株形呈卵圆形至圆球形、倒卵形或椭圆形。分枝多而细，具短柔毛，茎基部半木质化；单叶互生，叶线形或条形；植株嫩绿色，秋季叶色变红；花极少。果扁球形；花期9～10月。

分布：原产欧亚，我国北方多见野生。

习性：喜阳光，喜温暖，不耐寒，极耐炎热，耐盐碱，耐干旱，耐瘠薄；对土壤要求不严格。极易自播繁衍。

繁殖：播种繁殖。

园林应用：用于布置花篱、花境，或数株丛植于花坛中央，可修剪成各种几何造型进行布置。盆栽地肤可点缀和装饰于厅、堂、会场等。

地肤秋色叶

地肤园林应用1

地肤园林应用2

| 红叶甜菜 | *Beta vulgaris* L. var. *cicla* L. | Leaf Beet | 藜科甜菜属 |

识别要点：二年生草本植物。植株矮，主根直生；叶丛生于根茎，菱形，暗紫红色，质肥厚，有光泽，全缘；花小，绿色；花期6～7月。

分布：原产欧洲。

习性：喜光，忌霜，适宜凉爽、温暖环境和疏松土壤；耐寒性较强，幼苗越冬，入春后逐渐抽薹开花。

繁殖：播种繁殖。

园林应用：冬季常用的观叶地被植物，红红的叶片鲜艳美丽，可植于花坛、花带、花境或草坪边缘。

品种：红柄甜菜 'Dracaenifolia'，叶绿色，叶柄、叶脉红色。

红柄甜菜

红柄甜菜叶柄

红柄甜菜园林应用

红叶甜菜

红叶甜菜园林应用

双子叶植物

锦绣苋（五色草） *Alternanthera bettzickiana* (Regel) Nichols.　Gargen Alternanthera　苋科莲子草属

识别要点： 多年生草本植物，株高 20 ~ 40 cm。茎直立或斜生；叶对生，全缘，窄匙形，有绿、紫、红等色或具各色彩纹；头状花序，簇生叶腋，白色，不显。

分布： 产于中国西南至东南部，野生于湿地上。

习性： 阳性，喜光畏寒，宜日光充足，喜富含腐殖质、疏松肥沃的沙质壤土。

繁殖： 扦插繁殖。

园林应用： 最适用于毛毡花坛，可表现平面图案、浮雕式或立体模样，可与花草或整形树木椰枣、苏铁、龙舌兰等搭配。也可用于花坛或花境边缘及点缀岩石园和草坪边缘。

品种： 红叶锦绣苋（红米草）'Picta'，叶红色。

锦绣苋园林应用 1

锦绣苋园林应用 2

红叶锦绣苋

锦绣苋园林应用 3

锦绣苋

锦绣苋园林应用 4

| 空心莲子草 | *Alternanthera philoxeroides* (Mart.) Griseb. | Alligator Alternanthera | 苋科莲子草属 |

识别要点：多年生草本植物，高1 m。茎匍匐状，多分枝，中空；叶对生，椭圆形或倒卵状披针形，长2～7 cm；头状花序腋生，花白色；花期夏、秋季节不间断。

分布：原产巴西。

习性：喜热又耐寒，可浮水面生长又极耐旱，不拘土质。

繁殖：分株或扦插繁殖。

园林应用：花极富色彩美，适宜与浅色花卉配置作花坛和花境。为外来入侵植物，应注意控制种群的扩散。

空心莲子草花

空心莲子草

空心莲子草园林应用1

空心莲子草叶形

空心莲子草园林应用2

双子叶植物

| 千日红 | *Gomphrena globosa* L. | Globeamaranth | 苋科千日红属 |

识别要点：一年生草本植物，株高 40～60 cm。茎粗壮，被灰色糙毛，全株密被细毛；叶纸质，对生，椭圆形至倒卵形，边缘波状，叶面、叶柄有长柔毛；顶生球形头状花序，有紫红色、淡红色、堇紫色、金黄色、白色等，干后不落；果近球形；花期 6～9 月。

分布：原产亚洲热带地区。

习性：喜阳光充足，耐干旱，不耐寒，喜疏松而肥沃的土壤。

繁殖：播种或扦插繁殖。

园林应用：色彩鲜艳，观赏期长，可布置秋季花坛、花境、花台等，也可散生于草坪、山坡，可点缀于小型院落及铺装场地（包括小园路、台阶等）的花丛。

同属植物：细叶千日红 *Gomphrena haageana* Klotzsch，一年生草本植物。叶对生，狭披针形，全缘。椭圆形球状花序生于新梢顶端，金橙红色。花期夏季。

千日红

千日红品种 1

千日红品种 2

细叶千日红

千日红品种 3

双子叶植物

| 尾穗苋 | *Amaranthus caudatus* L. | Love-lies-bleeding. Tasselflower Thrumwort | 苋科苋属 |

千穗谷花序

识别要点：一年生直立草本植物，高达 1.5 m。茎粗壮，具棱角，多分枝；叶菱状卵形，顶端短渐尖或圆钝，具小芒尖，基部宽楔形，全缘或波状。圆锥花序顶生，下垂，由多数穗状花序组成，苞片和小苞片干膜质，红色，具芒刺。花果期 9～11 月。

分布：我国各地普遍分布。

习性：喜阳，耐干旱瘠薄的土壤。

繁殖：播种繁殖。

园林应用：可用来布置花坛、花境，亦可片植于道边，或街边绿化带内，也可作盆栽观赏。

同属植物：千穗谷 *Amaranthus hypochondriacus* L.，圆锥花序直立，花穗顶端尖；苞片及花被片顶端刺明显；花被片和孢子果等长。

千穗谷叶形

千穗谷

尾穗苋花序

尾穗苋

双子叶植物

| 鸡冠花 | *Celosia cristata* L. | Common Cockscomb | 苋科青葙属 |

鸡冠花

阿玛红色鸡冠花

识别要点：一年生草本植物，高 25 ～ 150 cm。茎直立，粗壮。叶互生，有柄，卵状至线状，全缘或有缺刻，基部渐狭，有绿、黄绿及红色等；穗状花序大，顶生，肉质，形似鸡冠，有黄、橙红和玫瑰红等色；花果期 7 ～ 9 月。

分布：原产印度。

习性：喜光照充足和湿热的环境，不耐霜冻，较耐旱。喜肥沃、弱酸性的沙质壤土。

繁殖：播种繁殖。

园林应用：是园林中著名的露地草本花卉之一，形状独特，色彩多样，可用于布置花坛、花境或点缀树丛外缘等，还可用于栽植花坛或盆栽观赏。

品种：阿玛红色鸡冠花 'Amar Red'；城堡橘黄鸡冠花 'Castle Orange'；黄色头状鸡冠花 'KYS Yellow'；凤尾鸡冠花 'Pyramidalis'；圆绒鸡冠花 'Childsii'。

圆绒鸡冠花

黄色头状鸡冠花

城堡橘黄鸡冠花

双子叶植物

鸡冠花品种 1

鸡冠花品种 2

鸡冠花品种 3

鸡冠花品种 4

凤尾鸡冠花品种 1

凤尾鸡冠花品种 2

双子叶植物

凤尾鸡冠花品种 3

凤尾鸡冠花园林应用 1

凤尾鸡冠花园林应用 2

凤尾鸡冠花园林应用 3

凤尾鸡冠花园林应用 4

凤尾鸡冠花园林应用 5

双子叶植物

| 红苋 | *Iresine herbstii* Hook. f. ex Lindl. | Herbst Bloodleaf | 苋科红苋属 |

识别要点：多年生草本或亚灌木状植物，高可达 1.8 m。茎直立，少分枝，茎及叶柄带红色；叶对生，广圆形至圆形，全缘，端钝或凹入，叶绿色或紫红色，叶脉带黄色、绿色或青铜色；花序生于枝端或腋生。

分布：原产南美。

习性：喜温暖、阳光充足，忌寒冷，耐干热环境和瘠薄土壤，不宜水肥过多。

繁殖：扦插繁殖。

园林应用：是良好的园林观叶植物，可与五色苋类、半枝莲、香雪球、矮性藿香蓟、彩叶草、石莲花和五色草等低矮多花的植物配置于花坛、花丛、花境中。

同科植物：青葙 *Celosia argentea* L.，叶互生；雄蕊花丝基部连接成杯状；子房有两至多数胚珠。雁来红（三色苋）*Amaranthus tricolor* L.，叶互生；雄蕊花丝离生；子房有 1 个胚珠。

红苋

青葙花序

青葙

雁来红

雁来红园林应用

双子叶植物

紫茉莉　　*Mirabilis jalapa* L.　　Four-O'clock, Marvel of Peru　　紫茉莉科紫茉莉属

紫茉莉花色 1

紫茉莉花色 2

紫茉莉花色 3

识别要点：一年生草本植物，高 20 ~ 100 cm。茎直立多分枝；单叶对生，纸质，卵形；花聚生，具红、粉、黄、白及斑点的复色。

分布：原产南美洲热带地区。

习性：性喜高温、耐旱，忌积水、潮湿，喜肥沃、排水良好的土壤。

繁殖：扦插、播种繁殖。

园林应用：花色丰富，花期长，宜于林缘周围大片自然栽植，或房前房后、篱旁路边丛植点缀，景观效果极佳，尤其宜于夏季傍晚休息或夜间纳凉之地布置，也可作盆栽和花坛。

紫茉莉

紫茉莉花色 4

紫茉莉果实

三角梅（九重葛，簕杜鹃，叶子花） Bougainvillea spectabilis Willd. Mary Palmer,Leafyflower 紫茉莉科叶子花属

识别要点：常绿攀援状灌木。枝具刺，单叶互生，卵形全缘或卵状披针形，被厚绒毛，顶端圆钝。花苞大而明显，苞片卵圆形，为主要观赏部位，颜色有鲜红、橙黄、紫红、乳白色等。花顶生，细小，黄绿色，常三朵簇生于三枚较大的苞片内。绝大部分都不会结果。

分布：原产南美洲的巴西、秘鲁和阿根廷。我国各地普遍栽培。

习性：喜温暖湿润气候，不耐寒，耐高温，喜充足光照，耐贫瘠、耐碱、耐干旱，忌积水，耐修剪。

繁殖：扦插繁殖。

园林应用：三角梅的茎干奇形怪状、千姿百态，或左右旋转、反复弯曲，或自己缠绕、打结成环；枝蔓较长，具有锐刺，柔韧性强，可塑性好，萌发力强，极耐修剪，人们常将其编织后用于花架、花柱、绿廊、拱门和墙面的装饰，或修剪成各种形状供观赏。

品种：花叶三角梅'Variegata'，叶具黄白色斑块。

三角梅

三角梅园林应用

三角梅花序

三角梅花

花叶三角梅

商陆

Phytolacca acinosa Roxb.　　India Pokeweed　　商陆科商陆属

识别要点：多年生草本植物，株高 0.5 ~ 1.5 m。肉质，茎直立、绿色，具纵棱；叶互生、薄纸质，卵状椭圆形至长椭圆形，两面散生细小白色斑点，背面中脉凸起，全缘，成熟后呈紫色；总状花序直立，顶生或侧生，花白色，后变为淡红色。果扁球形；花期 5 ~ 8 月，果期 6 ~ 10 月。

分布：产于中国各地。

习性：喜温暖、阴湿环境，宜疏松、肥沃的沙质壤土。

繁殖：播种或分株繁殖。

园林应用：宜丛植于宅旁、坡地和野生园等，或片植于溪边、湖岸、河堤灌木丛下的隙地。

同属植物：美国商陆 *Phytolacca americana* L.，果序下垂，心皮 10 个。

美国商陆果实

商陆花序

美国商陆

商陆

商陆花与幼果

马齿苋	*Portulaca oleracea* L.	Purslane	马齿苋科马齿苋属

识别要点：一年生草本植物，高 10～30 cm，全株无毛。茎平卧或斜倚，伏地铺散，多分枝，淡绿色或带暗红色；叶互生，有时近对生，肥厚，倒卵形，似马齿状，顶端圆钝或平截，有时微凹，基部楔形，全缘，上面暗绿色，下面淡绿色或带暗红色；花无梗，黄色；花期 5～8 月，果期 6～9 月。

分布：我国南北各地均产。

习性：喜温暖湿润气候，适应性较强，能耐旱。

繁殖：种子繁殖或扦插繁殖。

园林应用：可植于山坡、林缘作地被植物。

变种：大马齿苋（阔叶半支莲，洋马齿苋）var. *giganthes* (L. f.) Bailey，原产美国南部。

大马齿苋花色 1

大马齿苋花色 2

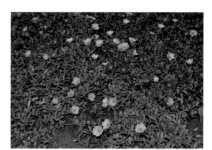

大马齿苋

马齿苋

大马齿苋花色 3

大马齿苋花色 4

马齿苋花

双子叶植物

松叶牡丹 （半支莲，大花马齿苋，洋马齿苋） *Portulaca grandiflora* Hook Bigflower Purslane 马齿苋科马齿苋属

重瓣松叶牡丹花色 1

松叶牡丹

识别要点：一年生肉质草本植物，株高 15 ~ 20 cm。茎细而圆，茎叶肉质，平卧或斜生，节上有丛毛；叶散生或略集生，圆柱形；花顶生，花瓣颜色鲜艳，有白、黄、红、紫等色；蒴果成熟时盖裂。

分布：原产巴西。

习性：喜温暖、阳光充足而干燥的环境，不耐阴，极耐瘠薄。

繁殖：播种或扦插繁殖。

品种：重瓣松叶牡丹 'Plena'，花重瓣。

园林应用：植株矮小，茎、叶肉质光洁，花色鲜艳，花期长，宜布置于花坛外围，也可辟为专类花坛。

重瓣松叶牡丹花色 2

重瓣松叶牡丹花色 3

松叶牡丹园林应用

重瓣松叶牡丹花色 4

双子叶植物

松叶牡丹花色 1

松叶牡丹花色 2

松叶牡丹花色 3

松叶牡丹花色 4

松叶牡丹花色 5

松叶牡丹花色 6

双子叶植物

番杏科植物：

鹿角海棠 *Astridia velutina* (L. Bolus) Dinter；

露草（花蔓花）*Aptenia cordifolia*（L. f.）Schwantes。

露草花

鹿角海棠

识别要点：一年生草本植物，高可达 60 ~ 80 cm。全株肉质，全体无毛；茎圆柱形，直立，下部有分枝；叶近对生或互生，倒卵形，先端略凹陷而有细凸头，全缘，基部渐次狭窄而成短柄，两面绿色而光滑；圆锥花序顶生或腋生，花小多数，淡紫红色。蒴果成熟时灰褐色；花期 6 ~ 7 月，果期 9 ~ 10 月。

分布：原产中南美洲和美国南部地区。

习性：喜温暖湿润的气候，耐高温高湿，不耐寒冷，抗逆性强，耐贫瘠。

繁殖：种子繁殖和扦插繁殖。

园林应用：可植于疏林下或药草园。

露草

土人参

土人参花

| 落葵 | *Basella alba* L. | Red Vinespinach | 落葵科落葵属 |

识别要点：一年生缠绕草本植物，长达 3 ~ 4 m，全株无毛，肉质，绿色或略带紫红色。叶片卵形或近圆形，全缘，稍下延；叶柄上面有凹槽，穗状花序腋生；花被片淡红色或淡紫色，下部白色，花丝短，白色，花药淡黄色；果实球形，红色至深红色或黑色，多汁液；花期 5 ~ 9 月，果期 7 ~ 10 月。

分布：原产亚洲热带地区。

习性：喜温暖湿润的环境和冷凉气候，适宜土层深厚、疏松、肥沃的土壤。

繁殖：播种繁殖。

园林应用：茎叶紫红色，淡红色花朵和紫黑色果实，颇为可爱，适用于庭院、窗台阳台和小型篱栅的装饰美化。

落葵花期　　　　　　　　　　　　　　　　　　　落葵

落葵叶形

落葵果实

落葵园林应用

| 石竹 | *Dianthus chinensis* L. | Chinese Pink | 石竹科石竹属 |

石竹品种 1

石竹品种 2

识别要点：多年生草本植物，株高 30 ~ 50 cm。全株被毛，稍呈粉绿色；茎直立，节部膨大；单叶对生，线状披针形，基部抱茎；花单生枝顶或簇生呈聚伞花序，萼筒上有条纹，花瓣 5 枚，先端有锯齿，蒴果圆筒状；花期 5 ~ 6 月，果期 7 ~ 9 月。

分布：产于我国南北各省区。

习性：耐寒耐旱，忌涝，喜光，宜高燥、日光充足和通风良好之处。

繁殖：播种繁殖，亦可扦插、分株繁殖。

园林应用：花色丰富，花期长，广泛应用于花坛、花境及镶边，也可布置于岩石园，最适与花期相同的羽扇豆、飞燕草、霞草等间作混植。

石竹

石竹品种 3

石竹品种 4

石竹品种 5

石竹品种 6

石竹品种 7

石竹品种 8

石竹品种 9

石竹品种 10

双子叶植物

康乃馨

牛繁缕

石竹科植物：

康乃馨（香石竹）*Dianthus caryophyllus* L.；
牛繁缕 *Malachium aquaticum* (L.) Fries；
浅裂剪秋罗 *Lychnis cognata* Maxim.；
石生蝇子草 *Silene tatarinowii* Regel；
丝石竹（满天星）*Gypsophila elegans* Bieb.；
须苞石竹 *Dianthus barbatus* L.。

浅裂剪秋罗

石生蝇子草

丝石竹

须苞石竹

双子叶植物

常夏石竹 *Dianthus plumarius* L.　Cottage Pink , Grass Pink　石竹科石竹属

识别要点：常绿草本植物，高 30 cm。全株被白粉；叶对生，叶缘具细锯齿，灰绿色，长线形；聚伞花序顶生枝端，花色有紫、粉红、白色，具芳香，具暗紫色斑纹。花期 5 ~ 10 月。

分布：原产奥地利至西伯利亚地区。

习性：喜凉爽及稍湿润的环境，喜光。阳性，耐半阴，耐寒耐旱，忌涝，喜排水良好的肥沃沙质土壤。

繁殖：播种、分株及扦插繁殖。

园林应用：花艳丽芳香，花期长，可作园林地被植物，广泛用于点缀城市的大型绿地、广场、公园、街头绿地、庭院绿地和花坛、花境，还可栽植成绿带或拼植图案。

同科植物：肥皂草（石碱花）*Saponaria officinalis* L.，花萼外无叶状苞片；重瓣肥皂草 'Pleno'，花重瓣。

常夏石竹品种 1

常夏石竹品种 2

常夏石竹

肥皂草

常夏石竹品种 3

重瓣肥皂草

双子叶植物

荷花　*Nelumbo nucifera* Gaertn.　Lotus Flower, Hindu Lotus　睡莲科莲属

识别要点：多年生挺水植物。地下根状茎肥大多节，横生水底泥中，并由此抽生叶、花梗及侧芽。叶盾状圆形，全缘或稍呈波状；幼叶常自两侧内卷，表面蓝绿色，被蜡质白粉，背面淡绿色，具粗壮叶柄，被短刺；花单生于花梗顶端，单瓣或重瓣，花有红、粉、白、乳白和黄等色；花期 6 ~ 9 月，果熟期 9 ~ 10 月。

分布：产于我国绝大部分地区。

习性：性喜阳光和温暖的环境，耐寒性也很强，喜湿怕干。

繁殖：分株和播种繁殖。

园林应用：是良好的美化水面、点缀亭榭或盆栽观赏的材料。

品种群：碗莲 Medium-Small-Flowered Group，立叶平均高度 33 cm 以下，平均径 24 cm 以下；花径平均 12 cm 以下；在口径 26 cm 以内的花盆中能正常开花。

荷花园林应用

荷花 1

荷花果实

荷花 2

莲子

荷花初放

双子叶植物

碗莲

碗莲花

碗莲园林应用 1

碗莲园林应用 2

碗莲花期

碗莲果实

双子叶植物

亚马孙王莲（王莲） *Victoria amazonica* (Poepp.) J.C. Sowerby   Amazon Waterlily,Royal Waterlily   睡莲科莲属

识别要点：多年生大型浮水植物。须根发达；根状茎直立，粗短，具刺。成熟叶片圆形，直径 1.8 ~ 2.5 m，上面黄绿色，下面铜红色，密生刺，叶缘直立且具皱褶，高 2 ~ 4 cm。花单生，浮于水面，直径 20 ~ 30 cm；傍晚伸出水面开放，芳香，次日逐渐闭合，傍晚再次开放，第 3 天再次闭合，稍后沉入水中；花色初为乳白色，后变为粉红色至深红色。花期 7 ~ 9 月。

分布：原产南美洲亚马孙河流域。我国多地有栽培。

习性：喜高温、高湿的气候，喜阳光充足；不耐寒。喜肥沃、深厚的土壤。

繁殖：播种繁殖。

园林应用：在园林水景中成为水生花卉之王，若与荷花、睡莲等水生植物搭配布置，将形成一个完美独特的水体景观。

同属植物：克鲁兹王莲 *Victoria cruziana* Orbign.，原产巴拉圭及阿根廷北部；叶片在整个生长期始终保持绿色，叶小于亚马孙王莲，叶缘直立高于亚马孙王莲，花色较淡。

亚马孙王莲花

亚马孙王莲

克鲁兹王莲

亚马孙王莲园林应用

克鲁兹王莲叶背面

双子叶植物

| 萍蓬草 | *Nuphar pumilum* (Hoffm) DC. | Dwarf Cowlily | 睡莲科萍蓬草属 |

识别要点：多年生浮水植物。具根状茎。浮水叶卵形、广卵形或椭圆形，先端圆钝，基部深裂，背面紫红色，密被柔毛，叶柄长，被柔毛；沉水叶薄而柔软，无茸毛。花单生腋芽，挺出水面，金黄色；浆果卵形，具宿存萼片，不规则开裂。花期5～7月，果期7～9月。

分布：我国东北、华北、华南地区。

习性：喜阳光充足，耐半阴，喜温暖，较耐寒，喜生于流动状态的河池中。

繁殖：播种和分株繁殖。

园林应用：萍蓬草的花叶尤佳，是夏季水景园极为重要的观赏植物，多用于池塘水景布置，与睡莲、荇菜、香蒲、黄花鸢尾等植物配置，形成绚丽多彩的景观。

同属植物：中华萍蓬草 *Nuphar sinensis* Hand.-Mazz.，花较大，径5~6 cm；叶纸质，心状卵形，背面边缘密生柔毛或无毛。

萍蓬草园林应用

萍蓬草花

中华萍蓬草

萍蓬草叶形和花

萍蓬草

双子叶植物

芡实（芡，鸡头米） *Euryale ferox* Salisb. ex DC. Gordon Euryale 睡莲科芡实属

芡实叶形

芡实

识别要点：一年生水生植物，全株多刺。浮水叶的叶片圆状盾形，大者直径可达 2 m，叶脉下陷；由叶部抽出 5 ~ 11 个花梗，伸出水面，顶生 1 花，花径 4 cm，紫色，有时里面白色。花期 7 ~ 8 月；浆果上有宿存萼片，状似鸡头。

分布：产于我国东北、华北、华东及华南地区；俄罗斯、朝鲜、韩国、日本、印度也有分布。

习性：喜光，不耐寒，喜腐殖质多的黏性土壤。喜生于水底疏松的黏泥质地、河流附近的池沼中。

繁殖：播种繁殖。

园林应用：叶形奇特，观赏性强。花昼开夜合，是人们喜爱的一种花卉，可植于水池中装饰水面。

芡实与亚马孙王莲

芡实种子

芡实园林应用

| 耐寒睡莲 | *Nymphaea* spp. | Hardy Waterlilies | 睡莲科睡莲属 |

识别要点：多年生浮叶草本植物。叶心状卵形，直径6～11cm，全缘波状，背面带红色，两面无毛；花单生，直径3～5cm，朝开暮合；萼片4枚，宽披针形，长2～3cm，宿存；花瓣8～15枚；雄蕊多数；柱头盘状，辐射状裂片6～8枚；花有白、黄、粉红、红、紫和蓝等色。花期6～8月。

分布：产于热带至寒冷地区，有大量的杂交种。

习性：喜光，宜在河泥肥沃、水质清洁的静水中生长，适宜生长的水深为25～30cm；越冬温度0～5℃。

繁殖：分株或播种繁殖。

园林应用：花朵美丽，品种繁多，花期长，是优良的夏季水生花卉，丛植点缀喷泉、庭院，片植于池塘水面。

耐寒睡莲

耐寒睡莲品种1

耐寒睡莲品种2

耐寒睡莲园林应用1

耐寒睡莲园林应用2

双子叶植物

香睡莲

雪白睡莲

白睡莲

红睡莲

睡莲属植物 1：

白睡莲 *Nymphaea alba* L.，
红睡莲 var. *rubra* Lonnr.；
福拉威睡莲 *Nymphaea flava* Leitner ex A. Gray；
香睡莲 *Nymphaea odorata* Ait.；
雪白睡莲 *Nymphaea candida* C. Presl。

福拉威睡莲

红睡莲叶形

双子叶植物

非洲蓝睡莲 1

柔毛齿叶睡莲花

非洲蓝睡莲 2

柔毛齿叶睡莲

睡莲属植物 2：

非洲蓝睡莲（埃及蓝睡莲）*Nymphaea caerulea* Savigny.；

柔毛齿叶睡莲 *Nymphaea lotus* L.var. *pubescens* (Willd.) Hook. f. et Thoms.。

非洲蓝睡莲 3

柔毛齿叶睡莲叶形

双子叶植物

连香树 *Cercidiphyllum japonicum* Sieb. et Zucc. Chinese Katsura-tree 连香树科连香树属

识别要点：落叶乔木，高达 20 ~ 40 m。树皮灰色或棕灰色，纵裂，呈薄片剥落；小枝无毛，短枝在长枝上对生。叶近圆形或宽卵形，先端圆或锐尖，基部心形、圆形或宽楔形，边缘具圆钝锯齿。花丛生，先叶或与叶同时开放；蓇葖果黑色。

分布：产于我国江西、浙江、安徽、河南、湖北、四川、甘肃、陕西、山西；日本亦有分布。

习性：耐阴，喜湿，中性、酸性土壤中都能生长。

繁殖：播种繁殖。

园林应用：树形优美，枝叶婆娑，树干通直，寿命长，树姿雄伟，叶形奇特美观，是观赏价值很高的园林绿化树种。

连香树叶形

领春木科植物：

领春木 *Euptelea pleiosperma* Hook. f. et Thoms. (Manyseeded Euptelea)。

连香树

领春木

领春木果实

大火草	*Anemone tomentosa* (Maxim.) Péi	Tomentose Anemone	毛茛科银莲花属

识别要点：多年生草本植物，株高 40 ~ 150 cm。基生叶 3 ~ 4 枚，为三出复叶，小叶卵形，三裂，边缘有粗锯齿，上面被短伏毛，下面被白色茸毛；花莛高 40 ~ 120 cm，聚伞花序，萼片 5 枚，淡粉红或白色，倒卵形或宽椭圆形，花白色或粉红色；聚合果球形；花期 7 ~ 10 月。

分布：河北、山西、河南、陕西、甘肃、四川等省区均有分布。

习性：喜阳光充足，也较耐阴，耐寒，喜凉爽湿润气候和肥沃的沙质土壤，也耐干旱、瘠薄。

繁殖：播种繁殖。

园林应用：野生花卉，用于花坛、花境栽植或盆栽观赏。

同科植物：毛茛 *Ranunculus japonicus* Thunb.；花毛茛 *Ranunculus asiaticus* L.；嚏根草（铁筷子）*Helleborus thibetanus* Franch.；大银莲花 *Anemone narcissiflora* L. var. *major* W. T. Wang。

嚏根草

花毛茛

大银莲花

大火草

花毛茛园林应用

毛茛

嚏根草花

双子叶植物

| 大叶铁线莲 | *Clematis heracleifolia* DC. | Tube Clematis | 毛茛科铁线莲属 |

识别要点：草本或亚灌木状植物，高达 1 m。茎具纵条纹，密被白色糙茸毛。三出复叶，小叶先端短尖，基部圆形或楔形，有时偏斜；聚伞花序顶生或腋生，花杂性，萼片 4 枚，蓝紫色；瘦果卵圆形，被短柔毛。花期 7 ~ 9 月，果期 10 月。

分布：产湖南、安徽、江苏、浙江、山东、河南、湖北、贵州、陕西、山西、北京、河北、吉林、辽宁及内蒙古。

习性：喜阳光充足，但忌强光直射，稍耐阴，极耐寒，忌高温、高湿。喜湿润及排水良好的壤土或沙壤土，忌盐碱及低洼地。

繁殖：播种或分株繁殖。

园林应用：枝繁叶茂，花色秀丽，果棕红色，有较高的观赏价值，可用作阴湿地的地被植物。

同属植物：芹叶铁线莲 *Clematis aethusifolia* Turcz.；绣球藤（山铁线莲）*Clematis montana* Buch.-Ham. ex DC.；短尾铁线莲 *Clematis brevicaudata* DC.；太行铁线莲 *Clematis kirilowii* Maxim.。

大叶铁线莲

短尾铁线莲

太行铁线莲

芹叶铁线莲花

绣球藤

草乌（草乌头，北乌头）　*Aconitum kusnezoffii* Reichb.　Kusnezoff Monkshood　毛茛科乌头属

牛扁

识别要点：多年生草本植物，高 80 ~ 150 cm。具块根；单叶互生，五角形，掌状 3 全裂；中裂片近羽状深裂，侧裂片不等 2 深裂。顶生总状花序，多花，萼片 5，蓝紫色，上萼片盔形，花瓣 2，距向后弯曲。花期 7 ~ 8 月，蓇葖果直立，果期 9 月。

分布：分布于东北、华北等省区。

习性：耐寒性较强，喜阳光充足、凉爽湿润的环境。适宜肥沃而排水良好的沙质土壤。

繁殖：分根或播种繁殖。

园林应用：可作庭院观赏花卉，可在灌木丛中配植，也可布置花境或作切花。

同属植物：白头翁 *Pulsatilla chinensis*（Bunge）Regel ；牛扁 *Aconitum ochranthum* C. A.Mey.；翠雀 *Delphinium grandiforum* L.；穗花翠雀 *Delphinium elatum* L.。

白头翁

草乌

白头翁花

翠雀

穗花翠雀

双子叶植物

牡丹（富贵花，木本芍药，洛阳花） *Paeonia suffruticosa* Andr. Moutan,Tree Peony 芍药科芍药属

识别要点：落叶灌木，高可达 2 m。2 回三出复叶，小叶长 4.5 ～ 8 cm，阔卵形至卵状长椭圆形。先端 3 ～ 5 裂，基部全缘，叶背有白粉，平滑无毛。花径 10 ～ 30 cm；花色有白、黄、粉、红、紫红、紫、墨紫（黑）、雪青（粉蓝）、绿、复色等。花期 4 ～ 5 月。心皮 5 ～ 8 枚，各有瓶状子房一室，边缘胎座，多数胚珠。果期 9 月。

分布：原产我国西部及北部，在秦岭伏牛山、中条山、嵩山均有分布。现各地均有栽培。

习性：喜温暖而不耐酷暑气候，较耐寒；喜光但忌暴晒，宜侧方遮阴。肉质根，忌黏土及积水之地；较耐碱。

繁殖：播种繁殖或嫁接繁殖。

园林应用：牡丹花大色美，香色俱佳，有"国色天香"的美誉。在园林中常作专类花园及供重点美化用，植于花台、花池观赏；又可自然孤植或丛植于草坪边缘、岩石旁或配植于庭院，还可作盆栽供室内观赏。

变种：紫斑牡丹 var. papaveracea (Andr.) Kerner，花瓣基部具紫色斑。

同属植物：黄牡丹 *Paeonia delavayi* Franch. var. lutea (Franch.) Finet. et Gagnep.；芍药 *Paeonia lactifora* Pall.；金莲花 *Trollius chinensis* Bunge；华北耧斗菜 *Aquilegia yabeana* Kitag.；西洋耧斗菜（欧耧斗菜）*Aquilegia vulgaris* L.。

牡丹

芍药

黄牡丹

华北耧斗菜

金莲花

紫斑牡丹

西洋耧斗菜

| 木通 | *Akebia quinata* (Thunb.) Decne. | Fiveleaf Akebia | 木通科木通属 |

三叶木通　　　　　　　　　　　木通

识别要点：落叶缠绕藤本植物，长约9 m，全体无毛。茎纤细，圆柱形，茎皮灰褐色，有圆形皮孔。芽鳞片，覆瓦状排列，淡红褐色；掌状复叶，小叶5枚，倒卵状或椭圆形，先端钝或微钝，全缘；伞房花序腋生，花淡紫色，芳香；果熟时紫色，长椭圆形；花期4月，果期10月。

分布：产于长江流域、华南及东南沿海各省，北至河南、陕西。

习性：稍耐阴，喜温暖湿润气候及排水良好的土壤。

繁殖：播种、压条或分株法繁殖。

园林应用：花叶秀美，作园林篱垣，花架绿化材料，或让其缠绕树木，点缀山石都很合适，亦可作盆栽桩景材料。

同属植物：三叶木通 *Akebia trifoliata* (Thunb.) Koidz.，叶为三出复叶。

木通叶形　　　　　　　　　　木通园林应用　　　　　　　三叶木通雄花（上）和雌花（下）

双子叶植物

日本小檗 *Berberis thunbergii* DC. Japanese Barberry 小檗科小檗属

识别要点：落叶灌木，高 2～3 m。小枝通常红褐色，有沟槽，刺不分叉。单叶，在短枝上簇生；叶倒卵形或匙形，先端钝，基部急狭，全缘，表面暗绿色；花浅黄色，伞形花序；浆果椭圆形，熟时亮红色；花期 5 月，果期 9 月。

分布：原产日本及中国。

习性：喜光、稍耐阴，耐寒，对土壤要求不严格，在肥沃而排水良好沙质土壤上生长最好。

繁殖：常用播种或扦插法繁殖，压条法亦可。

园林应用：枝细密而有刺，春季开黄花，入秋叶色变红，果熟后红艳美丽，是良好的观果、观叶和刺篱材料。

品种和变型：紫叶小檗（红叶小檗）f. *atropurpurea* Rehd.，叶紫红色到鲜红色；金叶小檗 'Aurea'，叶金黄色；金边红叶小檗 'Golden Ring'。

金边红叶小檗

金叶小檗

日本小檗（小檗）

紫叶小檗

金叶小檗花

紫叶小檗园林应用

紫叶小檗果实

紫叶小檗花

双子叶植物

十大功劳　*Mahonia fortunei* (Lindl.) Fedde　Chinese Mahonia　小檗科十大功劳属

阔叶十大功劳果序

识别要点：常绿灌木，高达 2 m。植物体无毛。一回羽状复叶，互生；小叶缘具刺齿，狭长披针形，革质而有光泽，无叶柄；顶生小叶较大，无柄，先端渐尖，基部楔形，叶缘具刺状锐齿，背部灰绿色；花黄色，总状花序；浆果近球形，蓝黑色，被白粉。

分布：产于四川、湖北、浙江等省区。

习性：耐阴，喜温暖气候及肥沃、湿润、排水良好的土壤，耐寒性不强。

繁殖：播种、扦插、根插及分株等繁殖。

园林应用：枝叶苍劲，黄花成簇，常丛植、孤植于庭院、林缘、草地等地或点缀于花境、岩石、墙隅等处，或作绿篱及基础种植。

同属植物：阔叶十大功劳 *Mahonia bealei* (Fort.) Carr.，顶生小叶片有柄；小叶片卵形或宽卵形，长 4~12 cm，宽 2.5~4.5 cm，每边有 2~8 个刺齿。

阔叶十大功劳园林应用

阔叶十大功劳

十大功劳花序

十大功劳

十大功劳园林应用

南天竹 *Nandina domestica* Thunb. Common Nandina , Heavenly Bamboo 小檗科南天竹属

识别要点：常绿灌木，高达2 m。丛生而少分枝。2～3回羽状复叶，互生，中轴有关节，小叶先端渐尖，基部楔形，全缘。花小而白色，呈顶状圆锥花序。浆果球形，鲜红色。花期5～7月；果期9～10月。

分布：产于长江流域及浙江、福建、广西、陕西、山东、河北等省区。

习性：喜半阴、温暖湿润及通风良好的环境，较耐寒，喜钙质土，对中性、微酸性土均适应，不耐积水。

繁殖：分株、播种繁殖。

园林应用：茎干丛生，秋叶红色，累累红果，是观叶观果品种，宜植于庭院房前，假山石旁，草地边缘或园路转角处、漏窗前后。

品种：火焰南天竹 'Firepower'，小叶片薄革质，长椭圆形，秋天鲜红色。

同科植物：六角莲 *Dysosma pleiantha* (Hance) Woodson，多年生草本植物。5～8朵花簇生于两个茎生叶柄交叉处；叶盾状，5～9浅裂。八角莲 *Dysosma versipellis* (Hance) M. Cheng，多年生草本植物。5～8朵花簇生于近叶柄顶端离叶基不远处；叶盾状，4～9掌状浅裂。

六角莲

八角莲

南天竹

南天竹花序

火焰南天竹

秦岭小檗（刺黄檗，三颗针） *Berberis circumserrata* Schneid.　Cutleaf Barberry　小檗科小檗属

识别要点：落叶灌木，高 1.5 ~ 2 m；刺粗壮，三分叉，长 1 ~ 2 cm，灰黄色。叶近圆形、矩圆形或宽椭圆形，长 1.5 ~ 3.5 cm，宽 0.6 ~ 2.5 cm，顶端圆形，基部渐狭成叶柄，边缘有 15 ~ 40 具刺状细锯齿，有密网脉，上面暗绿色，下面灰色，有白粉。花 2 ~ 5 朵簇生，花梗长 10 ~ 40 mm；萼片排成 2 轮，矩圆状椭圆形；花瓣倒卵形，全缘；雄蕊长 4.5 ~ 5 mm。浆果红色。花期 5 月，果期 7 ~ 9 月。

分布：产于湖北、陕西、河南、甘肃、青海。

习性：喜光，稍耐阴，稍耐水湿。

繁殖：播种繁殖。

园林应用：可作观花灌木，种植于山坡、林缘、沟边、灌丛中。

同属植物：涝峪小檗 *Berberis gilgiana* Fedde；直穗小檗 *Berberis dasystachya* Maxim.。

秦岭小檗花

直穗小檗

涝峪小檗

秦岭小檗

直穗小檗叶形

双子叶植物

| 长柱小檗 | *Berberis lempergiana* Ahrendt. | Lemperg Barberry | 小檗科小檗属 |

识别要点：常绿灌木。枝有三叉刺。叶革质而坚硬，长椭圆形至披针形，长 4 ~ 6 cm，缘有疏齿，背面灰绿色，光滑，无白粉。浆果蓝紫色，被白粉，具 1 mm 长的宿存花柱。果期 7 ~ 10 月。

观花特性：5 ~ 15 朵花排成总状花序或簇生，花鲜黄色，花柱长，4 ~ 5 月开花。

分布：原产浙江和江西。

习性：适应性强，喜光，稍耐阴，喜温暖，不耐寒，喜湿润的气候，耐旱，在肥沃及排水良好的土壤中生长旺盛。

繁殖：春季播种或秋季扦插繁殖，成活率高。

园林应用：秋叶红色，果业美丽，可植于庭园观赏，可植于园路转角、岩石园、林缘及池畔，也可盆栽或作盆景，一般单株修剪成球型，或成片种植用以护坡。

同属植物：大叶小檗（黄栌木，阿穆尔小檗）*Berberis amurensis* Rupr.；昆明小檗 *Berberis kunmingensis* C. Y. Wu ex S. Y. Bao。

同科植物：短角淫羊藿 *Epimedium brevicornu* Maxim.。

长柱小檗果实

短角淫羊藿

长柱小檗

大叶小檗

昆明小檗

短角淫羊藿花

双子叶植物

蝙蝠葛（北豆根） *Menispermum dauricum* DC. Daur Batkudze, Daur Moonseed　防己科蝙蝠葛属

防己

识别要点：多年生缠绕草本植物。茎光滑，具细条纹；单叶互生，叶柄盾状着生，叶片心状圆形，纸质，掌状脉 5 ~ 7 条，边缘具 3 ~ 7 角。花单性异株，成腋生圆锥花序，黄绿色，6 基数。花期 5 ~ 6 月；核果近球形，熟时黑色，果期 7 ~ 9 月。

分布：产于中国东北、华北、华东、华中和西北地区。

习性：生于山地林缘、灌丛沟谷或缠绕岩石上。

繁殖：播种及分株繁殖。

园林应用：垂直绿化观花类。

同科植物：防己 *Sinomenium acutum* (Thunb.) Rehd. et Wils.；金线吊乌龟 *Stephania cepharantha* Hayata；千金藤 *Stephania japonica* (Thunb.) Miers。

蝙蝠葛花序

金线吊乌龟

金线吊乌龟叶形

千金藤

蝙蝠葛

双子叶植物

| 白玉兰 | *Magnolia denudata* Desr. | Yulan Magnolia | 木兰科木兰属 |

识别要点：落叶乔木，高达 15 m。树冠卵形或近球形。幼枝及芽均有毛；单叶互生，全缘，叶倒卵状长椭圆形；花芽大，密被黄褐色长绢毛，花大芳香，纯白色，单生枝顶；花萼、花瓣相似，共 9 枚。蓇葖果，成熟后开裂；种子红色；花期 3 ～ 4 月，叶前开放；果期 9 月。

分布：产于中国中部山野中。

习性：喜光，稍耐阴，耐寒，喜肥沃、湿润而排水良好的弱酸性土壤，忌积水。

繁殖：播种、压条或嫁接繁殖。

园林应用：早春先叶开花，满树洁白；宜植于庭前、院后，配植以西府海棠、牡丹、桂花，或丛植于草坪或针叶树丛之前。

品种：红脉白玉兰 'Rednerve'，花被片 9 枚，白色，外面基部紫红色，具几条红色羽状脉，由瓣基直达瓣缘。

白玉兰叶形

白玉兰花

白玉兰

白玉兰果实

红脉白玉兰

含笑（含笑梅，香蕉花） *Michelia figo* (Lour.)Spreng. Figo Michelia,Banana Shrub 木兰科含笑属

识别要点：常绿灌木，高 2～3 m；树皮灰褐色；分枝很密；芽、幼枝、花梗和叶柄均密生黄褐色绒毛。叶革质，狭椭圆形或倒卵形椭圆形，长 4～10 cm，宽 1.8～4 cm，先端渐尖或尾状渐尖，基部楔形，全缘，上面有光泽，针毛，下面中脉上有黄褐色毛；叶柄长 2～4 mm；托叶痕长达叶柄顶端。花单生于叶腋，直径约 12 mm，淡黄色而边缘有时红色或紫色，芳香；花被片 6，长椭圆形，长 12～20 mm。聚合果长 2～3.5 mm；果卵圆形或圆形，顶端有短喙。花期 3～4 月，9 月果熟。

分布：原产我国广东、福建及广西东南部。

习性：喜暖热湿润、阳光充足、不耐寒、适半阴，长江以南背风向阳处能露地越冬。

繁殖：种子繁殖。

园林应用：适于在小游园、花园、公园或街道上成丛种植，可配植于草坪边缘或稀疏林丛之下，使游人在休息之中常得芳香气味的享受。

同属植物：白兰花 Michelia alba DC.。

同科植物：飞黄玉兰 'Feihuang'，花黄色，生于枝顶。

含笑

含笑花

白兰花叶形

飞黄玉兰

白兰花

双子叶植物

望春玉兰　*Magnolia biondii* Pamp.　Biond Magnolia　木兰科木兰属

识别要点：落叶乔木，高 6 ~ 12 m。树皮灰色，小枝无毛；芽卵形，具黄色柔毛；叶互生，长圆状披针形，先端急尖，基部楔形，表面暗绿色，无毛，背面浅绿色；花先叶开放，萼片近线形，较小，花大白色，外面基部带紫红色。聚合果圆柱形；花期 3 月，果期 9 月。

分布：产于陕西、甘肃、河南、湖北、四川等省区。

习性：喜温暖湿润的气候，喜光，稍耐寒，喜湿润肥沃且排水良好的土壤。

繁殖：播种繁殖。

园林应用：花大芳香，亦列植在道旁路边作行道树，或丛植于草坪绿地上，亦配植在凉亭、庭院旁。

望春玉兰

望春玉兰果实

望春玉兰园林应用

望春玉兰花

望春玉兰叶形

望春玉兰种子

紫玉兰 *Magnolia liliflora* Desr. Lily Magnolia 木兰科木兰属

识别要点：落叶大灌木，高 3 m。小枝紫褐色；顶芽卵形；叶先端渐尖，基部楔形，背面脉上有毛。花大，叶前开放，花瓣 6 枚，外面紫色，内面近白色；萼片 3 枚，黄绿色，披针形，较花瓣短；聚合果深紫褐色，变褐色，圆柱形；花期 3 ~ 4 月，果期 9 ~ 10 月。

分布：产于我国湖北、四川、云南西北部。

习性：喜光，不耐严寒，喜肥沃、湿润的土壤，在过于干燥及碱土、黏土上生长不良。

繁殖：扦插、压条、分株或播种繁殖。

园林应用：花大色艳，可配植于庭院室前，或丛植于草地边缘，园路转角处，草坪或针叶树丛之前。

紫玉兰花蕾　　　　　　　　　　　　　紫玉兰

紫玉兰叶形

紫玉兰果实

紫玉兰花

双子叶植物

二乔玉兰 *Magnolia soulangeana* (Lindl.) Soul.-Bod. Saucer Magnolia 木兰科木兰属

识别要点：玉兰与木兰的杂交种。落叶小乔木或灌木，高 7～9 m。叶倒卵形至卵状椭圆形。花大、呈钟状，内面白色，外面淡紫色，绿色花萼似花瓣，但长度仅其半；叶前开花；聚合蓇葖果卵形，成熟时黑色；花期 4 月，果期 9 月。

分布：原产我国。

习性：喜光、耐寒，喜温暖湿润气候，喜肥沃、湿润而排水良好的土壤，忌积水。

繁殖：嫁接、压条、扦插或播种均可。

园林应用：花大色艳，开满枝头，明媚娇艳，可栽植于绿地草坪孤植观赏，或丛植于低矮常绿灌木后丰富层次、色彩，亦可修整后作盆栽。

二乔玉兰叶形

二乔玉兰花正面

二乔玉兰幼果

二乔玉兰

二乔玉兰花背面

荷花玉兰（广玉兰，洋玉兰） *Magnolia grandiflora* L. Lotus Magnolia 木兰科木兰属

荷花玉兰果幼

识别要点：常绿乔木，高 30 m。树冠阔圆锥形。芽及小枝有锈色柔毛；叶倒卵状长椭圆形，革质，叶端钝，叶基楔形，表面有光泽，背面有铁锈色短柔毛，叶缘微波状；花杯形，白色，极大，花瓣通常 6 枚，萼片花瓣状，3 枚；聚合果圆柱形，密被灰黄色茸毛；花期 5～8 月，果期 9～10 月。

分布：原产北美东部。

习性：喜光，颇耐阴。喜温暖湿润气候，耐寒，喜肥沃湿润，富含腐殖质的沙壤土。

繁殖：常用播种法繁殖，扦插、压条、嫁接法亦可。

园林应用：叶厚有光泽，花大而芳香，树姿雄伟壮丽，宜列植于道路两侧，或孤植在宽广开阔的草坪上，或配置成观花的树丛，或作背景树。

荷花玉兰花和叶形

荷花玉兰

荷花玉兰果实和种子

荷花玉兰花蕾

荷花玉兰雌蕊与雄蕊

双子叶植物

识别要点：落叶小乔木，高 7 ~ 11 m。树冠近圆锥形，树皮灰白色。冬芽密生绢状茸毛。小枝紫褐色；叶顶端短突尖，基部楔形或近圆形，背面苍白色，脉上有柔毛；花先叶开放，花柄生白色毛，花被片 9 ~ 10 枚，匙形，上部白色，下部紫红色。聚合果圆筒形。

分布：产于江苏省句容县宝华山。

习性：阳性至中性树种，喜光，宜温暖湿润气候，稍耐阴。

繁殖：播种繁殖。

园林应用：宜孤植、丛植、群植于开阔的草坪上、道路旁或湖畔。若以苍松翠柏作背景，更衬托出花色的娇艳，可用于风景区、街道及广场绿地、住宅区绿地的绿化景观布置。

同属植物：天目木兰 *Magnolia amoena* Cheng（Tianmu Mountain Magnolia）。

宝华玉兰花

宝华玉兰叶形

宝华玉兰

天目木兰

天目木兰叶形

| 厚朴 | *Magnolia officinalis* Rehd. et Wils. | Official Magnolia | 木兰科木兰属 |

识别要点：落叶乔木，高 15 ~ 20 m。树皮紫褐色。冬芽大，有黄褐色茸毛；叶簇生枝端，倒卵状椭圆形，叶大，脉上密生有毛；先叶后花，花顶生白色，聚合果圆柱形；花期 5 月，果期 9 月。

分布：产于长江流域和陕西、甘肃南部。

习性：喜光，喜湿润而排水良好的酸性土壤，不耐严寒酷暑。

繁殖：常用播种法繁殖，亦可分蘖繁殖。

园林应用：叶大阴浓，花大芳香，可作庭院、公园的庭阴树，或孤植、丛植于草坪、绿地上及凉亭、岩石旁，亦可列植作行道树。

厚朴花 1

厚朴叶形

厚朴花 2

厚朴

厚朴园林应用

双子叶植物

黄山木兰 *Magnolia cylindrica* Wils. Huangshan Magnolia 木兰科木兰属

识别要点：落叶小乔木，树高可达 18 m。幼枝被淡黄色长毛。叶互生倒卵状长圆形，先端钝尖，基部圆形或楔形，背面稍有毛；花单生，花被片 9 枚，最外 3 枚，膜质，萼片状，内二轮花瓣状，白色，基部带红色，长 6.5 ~ 10 cm。聚合果圆柱形。花期 3 月，果 8 月成熟。

分布：中国特产，主产于华东地区。

习性：喜凉爽湿润气候，喜相对湿度大、土层深厚肥沃、排水良好、酸性的沙壤土。

繁殖：播种繁殖。

园林应用：黄山木兰花大，色泽艳丽，花色有白、淡黄、淡红色变异类型，是观赏价值很高的花木，适宜园林中栽种或作行道树。

同属植物：凹叶厚朴 *Magnolia officinalis* Rehd. et Wils. subsp. *biloba* (Rehd. et Wils.) Cheng et Law（Concaveleaf Houpu, Twolobed Officinal Magnolia），叶大，7~9 枚叶聚生于枝端，长 15~30 cm，近革质，先端凹缺。

黄山木兰

凹叶厚朴花色 1

凹叶厚朴果实

厚朴花蕾、花和叶形

凹叶厚朴花色 2

双子叶植物

深山含笑	*Michelia maudiae* Dunn	Maudis Michelia	木兰科含笑属

识别要点：常绿乔木，高达20 m。幼枝、芽和叶下面被白粉；叶革质，长圆状椭圆形或倒卵状椭圆形，长8～16 cm，网脉在两面明显；叶柄无托叶痕；花白色，花被片9枚，外轮倒卵形，长5～7 cm，内两轮较狭窄；聚合果长10～12 cm，蓇葖果卵球形；花期3～5月，果期9～10月。

分布：产于长江流域至华南。

习性：喜温暖湿润气候；要求阳光充足的环境，但幼苗期需荫蔽。

繁殖：播种繁殖。

园林应用：树形端庄，枝叶光洁，花大而洁白，是优良的园林造景树种。

同科植物：乐东拟单性木兰 *Parakmeria lotungensis* (Chun et C. Tsoong) Law。

深山含笑

乐东拟单性木兰

深山含笑花和叶形

深山含笑果序

双子叶植物

披针叶茴香 *Illicium lanceolatum* A. C. Smith | Lanceleaf Anisetree | 八角科八角属

披针叶茴香

披针叶茴香花期

识别要点：常绿灌木或小乔木，高 3 ~ 10 m；树皮灰褐色。单叶互生或偶有聚生于节部，倒披针形或披针形，长 6 ~ 15 cm，宽 2 ~ 4.5 cm，叶端渐尖或短尾状。花单生或 2 ~ 3 朵簇生叶腋；花被片 10 ~ 15 枚；心皮 10 ~ 13。聚合果 10 ~ 13，顶端有长而弯曲的尖头。

分布：产于长江下游、中游及长江以南各省区。

习性：喜阴湿环境。

繁殖：种子和扦插繁殖。

园林应用：庭园观赏植物，可在水岸、湖石、建筑物旁群植或丛植。

深山含笑环状托叶痕

披针叶茴香果实

披针叶茴香花

披针叶茴香叶形

五味子 *Schisandra chinensis* (Turcz.) Baill. China Magnoliavine 五味子科五味子属

识别要点：落叶藤本，幼叶下面被短柔毛。叶膜质、宽椭圆形、卵形或倒卵形，基部全缘；侧脉 5 ~ 7 对，网脉纤细而不明显；花白色或粉红色，花被片 6 ~ 9 枚，长圆形或椭圆状长圆形；雄蕊 5 枚；心皮 17 ~ 40 枚。小浆果红色，近球形。花期 5 ~ 7 月，果期 7 ~ 10 月。

分布：产东北亚地区，我国主产东北和华北，华东和华中也有分布。

习性：喜湿润庇荫环境，耐阴性强，耐寒，喜肥沃湿润、排水良好的土壤。

繁殖：压条、分株、播种或扦插繁殖。

园林应用：叶片秀丽；花朵淡雅而芳香，果实红艳，是优良的垂直绿化材料，可作篱垣、棚架、门亭绿化材料或缠绕大树、点缀山石。

同属植物：华中五味子 *Schisandra sphenanthera* Rehd. et Wils.，花橙红色；雄花有雄蕊 5~15 枚。

同科植物：南五味子 *Kadsura longipedunculata* Finet. et Gagnep.（Common Kadsuea），聚合果近球形。

华中五味子叶形和花色

华中五味子花色

南五味子花

华中五味子

南五味子

五味子

| 鹅掌楸 | *Liriodendron chinense* (Hemsl.) Sargent. | Chinese Tulip-tree | 木兰科鹅掌楸属 |

鹅掌楸　　　　　　　　　　鹅掌楸花　　　　　　　　　　鹅掌楸果实

识别要点：落叶乔木，高达 40 m，树冠圆锥状。一年生枝灰色或灰褐色；叶马褂状，互生，两侧常各具 1 裂片，向中腰部缩入；花单生枝顶，黄色，杯状；聚合果纺锤形，小坚果有翅；花期 5 月，果熟期 9～10 月。

分布：我国特有树种，产于长江以南各省区。

习性：性喜温凉湿润气候，喜光，耐寒。

繁殖：种子、扦插繁殖。

园林应用：树形端正，秋叶呈黄色，叶形奇特，是优美的庭阴树和行道树种；花淡黄绿色，美而不艳，宜植于园林中休息区的草坪上。

同属植物：北美鹅掌楸 *Liriodendron tulipifera* L.，花丝长约 1 cm，花瓣长 4～5 cm，具翅小坚果先端尖；杂交鹅掌楸 *Liriodendron chinense*×*Liriodendron tulipifera*，叶形介于鹅掌楸和北美鹅掌楸之间，较原种耐寒性强。

鹅掌楸花和叶形

北美鹅掌楸

杂交鹅掌楸

双子叶植物

| 蜡梅（腊梅） | *Chimonanthus praecox* (L.) Link. | Wintersweet | 蜡梅科蜡梅属 |

蜡梅果实

蜡梅

蜡梅花

柳叶蜡梅

识别要点：落叶丛生灌木，高达 3 m。叶对生，半革质，椭圆状卵形至卵状披针形，先端渐尖，基部圆形或宽楔形，叶表有硬毛，叶背光滑；花先叶开放，鲜黄色，芳香。果为花托膨大的椭圆形蒴果状；花期 12 月至翌年 3 月，果熟期 8 月。

分布：产于陕西、湖北、四川等省区。

习性：喜光，较耐阴，较耐寒耐旱，忌水湿。

繁殖：种子、扦插、嫁接及分根繁殖。

园林应用：一般以孤植、对植、丛植、群植配置于园林与建筑物的入口处两侧和厅前、亭周、窗前屋后、墙隅及草坪、水畔、路旁等处，作为盆花桩景和瓶花亦具特色，为冬季观赏佳品。

品种：素心蜡梅 'Luteus'，花纯黄色。

同属植物：柳叶蜡梅 *Chimonanthus salicifolius* S. Y. Hu (Willowleaf Wintersweet)，叶线状披针形或长圆状披针形，中背面被短柔毛。

蜡梅瘦果

蜡梅叶形

素心蜡梅

| 樟树 | *Cinnamomum camphora* (L.) Presl | Camphor Tree | 樟科樟属 |

识别要点：常绿乔木，高达 25 m。树皮灰褐色，纵裂；小枝具棱角，绿褐色。叶互生，卵状椭圆形，薄革质，离基 3 出脉，脉腋有腺体，全缘，背面灰绿色；圆锥花序腋生于新枝；核果球形；花期 5 月，果熟期 9 ~ 11 月。

分布：产于长江以南及西南各省区。

习性：喜光，稍耐阴，喜温暖湿润气候，耐寒性不强，较耐水湿。

繁殖：播种繁殖，扦插及分根繁殖亦可。

园林应用：枝叶茂密，冠大阴浓，树姿雄伟，是城市绿化的优良树种，广泛作为庭阴树、行道树、防护林及风景林。配植于池畔、水边、山坡等，在草地中丛植、群植、孤植或作为背景树。

同属植物：兰屿肉桂 *Cinnamomum kotoense* Kanchira et Sasaki，果时花被片宿存，叶两面无毛；川桂 *Cinnamomum wilsonii* Gamble，果时花被片宿存，叶下面幼时明显被白色丝毛，后变无毛。

樟树果实

兰屿肉桂

樟树

樟树花

川桂

| 月桂 | *Laurus nobilis* L. | Grecian Laurel | 樟科月桂属 |

识别要点：常绿小乔木，高可达 12 m。小枝绿色，叶矩圆形，叶全缘，边缘呈波状，革质，两面无毛，羽状脉，表面暗绿色，有光泽，背面淡绿色；花雌雄异株，花黄色，成聚伞房花序簇生于叶腋，花被片倒卵形；果实椭圆状卵形，成熟时暗紫色；花期 4 月，果期 9 ~ 10 月。

分布：原产地中海地区。

习性：喜温湿气候，喜光，较耐阴，稍耐寒。

繁殖：以扦插，播种繁殖为主。

园林应用：月桂四季常青，树姿优美，有浓郁香气，适于在庭院、建筑物前栽植，其斑叶尤为美观。住宅前院用作绿墙分隔空间，隐蔽遮挡，效果也好。

同科植物：檫木 *Sassafras tzumu* (Hemsl.) Hemsl.；黄丹木姜子 *Litsea elongata* (Wall. ex Nees) Benth. et Hook. f.；天目木姜子 *Litsea auriculata* Chien et Cheng；紫楠 *Phoebe sheareri* (Hemsl.) Gamble。

月桂花

黄丹木姜子

月桂

天目木姜子

檫木

紫楠

双子叶植物

| 山檀 | *Lindera reflexa* Hemsl. | Montane Spicebush | 樟科山胡椒属 |

识别要点：落叶灌木或小乔木，高 1 ~ 6 m。叶互生，倒卵状椭圆形或圆卵形，长 4 ~ 12 cm，宽 2 ~ 5 cm，先端渐尖，基部阔楔形或圆形，全缘，纸质，下面被柔毛，老时脱落，侧脉 5 ~ 8 条；叶柄长 5 ~ 12 mm。花单性，雌雄异株；伞形花序腋生，花梗被黄褐色柔毛；花被片 6，椭圆形，黄色；雄花有雄蕊 9，花药内向瓣裂；果实球形，深红色，径约 7 mm。花期 3 ~ 4 月，果期 9 ~ 10 月。

分布：产于我国广东、广西、湖南、江西、江苏、福建、浙江、湖北、安徽、河南、贵州及云南。

习性：稍耐荫蔽，喜湿润，也耐干旱，具有一定的耐寒性，要求深厚、肥沃和排水良好的沙质壤土。

繁殖：播种繁殖。

园林应用：适合作景观树和庭园观赏树，可孤植、丛植或列植。

同属植物：绿叶甘檀 *Lindera fruticosa* Hemsl.；三桠乌药 *Lindera obtusiloba* Bl.；山胡椒 *Lindera glauca* (Sieb. et Zucc.) Bl.；乌药 *Lindera aggregata* (Sims) Kosterm.；香叶树 *Lindera communis* Hemsl.。

乌药

三桠乌药（春色叶）

山胡椒

山胡椒秋色叶

绿叶甘檀

山檀

香叶树

白楠（山楠，石楠）　*Phoebe neurantha* (Hemsl.)Gamble　White Nanmu　樟科楠属

识别要点：乔木，高 3~16 m。叶革质，狭披针形、披针形或倒披针形，长 8～16 cm，宽 1.5～4 cm，先端尾状渐尖或渐尖，中脉上面下陷，侧脉通常每边 8～12 条。圆锥花序长 4～10 cm；花长 4～5 mm；花被片卵状长圆形，外轮较短而狭，内轮较长而宽，先端钝，两面被毛，内面毛被特别密；各轮花丝被长柔毛。果卵形，长约 1 cm，径约 7 mm。花期 5 月，果期 8～10 月。

分布：主要分布于甘肃、陕西、四川、湖北、湖南、贵州、广西、江西等省区。

习性：喜温暖湿润气候，喜地土层深厚，疏松、排水良好、肥沃的中性或微酸性的壤土。

繁殖：播种繁殖。

园林应用：作景观树和庭园观赏树。

樟科植物：湘楠 *Phoebe hunanensis* Hand.-Mazz.；红果钓樟 *Lindera erythrocarpa* Makino；黑壳楠 *Lindera megaphylla* Hemsl.；江浙钓樟 *Lindera chienii* Cheng。

白楠花

黑壳楠

红果钓樟

湘楠

江浙钓樟

白楠

| 虞美人 | *Papaver rhoeas* L. | Corn Poppy | 罂粟科罂粟属 |

识别要点：一年生草本植物，茎细长，直立，高约 80 cm。全株被糙毛。具基生叶和茎生叶，叶互生，披针形或狭卵形，羽状分裂，下部全裂，裂片具牙齿状缺刻；花单生于茎顶，有白、粉、红等色及深浅变化，花丝黑色；蒴果宽倒卵形；花期 3 ~ 7 月，果期 6 ~ 8 月。

分布：原产于欧洲。

习性：耐寒，怕暑热，喜冷凉，喜排水良好、肥沃的沙壤土。

繁殖：播种繁殖。

园林应用：花色艳丽，姿态轻盈，是极美丽的春季花卉，可与其他花卉搭配，可播于花境或花丛地段，也可与其他茎叶稀疏、早春开花的球根花卉混植。

同属植物：东方罂粟 *Papaver orientale* L.，多年生草本植物，全株密生粗毛。

东方罂粟

东方罂粟花

虞美人

虞美人品种 1

虞美人品种 2

虞美人品种 3

花菱草（人参花） *Eschscholzia californica* Cham. California Poppy 罂粟科花菱草属

识别要点：多年生草本植物，常作一二年生栽培，株高 30 ~ 40 cm。茎叶灰绿色，具白粉和汁液；叶多基生，数回羽状全裂，裂片线形；花单生枝顶，花瓣 4 枚，有乳白、深红、鲜黄等色或基部深黄色，易脱落。花在阳光下开放，阴天及夜晚闭合。花期 5 ~ 9 月。

分布：原产美国加利福尼亚州。

习性：喜凉爽、阳光充足的环境，适宜排水良好的沙质土壤，忌酷暑。

繁殖：播种繁殖。

园林应用：可布置花坛或花境，也可盆栽作切花。

花菱草

花菱草品种 1

花菱草品种 2

花菱草园林应用

花菱草不同品种混播

博落回	*Macleaya cordata* (Willd.) R. Br.	Pink Plumepoppy	罂粟科博落回属

识别要点：多年生草本植物，株高 1.5 ~ 2 m。茎圆柱形，中空，直立而强壮，浅灰绿色，具有毒的黄色汁液；叶心形互生，羽状裂开；顶生圆锥状花序，花小白色，无花瓣，椭圆形蒴果悬垂；花期 6 ~ 8 月，果期 10 月。

分布：原产中国和日本。

习性：耐寒，耐旱，喜充足阳光，在肥沃、排水良好的土壤中生长良好。

繁殖：播种或分株繁殖。

园林应用：可植于花境、林缘作背景植物，也可在篱栅、灌丛边缘栽植。

博落回

博落回叶形

荷包牡丹	*Dicentra spectabilis* (L.) Lem.	Colicweed	罂粟科荷包牡丹属

识别要点：株高 30 ~ 60 cm。茎红紫色；叶对生，叶嫩绿色有长柄，叶二回三出，全裂，一回裂片具细长柄，二回裂片具短柄或无柄，三回裂片呈卵形，全缘或具小裂刻；总状花序顶生呈拱形，花两侧对称，花期 5 月。

分布：原产中国。

习性：耐寒而不耐夏季高温，喜湿润和含腐殖质的壤土，在沙土和黏土中生长不良。

繁殖：分株繁殖为主，也可根插。

园林应用：可丛植或作花境、花坛布置，也可作地被植物。

荷包牡丹

荷包牡丹花

双子叶植物

| 血水草 | *Eomecon chionantha* Hance. | Snowpoppy | 罂粟科血水草属 |

识别要点：多年生草本植物。全株无毛，具红黄色汁液。叶全部基生，心形或心状肾形，先端渐尖或急尖，基部耳垂，边缘波状；叶柄蓝灰色，基部扩大成狭鞘；花葶灰绿色略带紫红色，有3～5朵花，排成聚伞状伞房花序；花瓣倒卵形，白色；花药黄色；蒴果狭椭圆形，长约2 cm。花期3～6月，果期6～10月。

分布：产于广东、广西、湖南、江西、福建、浙江、安徽、湖北、四川、贵州、云南。

习性：喜阳光充足，稍耐阴，喜温暖、湿润的环境，耐寒，喜疏松、富含有机质和排水良好的沙壤土。

繁殖：播种繁殖。

园林应用：花色素雅，株形优美，是优良的观赏花卉。

同科植物：荷青花（鸡蛋黄花）*Hylomecon japonica* (Thunb.) Prantl et Kündig，植物体有乳汁；茎不分枝；基生叶为奇数羽状复叶，茎生叶2枚；雄蕊多数，分离，柱头与胎座互生，花瓣4枚；种子具鸡冠状突起。

血水草园林应用

荷青花

血水草

血水草花

荷青花叶形和花

双子叶植物

延胡索（玄胡索，元胡）　*Corydalis yanhusuo* W.T.Wang ex Z.Y.Su et C.Y.Wu　Yanhusuo　罂粟科紫堇属

识别要点：二年生草本无毛植物，高 9 ~ 20 cm。植株基部生 1 鳞片，其上生 3 ~ 4 叶，叶片轮廓三角形，长达 7.5 cm，二回 3 出全裂，二回裂片近无柄或具短柄，不分裂或 2 ~ 3 全裂或深裂，末回裂片披针形或狭卵形，长 1.2 ~ 3 cm，宽 3.5 ~ 8 mm。总状花序长 3 ~ 6.5 cm；花瓣紫红色，上面花瓣长 1.5 ~ 2 cm，顶端微凹，距圆筒形，长 1 ~ 1.2cm。蒴果条形，长约 2 cm。花期 3 ~ 4 月，果期 4 ~ 5 月。

分布：分布于我国安徽、江苏、浙江、湖北、河南等地。

习性：耐阴，喜温暖湿润气候，但能耐寒，怕干旱和强光，生长季节短，对肥料要求较高，大风对其生长不利。

繁殖：播种繁殖。

园林应用：可作园林中山地、林下及林缘地被植物。

紫堇属植物：曲花紫堇 *Corydalis curvifora* Maxim.；刻叶紫堇 *Corydalis incisa* (Thunb.) Pers.，白花刻叶紫堇 var. *alba* S. Y. Wang；土元胡 *Corydalis humosaMigo*；小黄紫堇 *Corydalis raddeana* Regel。

曲花紫堇

土元胡

小黄紫堇

白花刻叶紫堇

延胡索

刻叶紫堇

白屈菜（八步紧，断肠草）　　*Chelidonium majus* L.　　Greater Celandine　　罂粟科罂粟属

白屈菜花

识别要点：多年生草本植物，高 30～90 cm。含黄色乳汁；茎多分枝，具白色长柔毛；叶互生，具长柄，1～2 回羽状全裂；花数朵排成伞形聚伞花序；萼片 2，早落，花瓣 4，亮黄色，雄蕊多数；蒴果细圆柱形，直立，熟时 2 瓣裂。花期 5～8 月，果期 6～10 月。

分布：分布于东北、华北、西北及江苏、江西、四川等地。

习性：喜温暖湿润气候，耐寒。宜生长在疏松、肥沃、排水良好的沙质壤土。

繁殖：种子繁殖。

园林应用：可用于花丛、花境或自然式片植，也可作盆栽观赏。

分布及生境：北京各区县低山常见，生于灌丛、山野、沟边阴湿处。分布于全国各地。

用途：全草含多种生物碱，可药用、镇痛、止咳。

同科植物：秃疮花 *Dicranostigma leptopodum* (Maxim.) Fedde；冰岛罂粟（冰岛虞美人）*Papaver nudicaule* L.，仅具基生叶，子房有毛，花丝白色。

冰岛罂粟品种 1

白屈菜

秃疮花

冰岛罂粟品种 2

冰岛罂粟

二月兰（诸葛菜） *Orychophragmus violaceus* (Linn.) O. E. Schulz　Violet Orychopragmus　十字花科诸葛菜属

识别要点：一年或二年生草本植物，高 30 ~ 60 cm。茎圆柱形，单一或从基部分枝。全株光滑无毛，有白色粉霜。基生叶近圆形，下部叶羽状分裂；顶生叶三角状卵形，无叶柄；侧生叶偏斜形，有柄；总状花序顶生，花初时为紫色后变白色，具长爪；果实为长角果，有四棱。花期为 4 ~ 6 月，果期 5 ~ 6 月。

分布：原产中国东北及华北地区。

习性：耐寒性强，喜冷凉、阳光充足的环境，也耐阴，对土壤要求不严格。

繁殖：播种繁殖。

园林应用：多作林下地被。

同科植物：紫花碎米荠 *Cardamine macrophylla* Willd.；紫罗兰 *Matthiola incana* (L.) R. Br.。

紫罗兰

二月蓝

二月蓝花

紫花碎米荠花序

紫花碎米荠

二月蓝园林应用

羽衣甘蓝

Brassica oleracea L. var. *acephala* L. f. *tricolor* Hort.　Flowering Kale　十字花科芸薹属

识别要点：二年生草本植物，株高为 30 ~ 40 cm。茎短缩。叶片肥厚，呈长椭圆形，叶背梢被蜡粉；叶柄有翅，边缘叶有翠绿色、灰绿色、黄绿色，中心叶色有白、黄、肉色、玫瑰红、紫红等；总状花序生于较长的花葶上。花期 4 月。

分布：原产西欧。

习性：喜光，喜冷凉温和气候，耐寒，不耐阴，忌高温多湿。

繁殖：播种繁殖。

园林应用：羽衣甘蓝冬季株形状如牡丹花，被形象地称为"叶牡丹"，叶色丰富，观赏期长，为冬季花坛的重要材料，在公园、街头、花坛、花境常见用于镶边和组成各种美丽的图案。

同科植物：糖芥 *Erysimum aurantiacum* (Bunge) Maxim.，叶缘具波状齿或全缘，长角果；香雪球 *Lobularia maritima* (L.) Desv.，叶全缘，短角果。

糖芥花序

糖芥　　　　　　　羽衣甘蓝　　　　　　　羽衣甘蓝花

香雪球 1

羽衣甘蓝园林应用

香雪球 2

醉蝶花 （西洋白花菜，凤蝶草，紫龙须） *Cleome spinosa L.* Spiny Spiderflower 白花菜科醉蝶花属

识别要点：一年生草本植物，高 60~150 cm。枝叶具气味；掌状复叶互生，小叶 5~9 枚，长椭圆状披针形，两枚托叶演变成钩刺；总状花序顶生，花瓣 4 枚；具长爪，雄蕊 6 枚，花丝长约 7 cm；蒴果细圆柱形，内含种子多数。花果期 7~11 月。

分布：原产热带美洲，热带至温带栽培以供观赏。

习性：适应性强；性喜高温，较耐暑热，忌寒冷；喜阳光充足的环境，半遮阴亦能生长良好。对土壤要求不苛刻，喜湿润土壤，亦较能耐干旱，忌积水。

繁殖：播种和扦插繁殖。

园林应用：醉蝶花的花瓣轻盈飘逸，盛开时似蝴蝶飞舞，颇为有趣，可在夏秋季节布置花坛、花境，也可进行矮化栽培，将其作为盆栽观赏。同时，它还是一种优良的蜜源植物。

醉蝶花品种 1

菘蓝

菘蓝花

醉蝶花品种 2

十字花科植物：
菘蓝（板蓝根）*Isatis tinctoria* L.，直立草本；花小，黄色；短角果扁平，周围有翅，果实成熟后不开裂。

菘蓝叶形

醉蝶花

八宝景天	*Sedum spectabile* Boreau	Showy Stonecrop	景天科景天属

识别要点：多年生草本，株高 30 ~ 50 cm。地下茎肥厚，地上茎簇生。叶轮生或对生，倒卵形，肉质，具波状齿；伞房花序密集如平头状，花淡粉红色，常见栽培的尚有白色、紫红色、玫红色品种；花期 8 ~ 9 月。

分布：产于我国东北地区以及河北、河南、安徽、山东等省区。

习性：性喜强光和干燥、通风良好的环境，耐低温，耐贫瘠和干旱，忌雨涝积水。

繁殖：扦插、播种或分株繁殖。

园林应用：用来布置花坛，可以做圆形、方块、云卷、弧形、扇面等造型，也可以用作地被植物，部分品种冬季仍然有观赏效果。

同属植物：反曲景天 *Sedum reflexum* L.，多年生草本植物，高 15~25 cm。叶被白色蜡粉，尖端弯曲，灰绿色，排列似云杉，花亮黄色。

八宝景天

八宝景天花序

八宝景天花期

八宝景天园林应用

八宝景天品种

反曲景天

双子叶植物

凹叶景天

凹叶景天花

识别要点：多年生草本植物，茎高 10 ~ 15 cm。茎细弱。叶对生，匙状倒卵形至宽匙形，先端圆，基部渐狭，近无柄，有短距；聚伞花序顶生，有多花，萼片 5 枚，披针形至狭长圆形，花瓣 5 枚，黄花；蓇葖果略开叉；花期 5 ~ 6 月，果期 6 月。

分布：产于湖南、江西、浙江、江苏、安徽、湖北、四川、云南、甘肃、陕西等省区。

习性：耐旱，喜半阴环境，易栽培。

繁殖：分株、扦插或播种繁殖。

园林应用：用于布置花境、花坛，也可室内盆栽。

同属植物：细叶景天 *Sedum elatinoides* Franch.，一年生草本植物，花白色。

凹叶景天花期

凹叶景天叶形

细叶景天

| 垂盆草 | *Sedum sarmentosum* Bunge | Stringy Stonecrop | 景天科景天属 |

识别要点：多年生肉质草本植物，长 10～25 cm。不育枝及花茎细，匍匐且节上生根；叶 3 片轮生，倒披针形至长圆形，顶端尖，基部渐狭，全缘；聚伞花序疏松，花淡黄色，无梗；花期 5～7 月，果期 8 月。

分布：我国大部分地区，野生。

习性：喜阴湿又耐干旱，不择土壤。

繁殖：扦插或分株繁殖。

园林应用：叶质肥厚，色绿如翡翠，颇为整齐美观。不耐践踏，可作封闭式地被材料，也可用于模纹花坛配置图案，或用于岩石园及吊盆观赏等。

同属植物：胭脂红景天（小球玫瑰）*Sedum spurium* M. Bieb. 'Coccineum'，株高约 10 cm，茎匍匐，光滑。叶对生，卵形至楔形，叶片深绿色后变胭脂红色，冬季为紫红色；花粉色；花期 6~9 月。

垂盆草园林应用

垂盆草花

垂盆草

胭脂红景天

胭脂红景天园林应用

双子叶植物

| 佛甲草 | *Sedum lineare* Thunb. | Buddhanail | 景天科景天属 |

识别要点：多年生肉质草本植物，无毛，茎高 10 ~ 20 cm。3 叶轮生，叶线形，无柄，先端钝尖，有短距；聚伞状花序顶生，疏生花。蓇葖果；花期 4 ~ 5 月，果期 6 ~ 7 月。

分布：原产我国；日本也有分布。

习性：适应性强，喜光，日照宜充足，喜温暖至高温的气候，耐寒，耐旱，耐盐碱，耐瘠薄土壤，抗病虫害。

繁殖：播种、分株和扦插法繁殖。

园林应用：可布置花境、花坛，或应用于屋顶绿化，宜作园林观叶植物，可盆栽于室外阳台。

品种：金叶佛甲草 'Aurea'，叶金黄色。

同属植物：圆叶景天 *Sedum sieboldii* Sweet ex Hk.，枝条最初直立，后下垂；叶对生，圆扇形至圆形，绿中带红，老叶片呈暗紫色，叶缘略微波状，叶柄极短；头状花序半球形，生于茎顶端，小花粉红色。

佛甲草

金叶佛甲草

佛甲草花期

金叶佛甲草园林应用

圆叶景天

双子叶植物

| 费菜 | *Sedum aizoon* L. | Aizoon Stonecrop | 景天科景天属 |

识别要点：多年生草本植物，株高 20 ~ 50 cm。茎直立，不分枝；单叶互生，叶近革质，狭披针形、椭圆状披针形，先端渐尖，基部楔形，边缘有不整齐的锯齿；聚伞花序呈伞房状，顶生，黄色；蓇葖果 5 枚，成熟时向外平展，呈星芒状排列；花期 6 ~ 7 月，果期 8 ~ 9 月。

分布：产于中国东北。

习性：喜阳光充足，稍耐阴，耐寒耐旱，耐盐碱。

繁殖：播种繁殖。

园林应用：用于花坛、花境、地被；岩石园中多用其作为镶边植物，也可盆栽或吊栽，调节空气湿度、点缀平台庭院。

同科植物：瓦松 *Orostachys fimbriatus* (Turcz.) Berger；鸡爪三七（伽蓝菜，裂叶落地生根）*Kalanchoe laciniata* (L.) D. C.；长寿花 *Kalanchoe blossfeldiana* V. Poelln.，重瓣长寿花 'Plena'。

费菜

费菜花

鸡爪三七

瓦松

费菜群落

双子叶植物

长寿花 （假川莲，圣诞伽蓝菜） *Kalanchoe blossfeldiana* V.Poelln.   Flaming Katy,Christmas Kalanchoe   景天科伽蓝菜属

识别要点：常绿多年生草本多浆植物。茎直立，株高 10 ~ 30 cm；单叶交互对生，卵圆形，长 4 ~ 8 cm，宽 2 ~ 6 cm，肉质，叶片上部叶缘具波状钝齿，下部全缘，亮绿色，有光泽，叶边略带红色。圆锥聚伞花序，挺直，花序长 7 ~ 10 cm。每株有花序 5 ~ 7 个，着花 60 ~ 250 朵。花小，高脚碟状，花径 1.2 ~ 1.6 cm，花瓣 4 片，花色粉红、绯红或橙红色。花期 1 ~ 4 月。

分布：原产非洲马达加斯加岛。我国南方地区也有栽培。

习性：喜温暖稍湿润和阳光充足的环境；不耐寒，生长适温为 15 ~ 25 ℃；耐干旱，对土壤要求不严格，以肥沃的沙壤土为好。

繁殖：分株或扦插繁殖。

园林应用：长寿花的叶片属厚肉质，密集深绿，有光泽，有很高的观赏价值，不开花时还可以赏叶，是非常理想的室内盆栽花卉。

品种：重瓣长寿花 'Plena'。

重瓣长寿花品种 1

重瓣长寿花品种 2

长寿花

重瓣长寿花品种 4

重瓣长寿花品种 3

重瓣长寿花品种 5

双子叶植物

绣球 *Hydrangea macrophylla* (Thunb.) Seringe Largeleaf Hydrangea 虎耳草科八仙花属

识别要点：落叶灌木，高 3 ~ 4 m。小枝粗，圆柱形，紫灰色，无毛，皮孔明显；叶大而对生，缘有粗锯齿，两面无毛或仅背脉有毛；伞房花序顶生近球形，多为不育花，蓝色、粉红色或白色；蒴果长陀螺状；花期 6 ~ 8 月。

分布：产于江苏、浙江、福建、湖南等地。

习性：喜温暖、湿润和半阴环境。

繁殖：分株、压条、扦插和组织培养繁殖。

园林应用：花期长，为既适宜庭院栽培又适合盆栽观赏的理想花木，在暖地可配置于林下、路缘、棚架边及建筑物北面。

变种：八仙花（山绣球）var. *normalis* Wils.，花序具多数可育花和少数不育花；矮生绣球（紫阳花，洋绣球）'Otaksa'。银边八仙花 *Hydrangea macrophylla* (Thunb.) Seringe var. *normalis* Wils. f. *maculata* (Wils.) S. X. Yan comb. nov. (新组合)，叶缘为白色。

同属植物：腊莲绣球（蜡莲绣球）*Hydrangea strigosa* Rehd.，伞房状聚伞花序，子房完全下位；蒴果顶端截平。

矮生绣球　　　　　　　　　　　　　　　　　八仙花

腊莲绣球

绣球

银边八仙花

山梅花　*Philadelphus incanus* Koehne.　Grey Mockorange　虎耳草科山梅花属

识别要点：落叶灌木，高达 3～5 m。树皮褐色，薄片状剥落；叶卵形至卵状长椭圆形，缘具细尖齿，表面疏生短毛，背面密生柔毛，脉上毛尤多；花白色，萼外有柔毛，总状花序；蒴果倒卵形。花期 5～7 月，果期 9 月。

分布：产于陕西、甘肃、青海、四川、湖北、河南等省区。

习性：适应性强，喜光、喜温暖，也耐寒、耐热，怕水涝。

繁殖：扦插或分株繁殖。

园林应用：其花芳香、美丽、多朵聚焦，花期较久，为优良的观赏花木。宜栽植于庭园、风景区，亦可作切花材料，或丛植、片植于草坪、山坡、林缘地带，若与建筑、山石等配植效果也好。

同属植物：太平花 *Philadelphus pekinensis* Rupr.，花萼外面无毛；叶背面无毛或仅近基部和有毛。

同科植物：圆锥绣球 *Hydrangea paniculata* Sieb.，可育两性花小，白色；不育花大型，具 4 枚花瓣状萼片，全缘，白色。中国绣球 *Hydrangea chinensis* Maxim.，可育两性花黄色，不育边花白色，花瓣基部具爪；种子无翅。

山梅花树形

太平花叶形

太平花

山梅花

圆锥绣球

中国绣球

齿叶溲疏 *Deutzia crenata* Sieb. et Zucc　　Crenaea Deutzia　　虎耳草科溲疏属

识别要点：落叶灌木，高达2.5 m。树皮呈薄片状剥落，小枝中空；叶对生，长卵状椭圆形，边缘有小锯齿，两面有星状毛；圆锥花序，花白色；蒴果近球形；花期5～6月，果熟期7～8月。

分布：产于河南省及华东各省区。

习性：喜光，稍耐阴，喜温暖湿润气候，但耐寒，耐旱。

繁殖：扦插、播种、压条或分株繁殖均可。

园林应用：常丛植于草坪一角、建筑旁，或林缘配以山石；若与花期接近的山梅花配置，则次第开花，可延长树丛的观花期，宜丛植于草坪、路边、山坡及林缘。

变种：重瓣齿叶溲疏 var. *candidissima* (Maxim.) Rehd.，花重瓣。

同属植物：大花溲疏 *Deutzia grandiflora* Bunge（Largeflower Deutzia），花白色，或带粉红色斑点，聚伞花序具1～3朵花。

同科植物：长柄绣球 *Hydrangea longipes* Franch.。

长柄绣球

齿叶溲疏

重瓣齿叶溲疏花序

大花溲疏

重瓣齿叶溲疏

大花溲疏果实

双子叶植物

虎耳草	*Saxifraga stolonifera* Curt.	Creeping Rockfoil	虎耳草科虎耳草属

识别要点：多年生草本植物，株高 8 ~ 45 cm。全株被疏毛，具匍匐茎；叶基生或生于茎顶部，基生叶具长柄；叶片近心形、肾形至扁圆形，先端钝或急尖，基部近截形、圆形至心形，5 ~ 11 浅裂；聚伞花序圆锥状，花梗细长、直立，小花稀疏；花瓣白色，中上部具紫红色斑点，基部具黄色斑点；花果期 4 ~ 11 月。

分布：产于秦岭以南地区。

习性：喜阴湿、温暖的环境，喜富含有机质的土壤。

繁殖：分株或播种繁殖。

园林应用：植株小巧，叶形美观，盆栽悬挂于室内，其茎下垂，茎端着生幼株，十分别致，也宜于岩石园墙垣及野趣园中栽植。

同属植物：球茎虎耳草 *Saxifraga sibirica* L.，茎生叶数枚，掌状 5~7 裂；花瓣等大。

同科植物：饴糖矾根 *Heuchera* 'Caramel'，株高 50~60 cm。叶基生，圆形掌状分裂，边缘有锯齿，阔心型；花小、钟状，径 0.6~1.2 cm，两侧对称。花期 4~10 月。

虎耳草花

虎耳草

球茎虎耳草

球茎虎耳草花

饴糖矾根

毛金腰 *Chrysosplenium pilosum* Maxim. var. *valdepilosum* Ohwi　　Hairy Goldsaxifrage　　虎耳草科金腰属

识别要点：多年生草本植物。根状茎短。莲座状叶大，近圆形，两面具稀疏淡锈色毛，直径 2～3 cm，边缘有圆齿。聚伞花序生于花茎分枝顶端，花萼钟状，裂片黄绿色。果实绿色，半圆形，长 2 mm。花期 5～6 月。

分布：产于我国东北地区。

习性：耐寒，耐阴，喜湿润环境及富含腐殖质的土壤。

繁殖：分株繁殖。

园林应用：植株矮小，可植于林下、湿地处作地被植物。

同科植物：鬼灯擎 *Rodgersia aesculifolia* Batal.，多年生草本植物。掌状复叶，小叶 3~7 枚；圆锥花序顶生。花果期 6~8 月。红升麻 *Astilbe chinensis* (Maxim.) Franch. et Sav.，多年生草本植物。基生叶为 2~3 回羽状复叶，茎生叶小，2~3 枚；顶生圆锥花序，长 30 cm 以上，花小，密集。黄水枝 *Tiarella polyphylla* D. Don，多年生草本植物。基生叶心脏形至卵圆形；茎生叶互生，2~3 枚；总状花序顶生，直立，长达 17 cm；花小，白色，每节 2~4 朵。花期 6~7 月。

毛金腰

黄水枝

鬼灯擎

红升麻花序

红升麻

双子叶植物

细枝茶藨子　　*Ribes tenue Jancz.*　　*Asia Currant*　　虎耳草科茶藨子属

识别要点：落叶灌木，高 1 ~ 4 m。叶长卵圆形，稀近圆形，长 2 ~ 5.5 cm，宽 2 ~ 5 cm，基部截形至心脏形，掌状 3 ~ 5 裂，顶生裂片菱状卵圆形，先端渐尖至尾尖，比侧生裂片长 1 ~ 2 倍，侧生裂片卵圆形或菱状卵圆形，先端急尖至短渐尖，边缘具深裂或缺刻状重锯齿；叶柄长 1 ~ 3 厘米。总状花序，花单性，雌雄异株，组成直立；雄花序长 3 ~ 5 cm；雌花序长 1 ~ 3 厘米，具花 5 ~ 15 朵；花瓣楔状匙形或近倒卵圆形。果实球形，直径 4 ~ 7 mm。花期 5 ~ 6 月。

分布：分布于陕西、甘肃、河南、湖北、湖南、四川、云南。

习性：生于山坡和山谷灌丛或沟旁路边，海拔 1 300 ~ 4 000 m。

繁殖：播种繁殖。

园林应用：可作园林观花和观果灌木。

同属植物：华茶藨子 (华蔓茶藨子)*Ribes fasciculatum* Sieb. et Zucc. var. chinense Maxim.；美丽茶藨子 *Ribes pulchellum* Turcz.。

华茶藨子

美丽茶藨子

细枝茶藨子

细枝茶藨子花序

细枝茶藨子果实

美丽茶藨子果实

| 海桐 | *Pittosporum tobira* (Thunb.) Ait. | Tobira Seatung | 海桐科海桐属 |

识别要点：常绿灌木，高 2 ~ 6 m。树冠圆球形。幼枝被柔毛；叶革质，倒卵状椭圆形，先端圆钝或微凹，基部楔形，边缘反卷，全缘，无毛；顶生伞形花序，花白色，后变黄色；蒴果球形，有棱角，种子鲜红色；花期 5 月，果熟期 10 月。

分布：产于长江以南海滨各省区。

习性：适应性较强，能耐寒冷，亦颇耐暑热。

繁殖：扦插及种子繁殖。

园林应用：适于盆栽，可布置展厅、会场、主席台等处，也宜地植于花坛四周、花径内侧或作园林中的绿篱、绿带，尤宜于工矿区种植。

海桐

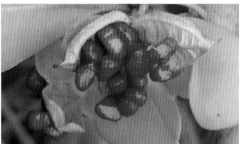

海桐种子

海桐果实

海桐花 1

海桐花 2

海桐与金叶女贞配置

双子叶植物

| 杜仲 | *Eucommia ulmoides* Oliv. | Eucommia | 杜仲科杜仲属 |

杜仲

杜仲果实

识别要点：落叶乔木,高 20 m。小枝光滑,无顶芽,具片状髓；叶椭圆状卵形,先端渐尖,基部圆形或宽楔形,缘有锯齿；翅果狭长椭圆形；本种树皮、枝、叶和果实断裂后均含白色胶丝；花期 4 月,果熟期 10 ~ 11 月。

分布：产于河南、长江中游及南部各省区。

习性：喜光,不耐庇荫,适宜温暖湿润气候,也耐低温。

繁殖：种子繁殖为主,扦插、压条、分蘖或根插也可。

园林应用：树干端直,枝叶茂密,树形整齐优美,是良好的庭阴树及行道树,也可作一般的绿化造林树种。

杜仲叶形

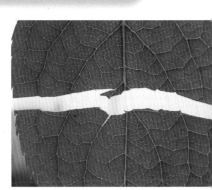
杜仲叶断丝连

杜仲树皮中的胶丝

二球悬铃木（英桐） *Platanus acerifolia* (Ait.)Willd. London Planetree 悬铃木科悬铃木属

识别要点：落叶乔木，高 35 m。树皮灰绿色；叶阔卵形或宽三角形，中央裂片长与宽近相等，基部截形至心形；果序两个串生，偶有单生或 3 个串生；花期 5 月，果熟期 9 ~ 10 月。

分布：原产英国。

习性：喜光，不耐阴。喜温暖湿润气候，耐干旱、瘠薄，亦耐湿。

繁殖：扦插繁殖，亦可播种繁殖。

园林应用：树形优美，冠大阴浓，栽培容易，成荫快，耐污染，抗烟尘，对城市环境适应能力强，是世界著名的四大行道树种之一。

同属植物：一球悬铃木（美桐）*Platanus occidentalis* L.（American Planetree），树皮粗糙；果序单生，有时 2 个串生，稍光滑，无刺毛。原产美洲。

一球悬铃木叶形

一球悬铃木

一球悬铃木秋色叶

一球悬铃木树干

二球悬铃木

白鹃梅	*Exochorda racemosa* (Lindl.) Rehd.	Common Pearl-bush	蔷薇科白鹃梅属

识别要点：落叶灌木，高 3 ~ 5 m。小枝红褐色，无毛；叶先端钝圆或急尖，基部楔形或宽楔形，全缘，两面均无毛；总状花序，花瓣倒卵形，花白色，颇大；蒴果倒圆锥形，无毛；花期 4 ~ 5 月，果熟期 7 ~ 9 月。

分布：原产河南、江苏、浙江、江西、湖南、湖北等地。

习性：喜光，耐旱，稍耐阴。酸性土、中性土都能生长，在排水良好、肥沃而湿润的土壤中长势旺盛，萌芽力强，抗寒力强。

繁殖：播种和扦插繁殖。

园林应用：适于草坪、林缘、路边及假山岩石间配植，亦可作花篱栽植。若在常绿树丛边缘群植，也极适宜。

同科植物：无毛风箱果 *Physocarpus opulifolium* (L.) Maxim.，紫叶无毛风箱果 f. *purpurea* S. X. Yan, f. nov.，叶紫红色。

白鹃梅果实

白鹃梅叶形

白鹃梅

白鹃梅花

无毛风箱果

紫叶无毛风箱果

双子叶植物

绢毛绣线菊

识别要点：落叶灌木，高达 3 m。小枝近圆形，红褐色，无毛；冬芽小，长卵形，先端长渐尖，有数个褐色鳞片，被短柔毛；叶卵状椭圆形，先端急尖，基部楔形，两面脉上有粗伏毛；伞形花序生侧枝顶端，花白色，萼外有毛。蓇葖果被短柔毛；花期 4 ~ 5 月，果熟期 6 ~ 7 月。

分布：原产东北、华北地区，河南及陕西、甘肃、湖北、四川等地也有分布。

习性：喜光，耐寒，怕涝。

繁殖：播种繁殖。

园林应用：栽作花篱或丛植于草坪，亦可作自然式花篱或大型花坛中心材料。

同属植物：单瓣笑靥花（李叶绣线菊）*Spiraea prunifolia* Sieb. et Zucc. var. *simpliciflora* Nakai；麻叶绣线菊 *Spiraea cantoniensis* Lour.，叶片菱状披针形至菱状长圆形，长 3~5 cm，宽 1.5~2 cm，先端急尖，基部楔形，边缘自近中部以上有缺刻状锯齿，两面无毛。

单瓣笑靥花

单瓣笑靥花叶形

单瓣笑靥花园林应用

绢毛绣线菊花序

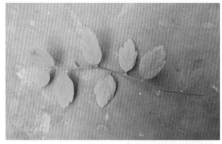
绢毛绣线菊叶形

麻叶绣线菊

菱叶绣线菊

喷雪绣线菊

三裂绣线菊

绣线菊属植物：

菱叶绣线菊 *Spiraea vanhouttei* (C. Briot) Zabel；

喷雪绣线菊（喷雪花，珍珠花）*Spiraea thunbergii* Sieb. ex Bl.；

三裂绣线菊 *Spiraea trilobata* L.；

石蚕叶绣线菊 *Spiraea chamaedryfolia* L.；

土庄绣线菊 *Spiraea pubescens* Turcz.。

石蚕叶绣线菊

土庄绣线菊

双子叶植物

| 日本绣线菊 | *Spiraea japonica* L. f. | Japanese Spiraea | 蔷薇科绣线菊属 |

识别要点：高达 1.5 m。枝光滑，或幼时具细毛；叶先端尖，基部楔形，边缘有缺刻状重锯齿，叶背面灰蓝色；复伞房花序着生于当年生的直立新枝顶端，花粉红色至深粉红色，偶有白色；蓇葖果半开张；花期 6～7 月，果熟期 8～9 月。

分布：原产日本。

习性：性强健，喜光，略耐阴，抗寒，耐旱。

繁殖：分株、扦插或播种繁殖。

园林应用：花色娇艳，花朵繁多，可在花坛、花境、草坪及园路角隅等处构成夏日佳境，亦可作基础种植用。

变种：卵叶日本绣线菊 var. *ovalifolia* Franch.，叶卵形。

同属植物：珍珠绣线菊（珍珠绣球）*Spiraea blumei* G. Don，叶线状披针形，长 2~4 cm，宽 0.5~0.7 cm，先端长渐尖，基部狭楔形，边缘有锐锯齿，羽状脉；叶柄极短或近无柄。

同科植物：绣线梅 *Neillia sinensis* Oliv.，直立灌木。叶片卵形至卵状椭圆形，边缘有尖锐重锯齿；顶生圆锥花序，花径约 4 mm，花瓣倒卵形，白色；蓇葖果长圆形。花期 7 月，果期 9~10 月。

卵叶日本绣线菊

日本绣线菊

绣线梅

绣线梅叶形

珍珠绣线菊

双子叶植物

金山绣线菊 *Spiraea bumalda Burenich.* 'Gold Mound' Gold Mound Spiraea 蔷薇科绣线菊属

识别要点：本种为白花绣线菊和日本绣线菊 (*S. albiflora* × *S. japonica*) 的杂交种，小灌木。叶卵形至卵状椭圆形，金黄色；伞房花序，小花密集，粉红色；花期 6 ～ 9 月。

分布：原产北美。

习性：喜光，耐寒，耐干燥气候，抗病虫害能力强，耐盐碱。

繁殖：扦插繁殖。

园林应用：可丛植或成片栽植，光照充分则叶色更鲜艳，呈鲜黄色，是北方地区绿化中良好的地被植物材料。

品种：金焰绣线菊 'Gold Flame'，树冠上部叶片紫红色至黄红色，下部叶片黄绿色；皱叶绣线菊 'Cripa'，叶深锯齿状，嫩叶红色。

同属植物：中华绣线菊 *Spiraea chinensis* Maxim，叶片菱状卵形至倒卵形，长 2.5~6 cm，宽 1.5~3 cm，边缘有缺刻状粗锯齿，或具不明显 3 裂，上面被短柔毛，脉纹深陷，下面密被黄色绒毛，脉纹空起；叶柄长 4~10 mm，被短绒毛。

金山绣线菊

金山绣线菊花序

金焰绣线菊

中华绣线菊

皱叶绣线菊

皱叶绣线菊园林应用

华北珍珠梅花序

华北珍珠梅叶形和花序

识别要点：落叶灌木，高达 2～3 m。枝圆柱形，无毛；奇数羽状复叶，先端长渐尖，基部圆形或宽楔形，具尖锐重锯齿；圆锥花序顶生，萼筒钟状，花小，白色，雄蕊约 20 枚，不长于花瓣。蓇葖果矩圆形；花果期 5～9 月。

分布：原产东北各省区。

习性：喜光又耐阴，耐寒，性强健，不择土壤；萌蘖性强、耐修剪。

繁殖：播种、扦插及分株繁殖。

园林应用：珍珠梅的花、叶清丽，花期很长又值夏季少花季节，在园林应用上是颇受欢迎的观赏树种，可孤植、列植和丛植。

同属植物：珍珠梅 *Sorbaria sorbifolia* (L.) A. Br.，羽状复叶，小叶 11~17 枚，小叶侧脉 25~30 对；雄蕊 40~50 枚，长于花瓣。

同科植物：野珠兰（华空木）*Stephanandra chinensis* Hance，落叶灌木，高达 1.5 m。叶片卵形至长卵形，长 5~7 cm，宽 2~3 cm，边缘浅裂并有重锯齿，两面无毛或下面沿叶脉稍有柔毛；叶柄长 6~8 mm；稀疏的圆锥花序顶生，总花梗、花梗和萼筒均无毛；花白色，径约 4 mm；蓇葖果近球形，径约 2 mm，有疏生柔毛。花期 5~6 月，果期 8~9 月。

华北珍珠梅

华北珍珠梅园林应用

野珠兰

珍珠梅

| 火棘 | *Pyracantha fortuneana* (Maxim.) Li. | Fortune Firethorn | 蔷薇科火棘属 |

火棘果期

火棘

识别要点：常绿灌木，高约 3 m。枝有刺，小枝幼时具锈色短柔毛；叶倒卵形或倒卵状长圆形，中部以上最宽，先端圆钝或微凹，基部楔形，下延，边缘有钝锯齿，齿间内曲，近基部全缘，无毛；复伞房花序，无毛或近无毛，花白色，萼筒钟状；梨果近圆形，深红色；花期 5 ~ 7 月，果熟期 9 ~ 10 月。

分布：原产河南、陕西、江苏、湖南、浙江等省区。

习性：喜强光，耐贫瘠，抗干旱。

繁殖：种子、扦插、压条繁殖。

园林应用：制作绿篱，在草坪、道路绿化带中布置、点缀景区，作盆景和插花材料。

同科植物：湖北山楂 *Crataegus hupehensis* Sarg.。水栒子 *Cotoneaster multiflorus* Bunge，伞房花序有花 6 ~ 20 个，花瓣平展，近圆形，白色；果实红色。平枝栒子 *Cotoneaster horizontalis* Decne.，花 1 ~ 2 朵顶生或腋生，近无梗，径 5 ~ 7 mm；花瓣粉红色，倒卵形，先端圆钝。

火棘果实

火棘花

火棘叶形

湖北山楂

湖北山楂果实

平枝枸子

平枝枸子果期

水枸子

水枸子果实

双子叶植物

| 山楂 | *Crataegus pinnatifida* Bunge | Chinese Hawthorn | 蔷薇科山楂属 |

识别要点：落叶乔木，高达 6 m。小枝紫褐色，常有刺；叶宽卵形至三角状卵形，先端短渐尖，基部宽楔形或截形，3 ~ 9 羽状深裂，边缘有尖锐重锯齿；伞房花序，花白色；果实近球形，红色；花期 4 ~ 5 月，果熟期 9 ~ 10 月。

分布：产于东北、华北及江苏、陕西等地。

习性：适应能力强，抗洪涝能力超强。

繁殖：嫁接繁殖。

园林应用：树冠整齐，枝叶繁茂，病虫害少，花果鲜美可爱，因而也是田旁、宅园绿化的良好观赏树种。

变种：山里红 var.*major* N. E. Brown，果实较大，直径 2.5 cm，深红色；叶大，浅裂。

枸子属植物：西北枸子 *Cotoneaster zabelii* Schneicler，叶片椭圆形至卵形，长 1.2~3 cm，宽 1~2 cm；花 3~13 朵呈下垂聚伞花序，花瓣直立，径 2~3 mm，浅红色；雄蕊 18~20 个，较花瓣短；果实倒卵形至卵球形，径 7~8 mm，鲜红色，常具 2 小核。花期 5~6 月。

西北枸子

山里红叶形

山里红

山楂

山楂叶形

山楂花

山楂幼果

| 枇杷 | *Eriobotrya japonica* (Thunb.) Lindl. | Loquat | 蔷薇科枇杷属 |

雪打枇杷

识别要点：常绿小乔木，可高达10 m。小枝粗壮；叶先端急尖，基部楔形，边缘上部有疏锯齿；圆锥花序顶生，花白色。梨果近球形，黄色；花期10～12月，果实翌年5～6月成熟。

分布：湖北、四川有野生株。

习性：喜光，稍耐阴，喜温暖气候及肥沃湿润而排水良好的土壤，不耐寒。

繁殖：以播种嫁接为主，扦插、压条也可。

园林应用：树形整齐美观，叶大阴浓，常绿而有光泽，冬日百花盛开，初夏黄果累累，适于庭院内栽植，更是园林生产的好树种。

枇杷

枇杷花序

枇杷种子

枇杷果实

枇杷叶形和果实

椤木石楠　*Photinia davidsoniae* Rehd. et Wils.　Davidson Photinia　蔷薇科石楠属

识别要点：常绿乔木，高 6～15 m。幼枝棕色，贴生短毛，后呈紫褐色，最后呈灰色无毛，树干及枝条上有刺；叶先端渐尖而有短尖头，基部楔形，边缘有具腺的细锯齿；花多而密，呈复伞房花序顶生，花序梗、花柄均贴生短柔毛；梨果，黄红色；花期 5 月，果熟期 9～10 月。

分布：华中、华南、西南各省区皆有分布。

习性：喜光，稍耐阴，喜温暖湿润气候，也耐干旱瘠薄。

繁殖：播种、扦插、压条繁殖。

园林应用：在一年中色彩变化较大，叶、花、果均可观赏，亦可作刺篱。

同属植物：中华石楠 *Photinia beauverdiana* Schneid.；光叶石楠（扇骨木）*Photinia glabra* (Thunb.) Maxim.；红叶石楠 *Photinia fraseri* 'Red Robin'。

光叶石楠

椤木石楠

红叶石楠园林应用

椤木石楠花

红叶石楠

中华石楠

双子叶植物

石楠	*Photinia serrulata* Lindl.	Chinese Photinia	蔷薇科石楠属

识别要点：常绿小乔木，高 12 m。叶长椭圆形至倒卵状椭圆形，端尖，基部圆形或宽楔形，缘有细尖锯齿，革质有光泽，幼叶带红色；花白色，复伞房花序顶生。果实为球形，红色；花期 5 ~ 7 月，果熟期 10 月。

分布：产于中国中部及南部地区。

习性：喜温暖湿润的气候，抗寒力不强，喜光也耐阴，耐干旱瘠薄，不耐水湿。

繁殖：以播种为主，亦可用扦插、压条繁殖。

园林应用：树冠圆整，早春嫩叶鲜红，秋冬又有红果，是美丽的观赏树种。在园林中孤植、丛植及基础栽植都甚为合适，尤宜配植于整形式园林。

石楠（右）与海桐配置

石楠花序

石楠果实

石楠叶形

石楠

双子叶植物

| 木瓜 | *Chaenomeles sinensis* (Thouin) Koehne | China Flowering-quince | 蔷薇科木瓜属 |

识别要点：落叶小乔木，高达 5 ~ 10 m。干皮呈薄皮状剥落；枝无刺，但短小枝常呈棘状，小枝幼时有毛；叶卵状椭圆形，先端急尖，叶缘具芒状锐齿，叶柄有腺齿；花单生叶腋，粉红色；果椭圆形，暗黄色，木质，有香气；花期 4 ~ 5 月，果熟期 8 ~ 10 月。

分布：产于山东、陕西、安徽、江苏、浙江、江西、湖北、广东、广西等省区。

习性：喜光，喜温暖，耐寒，不耐盐碱和低湿地。

繁殖：播种及嫁接繁殖。

园林应用：花色烂漫，树形好、病虫害少，是庭园绿化的良好树种，可丛植于庭园墙隅、林缘等处。

同属植物：日本木瓜 *Chaenomeles japonica* (Thunb.) Lindl. ex Spach，灌木，高约 1 m。小枝具鳞斑，有细刺。

木瓜花

木瓜叶形

木瓜果实

日本木瓜

木瓜

贴梗海棠

贴梗海棠果实

贴梗海棠品种 1

贴梗海棠品种 2

识别要点：落叶灌木，高达 2 m。枝开展，有刺；叶卵形至椭圆形，先端尖，基部楔形，缘有尖锐锯齿，托叶大，肾形或半圆形，缘有尖锐重锯齿；花 3 ~ 5 朵簇生于二年生老枝上，萼筒钟状。果卵形至球形。花期 3 ~ 4 月，先叶开放；果熟期 9 ~ 10 月。

分布：产于我国陕西、甘肃、四川、贵州、云南、广东等省区。

习性：喜光，耐寒，喜排水良好的肥厚土壤。

繁殖：分株、扦插和压条繁殖，播种也可。

园林应用：宜于草坪、庭院或花坛内丛植或孤植，又可作为绿篱及基础种植材料，同时还是盆栽和切花的好材料。

品种：重瓣贴梗海棠（长寿乐木瓜，长寿冠海棠）'Chojuroka Plena'，花重瓣。

贴梗海棠品种 4

贴梗海棠品种 3

重瓣贴梗海棠

| 苹果 | *Malus pumila* Mill. | Apple | 蔷薇科苹果属 |

识别要点：落叶乔木，高达 15 m。小枝幼时密生茸毛，后变光滑，紫褐色；叶椭圆形至卵形，先端尖，缘有圆钝锯齿，幼时两面有毛，后表面光滑，暗绿色；花白色带红晕，花梗与萼均具灰白茸毛，萼片长尖，宿存，果为略扁的球形，两端均凹陷，端部常有棱脊；花期 4 ~ 5 月，果熟期 7 ~ 11 月。

分布：原产欧洲东南部。

习性：要求冷凉、干燥的气候，喜阳光充足，不耐瘠薄。

繁殖：嫁接繁殖。

园林应用：开花时节颇具观赏性；果熟季节，累累果实，色彩鲜艳，深受广大群众喜爱。

同属植物：楸子（冬红果）*Malus prunifolia* (willd.) Borkh.；湖北海棠 *Malus hupehensis* (Ramp.) Rehd. (Hupeh Crabapple, The Crabapple)；山荆子 *Malus baccata* (L.) Borkh.。

楸子

湖北海棠

湖北海棠果实

苹果

苹果花

山荆子

| 海棠花 | *Malus spectabilis* (Ait.) Borkh. | Chinese Flowering Crabapple | 蔷薇科苹果属 |

识别要点：小乔木，高达 8 m。小枝红褐色，幼时疏生柔毛；叶椭圆形至长椭圆形，先端短锐尖，基部广楔形至圆形，缘具紧贴细锯齿，背面幼时有柔毛；花蕾深红色，开放后呈淡粉色，单瓣或重瓣；果近球形，黄色；花期 4 ~ 5 月，果熟期 9 月。

分布：原产中国。

习性：喜光，耐寒，耐干旱，忌水湿。

繁殖：可用播种、压条、分株和嫁接等法繁殖。

园林应用：植于门旁、庭院、亭廊周围、草地、林缘都很合适，也可作盆栽及切花材料。

同属植物：伏牛海棠 *Malus komarovii* Rehd. var. *funiushanensis* S. Y. Wang，叶宽卵形或宽心形，长 6 ~ 8 cm，宽 8 ~ 12 cm，3 ~ 5 裂，中间裂片常为 3 浅裂；西府海棠 *Malus micromalus* Makino，叶片椭圆形至长椭圆形，长 5 ~ 8 cm，宽 2 ~ 3 cm，先端渐尖或圆钝，基部宽楔形或近圆形，边缘有紧贴的细锯齿。

伏牛海棠

海棠花

西府海棠

西府海棠果实

西府海棠花

双子叶植物

垂丝海棠　*Malus halliana* (Voss.) Koehne　Hall Crabapple　蔷薇科苹果属

识别要点：小乔木，高5 m，树冠疏散。枝开展，幼时紫色；叶卵形至长卵形，基部楔形，锯齿细钝或近全缘，质较厚实，表面有光泽，叶柄及中肋常带紫红色；花4～7朵簇生于小枝顶端，花萼紫色，萼片比萼筒短而端钝，花梗细长下垂。果倒卵形，紫色；花期4月，果熟期9～10月。

分布：产于江苏、浙江、安徽、陕西、四川、云南等省区。

习性：喜温暖湿润气候，耐寒性不强。

繁殖：多为嫁接繁殖。

园林应用：花繁色艳，为著名的庭院观赏花木。

同属植物：三裂叶海棠 *Malus sieboldii* (Regel) Rehd.，叶卵形至长椭圆形，长3～7 cm，缘有锐锯齿，新枝的叶常3～5浅裂。王族海棠 *Malus* 'Royalty'，新叶红色；花深紫色；果深紫色，径1.5 cm。红丽海棠 *Malus* 'Red Splender'，花粉红色；果亮红色，径1.2 cm。

垂丝海棠花

垂丝海棠

王族海棠

垂丝海棠果实

红丽海棠

红丽海棠花

三裂叶海棠

石灰花楸 *Sorbus folgneri* (Schneid.) Rehd. Lime Mountainash 蔷薇科花楸属

识别要点：乔木，高约10 m。小枝黑褐色，具少数皮孔。叶柄、叶背面、总花梗、花梗及萼筒外面均密生白色茸毛；叶边缘有细锐单齿；复伞房花序，花白色，梨果椭圆形，红色；花期4～5月，果熟期8～9月。

分布：产于河南、陕西、安徽、湖北、江西、广东等省区。

习性：耐寒，也耐阴，喜湿润肥沃土壤，常散生于沿溪谷、山沟阴坡山林地。

繁殖：播种繁殖。

园林应用：石灰花楸树姿优美，春开白花，秋结红果，十分秀丽，适宜于园林栽培观赏。

同属植物：花楸树 *Sorbus pohuashanensis* (Hance) Hedl.；陕甘花楸 *Sorbus koehneana* Schneid.，奇数羽状复叶，小叶17～27枚，边缘近基部以上有锯齿；水榆花楸 *Sorbus alnifolia* (Sieb. et Zucc.) K. Koch，叶背面无毛或有稀疏短柔毛。

花楸树

陕甘花楸

石灰花楸

石灰花楸叶背面

水榆花楸

双子叶植物

| 杜梨 | *Pyrus betulaefolia* Bunge | Birchleaved Pear | 蔷薇科梨属 |

白梨

白梨花序

识别要点：落叶乔木，高达 10 m。小枝棘刺状，幼时密生灰白色茸毛；叶菱状卵形或长卵形，缘有粗尖齿，幼叶两面具灰白茸毛，老时仅背面有毛；花白色；果实小，近球形，褐色，萼片脱落；花期 3 ~ 4 月，果熟期 8 ~ 9 月。

分布：主产于中国北部，长江流域也有分布。

习性：喜光，稍耐阴，耐寒，极耐干旱、瘠薄及碱性土，深根性，抗病虫害力强。

繁殖：播种繁殖，也可压条、分株繁殖。

园林应用：生性强健，树形优美，花色洁白，在北方盐碱地区应用较广，可用于街道、庭院及公园的绿化。

同属植物：白梨 *Pyrus bretschneideri* Rehd.，叶边缘有锐锯齿，齿尖刺芒状内贴；豆梨 *Pyrus calleryana* Decne.，叶边缘具圆钝锯齿。

白梨花

豆梨

杜梨

杜梨叶形

豆梨花序

杜梨果实

| 龙牙草 | *Agrimonia pilosa* Ledeb. | Hairyvein Agrimonia | 蔷薇科龙牙草属 |

龙牙草花

识别要点：多年生草本植物，株高 30 ~ 100 cm。全株具白色长毛，根茎横走，圆柱形；茎直立；羽状复叶互生，小叶大小不等，间隔排列，卵圆形至倒卵形，托叶卵形；总状花序顶生或腋生，花小，黄色；瘦果倒圆锥形，萼裂片宿存；花期 7 ~ 8 月，果期 9 ~ 10 月。

分布：产于中国各地；朝鲜、蒙古、日本、西伯利亚及远东地区也有分布。

习性：喜光亦耐半阴，耐寒，适宜于疏松土壤。

繁殖：播种繁殖。

园林应用：可植于疏林下、山坡或药草园。

同科植物：金露梅 *Potentilla fruticosa* L.；多茎委陵菜 *Potentilla multicaulis* Bunge。

多茎委陵菜

龙牙草

龙牙草果实和花

金露梅

棣棠

棣棠果实

棣棠叶形

识别要点：落叶丛生灌木，无刺，高 1.5～2 m。小枝绿色，光滑，有棱；叶卵形至卵状椭圆形，先端长尖，基部楔形或近圆形，缘有尖锐重锯齿，背面略有短柔毛；花金黄色，单生于侧枝顶端，瘦果黑褐色，生于盘状花托上；花期 4 月下旬至 5 月下旬。

分布：产于河南、湖北、湖南、江西、浙江、江苏、四川等省区。

习性：喜温暖、半阴而略湿之地。

繁殖：分株繁殖。

园林应用：棣棠花、叶、枝俱美，丛植于篱边、墙际、水畔、坡地、林缘及草坪边缘，或栽作花境、花篱，或与假山配植，都很合适。

品种：重瓣棣棠（鸡蛋黄）'Pleniflora'，花重瓣。

重瓣棣棠花期

重瓣棣棠

重瓣棣棠花

棣棠花

双子叶植物

识别要点：落叶灌木，高 2～3 m。枝开展，紫褐色，无毛；叶卵形至卵状椭圆形，端锐尖，基部圆形，缘具尖锐重锯齿，表面皱，背面幼时有柔毛；花纯白色，单生新枝顶端；核果倒卵形，亮黑色；花期 4～5 月，果期 7～8 月。

分布：产于河南、辽宁、山东、陕西、甘肃、安徽等省区。

习性：喜光，耐半阴，耐寒，怕涝，耐修剪。

繁殖：播种、分株、扦插繁殖均可。

园林应用：鸡麻花叶清秀美丽，适宜丛植草地、路缘、角隅或池边，也可植于山石旁。

鸡麻花期

鸡麻

鸡麻 6 瓣花

鸡麻 4 瓣花

鸡麻花与叶形

鸡麻果实

蛇莓	*Duchesnea indica* (Andrew) Focke	Indian Mockstrawberry	蔷薇科蛇莓属

识别要点：多年生草本植物。全株有白色柔毛，茎匍匐。三出复叶互生，小叶片倒卵形至菱状长圆形，边缘有粗锯齿；花单生叶腋，副萼片5枚，有缺刻，萼片5枚，较小；花瓣5枚，黄色，倒卵形；花托扁平，果期膨大为半圆形，红色；花期6～8月，果期8～10月。

分布：产于辽宁以南各省区。

习性：喜温暖的环境，耐高温、多湿的气候，对土壤适应性强。

繁殖：分栽或播种繁殖。

园林应用：为树荫下理想的地被植物，可以同时观赏花、果、叶，作观赏地被植物。

委陵菜属植物：莓叶委陵菜 *Potentilla fragarioides* L.，奇数羽状复叶，小叶5~9枚；花托成熟时干燥；三叶委陵菜 *Potentilla freyniana* Bornm.，三出复叶；花托成熟时干燥。

莓叶委陵菜

三叶委陵菜

蛇莓

蛇莓花

蛇莓聚花果

地榆 *Sanguisorba officinalis* L. Garden Burnet 蔷薇科地榆属

地榆叶形

识别要点：多年生草本植物，株高 30 ~ 120 cm。茎直立，有棱；基生叶为羽状复叶，有小叶 4 ~ 6 对，小叶片卵形或长圆状卵形，顶端圆钝，基部心形；穗状花序直立，从花序顶端依次向下开花，花萼 4 枚，紫红色；果实包藏在宿存萼筒内，外面有 4 枚。花、果期 7 ~ 10 月。

分布：广布于欧洲和亚洲北温带。

习性：喜生长在阳光充足、水湿适中的环境中，适生于向阳、肥沃的沙质土壤。

繁殖：播种或分株繁殖。

园林应用：栽植容易，花形美观，适宜北方园林中推广。

变种：狭叶地榆 var. *longifolia* (Bert.) Yü et Li 茎生叶窄而长。

地榆花序

地榆

狭叶地榆

狭叶地榆叶形

双子叶植物

| 东方草莓 | *Fragaria orientalis* Losina-Losinsk. | Oriental Strawberry | 蔷薇科草莓属 |

识别要点：多年生草本植物，高 5 ～ 30 cm。茎被开展柔毛；三出复叶，小叶几无柄，倒卵形或菱状卵形，顶端圆钝或急尖；花序聚伞状，基部苞片淡绿色，花两性，萼片卵圆状披针形，顶端尾尖；聚合果半圆形，成熟后紫红色，瘦果卵形。花期 5 ～ 7 月，果期 7 ～ 9 月。

分布：产于我国东北、华北和西北等省区。

习性：阳性树种，喜水分充足、肥沃而排水良好且富含有机质的壤土。

繁殖：播种、组织培养和分株繁殖。

园林应用：适合高海拔地区栽培，果期可起到极好的观赏效果。

同属植物：草莓 *Fragaria ananassa* Duchesnea，萼片在果期紧贴于果实。

同科植物：委陵菜 *Potentilla chinensis* Seringe，多年生草本植物，高 30~60 cm。羽状复叶互生，基生叶有 15~31 枚小叶，茎生叶有 3~13 枚小叶；小叶片长圆形至长圆状倒披针形，长 1~6 cm，宽 6~15 mm，边缘缺刻状，羽状深裂；聚伞花序顶生，花瓣 5 枚，黄色；雄蕊多数；雌蕊多数；瘦果有毛，多数，花萼宿存。花期 5~8 月，果期 8~10 月。

东方草莓

东方草莓花 1

委陵菜叶形

东方草莓花 2

东方草莓群落

东方草莓叶形

草莓果实

委陵菜

草莓花

草莓

草莓6瓣花

大棚草莓景观

双子叶植物

木香 *Rosa banksiae* Ait. Banksia Rose 蔷薇科蔷薇属

木香

识别要点：常绿攀援灌木，高达 6 m。枝细长绿色，光滑而少刺；小叶 3 ~ 5 枚，卵状长椭圆形至披针形，先端尖或钝，缘有细锐齿；伞形花序，花小，白色，重瓣，花梗细长；果近球形，红色；花期 4 ~ 5 月，果期 8 ~ 9 月。

分布：原产中国西南部。

习性：性喜阳光，耐阴，耐寒性不强。

繁殖：扦插、压条或嫁接繁殖。

园林应用：在河南和长江流域普遍作棚架、花篱材料等。

变种和品种：单瓣白木香 var. *normalis* Regel，花单瓣，白色；小叶 3 ~ 5（7）枚；重瓣黄木香 'Lutea'，花黄色，重瓣，无芳香，小叶通常 5 枚。

木香花

单瓣白木香

木香园林应用

重瓣黄木香

木香叶形

重瓣紫玫瑰　*Rosa rugosa* Thunb. 'Rubro-plena'　Rugosa Rose　蔷薇科蔷薇属

识别要点：落叶直立丛生灌木，高达2m。茎枝灰褐色，密生刚毛与倒刺。小叶5～9枚，椭圆形至椭圆状倒卵形，缘有钝齿，质厚，表面亮绿色，多皱，无毛，背面有柔毛及刺毛，托叶大部分附生在叶柄上；花单生或数朵簇生，常为紫色。果扁球形，砖红色，具宿存萼片；花期5～6月，果熟期9～10月。

分布：原产中国北部；日本。

习性：生长健壮，适应性很强，耐寒，耐旱，喜阳光充足、凉爽、通风及排水良好之处，不耐积水。

繁殖：以分株、扦插为主。

园林应用：色艳芳香，适应性强，最宜作花篱、花境、花坛及坡地栽植。

原种：玫瑰 *Rosa rugosa* Thunb.，花单瓣。

重瓣紫玫瑰花　　　　　　　重瓣紫玫瑰

半重瓣紫玫瑰

玫瑰果实

玫瑰

双子叶植物

黄刺玫　　*Rosa xanthina* Lindl.　　**Yellow Rose**　　蔷薇科蔷薇属

识别要点：落叶丛生灌木，高 1 ~ 3 m。小枝褐色，有硬直皮刺，无刺毛。小叶 7 ~ 13 枚，广卵形至近圆形，先端钝或微凹，缘有钝锯齿；花单生，黄色，重瓣，果实近球形，红褐色；花期 4 ~ 5 月。

分布：产于东北、华北至西北；朝鲜也有分布。

习性：性强健，喜光，耐寒，耐旱，耐瘠薄，少病虫害。

繁殖：分株、压条及扦插繁殖。

园林应用：春天开金黄色花朵，花期较长，为北方园林春景添色不少，宜于草坪、林缘、路边丛植，也可作绿篱及基础种植。

变种：单瓣黄刺玫 var. *normalis* Rehd. et Wils.，花单瓣。

同属植物：月季 *Rosa chinensis* Jacq.，奇数羽状复叶，小叶 3~7 枚。

黄刺玫叶形

单瓣黄刺玫

黄刺玫

黄刺玫花

黄刺玫果实

月季

缫丝花（刺梨，文光果）　*Rosa roxburghii* Tratt.　　Roxburgh Rose　　蔷薇科蔷薇属

识别要点：小灌木，高 1 ～ 2.5 m。树皮灰褐色，呈片状脱落；小枝有成对皮刺；小叶 9 ～ 15 枚，椭圆形或长圆形，边缘有细锐锯齿；叶轴和叶柄有散生小皮刺；花单生或 2 ～ 3 朵生于短枝顶端，花瓣重瓣至半重瓣，淡红色或粉红色，外轮花瓣大；果扁球形，红绿色，外面密生针刺；花期 5 ～ 7 月，果期 8 ～ 10 月。

分布：产于我国湖南、福建、湖北、江西、浙江、安徽、四川、贵州、云南、陕西、甘肃、西藏等省区。

习性：喜光，耐阴，喜潮湿环境，耐寒，对土壤要求不严。

繁殖：播种、扦插和分株繁殖。

园林应用：花朵美丽，可供观赏用，枝干多刺可作为绿篱。

同属植物：金樱子 *Rosa laevigata* Michx.，三出复叶，稀为 5 小叶复叶，托叶小，与叶柄分离。

缫丝花

缫丝花果期

缫丝花果实

金樱子

缫丝花花期

双子叶植物

野蔷薇	*Rosa multiflora* Thunb.	Manyflowered Rose	蔷薇科蔷薇属

白玉堂

白玉堂花序

识别要点：落叶灌木。茎长，偃伏或攀援，托叶下有刺。小叶 5 ~ 9 枚，倒卵形至椭圆形，缘有齿，两面有毛，托叶明显，边缘蓖齿状；伞房花序，芳香，萼片有毛；果近球形；花期 5 ~ 6 月，果熟期 10 ~ 11 月。

分布：产于华北、华东、华中、华南及西南地区；朝鲜、日本也有分布。

习性：性强健，喜光，耐寒，对土壤要求不严格，在黏重土中也可正常生长。

繁殖：播种、扦插、分根繁殖。

园林应用：在园林中最宜植为花篱，坡地丛植也颇有野趣，且有助于水土保持。

变种和变型：白玉堂 var. *albo-plena* Yü et Ku，花白色，重瓣；七姊妹 var. *platyphylla* Thory，花深粉红色，重瓣，小叶较大；荷花蔷薇 f. *carnea* Thory，叶常较小，花大，重瓣，肉红粉色等；粉团蔷薇 var. *cathayensis* Rehd. et Wils.，花较大，单瓣，粉红色，直径 2.5 ~ 4 cm；花柄有腺毛。小叶通常 5 ~ 7 枚，较大，长 2 ~ 6 cm，宽 1.2 ~ 3 cm。

野蔷薇

野蔷薇花

野蔷薇叶形

双子叶植物

粉团蔷薇

荷花蔷薇品种 1

荷花蔷薇品种 2

荷花蔷薇品种 3

荷花蔷薇品种 4

荷花蔷薇品种 5

荷花蔷薇园林应用

七姊妹

双子叶植物

山莓

高粱泡

山楂叶悬钩子果实

蓬蘽

> **悬钩子属植物：**
>
> 高粱泡 *Rubus lambertianus* Ser.；
> 蓬蘽 *Rubus hirsutus* Thunb.；
> 山莓 *Rubus corchorifolius* L. f.；
> 山楂叶悬钩子（牛迭肚，牛叠肚）*Rubus crataegifolius* Bunge。

山莓花

山楂叶悬钩子

双子叶植物

| 梅花 | *Prunus mume* Sieb. et Zucc. | Plum | 蔷薇科梅属 |

识别要点：落叶乔木，高达 10 m。树干褐紫色，有纵驳纹，小枝细而无毛，多为绿色；叶广卵形至卵形，先端渐长尖或尾尖，基部广楔形或近圆形，锯齿细尖，仅叶背脉上有毛；花在冬季或早春叶前开放，果球形，黄绿色；果熟期 5～6 月。

分布：西南山区有野生。

习性：喜阳光温暖而略潮湿的气候，有一定耐寒力，较耐瘠薄。

繁殖：嫁接、扦插、压条、播种均可。

园林应用：树姿古朴，花素雅秀丽，最宜植于庭院、草坪、低山丘陵，可孤植、丛植及群植。传统的用法常以松、竹、梅为"岁寒三友"而配植景色。

品种：桃红宫粉梅'Alphandii'，花重瓣、桃红色，萼绛紫色；玉蝶梅'Albo-plena'，花重瓣、碟形、白色，萼绛紫色。

梅花花期

梅花果实

梅花叶形

梅花

梅花枝干和花

桃红宫粉梅

玉蝶梅

双子叶植物

紫叶李（红叶李） *Prunus cerasifera* Ehrh. 'Atropurpurea' Cherry Plum, Myrobalan Plum 蔷薇科梅属

识别要点：落叶小乔木，高可达 8 m。小枝光滑；叶卵形至倒卵形，端尖，基圆形，重锯齿尖细，紫红色，背面中脉基部有柔毛；花淡粉红色，常单生。核果扁球形，暗酒红色；花叶同放，花期 4 月。

分布：原产亚洲西南部。

习性：喜阳光，喜温暖湿润气候，有一定的抗旱能力，对土壤适应性强，不耐干旱，较耐水湿。

繁殖：扦插、压条繁殖。

园林应用：此树整个生长季节叶都为紫红色，宜于建筑物前及园路旁或草坪角隅处栽植，唯须慎选背景色泽，可充分衬托出它的色彩美。

紫叶李果实

紫叶李花期

紫叶李

紫叶李花

紫叶李叶形

双子叶植物

| 桃树 | *Prunus persica* (L.) Batsch | Peach | 蔷薇科梅属 |

识别要点：落叶小乔木，高达 8 m。小枝红褐色或褐绿色，无毛；芽密被灰色茸毛；叶椭圆状披针形，先端渐尖，基部阔楔性，缘有细锯齿，两面无毛或背面脉叶有毛；花单生；果近球形；花期 3 ~ 4 月，先叶开放，果熟期 6 ~ 9 月。

分布：原产中国。

习性：喜光，耐旱，喜肥沃而排水良好的土壤，不耐水湿，喜夏季高温，耐寒。

繁殖：以嫁接繁殖为主。

园林应用：食用种可在风景区大片栽种或在园林中人少处辟专园种植；观赏种则山坡、水畔、石旁、墙际、庭园、草坪边俱宜，唯须注意选阳光充足处，且注意与背景的色彩呈衬托关系。

变型：碧桃 f. *duplex* Rehd.，花重瓣，淡红色。

碧桃

桃

桃树叶形

桃树

桃花

白花桃

白花碧桃

复瓣碧桃

桃树变型：

白花碧桃 f. *albo-plena* Schneid.；
白花桃 f. *alba* Schneid.；
复瓣碧桃 f. *dianthiflora* Dipp.；
紫叶桃 f. *atropurpurea* Schneid.；
绯桃 f. *magnifica* Schneid.。

绯桃

白花桃花

紫叶桃花

双子叶植物

红碧桃花

桃树变型和品种：

红碧桃 f. *rubro-plena* Schneid.；
洒金碧桃（洒红桃）f. *versicolor*
（Sieb.）Voss.；
重瓣紫叶桃 f. *atropurpurea* Schneid.；
粉花重瓣碧桃 'Rosea Plena'。

粉花重瓣碧桃

红碧桃园林应用

洒金碧桃 1

重瓣紫叶桃

洒金碧桃 2

紫叶桃

红碧桃

垂枝碧桃

垂枝碧桃果实

桃树变种、变型和品种：

垂枝碧桃 f. *pendula* Dipp.；
菊花桃 'Stellata'；
蟠桃 var. *compressa* (Loud.) Yü et Lu；
寿星桃 f. *densa* Mak.；
油桃 var. *nectarina* Maxim.。

油桃

菊花桃

寿星桃

寿星桃花

蟠桃

双子叶植物

山桃果实

山桃秋色叶

山桃园林应用

山桃

白花山桃

山桃叶形

山桃树干

识别要点：落叶小乔木,高达10 m。树皮紫褐色而有光泽；小枝细而无毛,多直立或斜伸；叶狭卵状披针形,先端长渐尖,基部广楔形,锯齿细尖,两面无毛；花单生,粉红色,果球形；花期3～4月,果熟期7月。

分布：产于黄河流域各省区,西南地区也有分布。

习性：喜光,耐寒、耐旱,忌水湿,较耐盐碱。

繁殖：播种繁殖。

园林应用：宜成片植于山坡并以苍松翠柏为背景,方可充分显示其娇艳之美。在庭院、草坡、水际、林缘、建筑物前零星栽植也很合适。

变种：白花山桃 f. *alba* (Carr.) Rehd.,花白色。

| 榆叶梅 | *Prunus triloba* Lindl. | Flowering Plum | 蔷薇科梅属 |

榆叶梅

重瓣榆叶梅花期

识别要点：落叶灌木，株高 2 ~ 5 m。枝条紫褐色，粗糙；叶宽卵形至倒卵形，先端少分裂，基部宽楔型，边缘具粗重锯齿，背面短柔毛；花深粉红色，萼筒呈广钟状；核果，近球形，红色；花期 3 ~ 4 月，果期 5 ~ 6 月。

分布：原产我国东北、西北等地区。

习性：喜光，耐寒，耐旱，不耐水涝。

繁殖：嫁接或播种繁殖。

园林应用：榆叶梅因叶片似榆叶而得名，是我国北方地区普遍栽培的早春观花树种。

变型：重瓣榆叶梅 f. *plena* Dipp.，叶先端常 3 裂，花重瓣。

榆叶梅果实

重瓣榆叶梅

榆叶梅叶形

重瓣榆叶梅花

双子叶植物

| 毛樱桃 | *Prunus tomentosa* Thunb. | Manchu Cherry, Nanking Cherry | 蔷薇科梅属 |

毛樱桃花 1

识别要点：落叶灌木，高 2～3 m。幼枝密生茸毛；叶倒卵形至椭圆状卵形，先端尖，锯齿长不整齐，表面皱，有柔毛，背面密生茸毛；花白色或略带粉色；核果近球形；花期 4 月，稍先叶开放，果 6 月成熟。

分布：主产于华北、东北地区，西南地区也有分布。

习性：性喜光，耐寒，耐干旱、瘠薄及轻碱土。

繁殖：播种或分株繁殖。

园林应用：北方常栽于庭院观赏，果可食。

毛樱桃花 2

毛樱桃

毛樱桃果实

毛樱桃叶形

毛樱桃花期

| 郁李 | *Prunus japonica* Thunb. | China Bushcherry | 蔷薇科梅属 |

识别要点：落叶灌木，高达 1.5 m。小枝灰褐色，冬芽 3 枚，并生；叶卵形至卵状椭圆形，先端长尾状，基部圆形，缘有锐重锯齿，入秋叶转为紫红色；花粉红或近白色。果似球形，深红色；花期 3～4 月，果期 5～6 月。

分布：产于华北、华中至华南地区。

习性：性喜光，耐寒又耐干旱。

繁殖：分株或播种繁殖。

园林应用：郁李花朵繁茂，入秋叶色变红，硕果累累，为花、果俱美的观赏树种，适于群植，亦可配置于阶前、建筑物附近。

同属植物：白花重瓣麦李 *Prunus glandulosa* Thunb. var. *albo-plena* Koehne，叶中部或中部以下最宽，花柱基部有毛。

白花重瓣麦李花

郁李花

郁李果实

白花重瓣麦李

郁李

郁李叶形

| 樱桃 | *Prunus pseudocerasus* Lindl. | Cherry | 蔷薇科梅属 |

识别要点：落叶小乔木，高可达 8 m。叶卵形至卵状椭圆形，先端锐尖，基部圆形，缘有大小不等的重锯齿，齿尖有腺，上面无毛或微有毛，背面疏生柔毛；花白色。果近球形，红色。花期 4 月，先叶开放，果 5 ~ 6 月成熟。

分布：我国长江流域及华北各省区皆有分布。

习性：喜日照充足、温暖而略湿润的气候及肥沃而排水良好的沙壤土，耐寒，耐旱。

繁殖：分株、扦插及压条繁殖。

园林应用：花先叶开放，也颇可观，是园林中观赏及果实兼用的树种。

同属植物：盘腺樱桃 *Prunus discadenia* Koehne，花瓣先端圆钝，无凹缺。

盘腺樱桃　　　　　　　　　　　　　　　　　　　　　　　　　　樱桃花

樱桃

樱桃果实与叶形　　　　　　　　　　　　　　　　　　　　　　　　樱桃花期

双子叶植物

| 山樱花 | *Prunus serrulata* Lindl. | Oriental Cherry | 蔷薇科梅属 |

识别要点：乔木，高 15～25 m。树皮暗栗褐色，光滑；小枝无毛或有短柔毛，赤褐色；冬芽在枝端丛生数个或单生；叶卵形至卵状椭圆形，叶端尾状，叶缘具尖锐重或单锯齿，齿端短刺毛状，叶背色稍淡，两面无毛，幼叶淡绿褐色；花白色或淡红色，很少为黄绿色；核果球形；花期 4 月，果 7 月成熟。

分布：产于长江流域，东北南部也有分布。

习性：喜阳光，喜深厚肥沃而排水良好的土壤，有一定的耐寒力。

繁殖：嫁接繁殖。

园林应用：花繁艳丽，极为壮观，是重要的园林观赏树种。

同属植物：短柄稠李（无腺稠李）*Prunus brachypoda* (Batal.) Schneid.，花为总状花序；杏树 *Prunus armeniaca* L.，果实有纵沟。

杏树

短柄稠李

山樱花

杏花

山樱花花期

杏树果实

山樱花果实和叶形

日本晚樱　　*Prunus lannesiana* Wils.　　Japanese Flowering Cherry　　蔷薇科梅属

识别要点：乔木，高达10 m。干皮淡灰色，较粗糙；小枝较粗壮而开展，无毛；叶常为倒卵形，叶端渐尖，齿端有长芒，叶背淡绿色，新叶红褐色；花形大而芳香，单瓣或重瓣，常下垂，粉红或近白色；果卵形，熟时黑色；花期长，4月中下旬开放。

分布：原产日本，在伊豆半岛有野生。

习性：喜阳光，喜温湿气候，较耐寒。

繁殖：可用播种、扦插、嫁接、分蘖等法繁殖。

园林应用：一般而言，樱花以群植为佳，最宜行片状群植，在各片之间配植，常以绿树作衬托。

品种：牡丹晚樱'Botanzakura'，花粉白中带红。粉白晚樱'Albo-rosea'，花白色中带粉红色。

牡丹晚樱花

粉白晚樱

日本晚樱园林应用

日本晚樱

牡丹晚樱

日本晚樱品种

紫叶矮樱　　*Prunus cistena* (Hansen) Knehne　　蔷薇科梅属

识别要点：落叶灌木或小乔木，高 2.5 m。枝条幼时紫褐色，通常无毛，老枝有皮孔，分布整个枝条；单叶互生，叶先端渐尖，叶基部广楔形，叶缘有不整齐的细钝齿，初生叶暗红色，成熟叶紫红色。花单生，淡粉红色。果熟时紫黑色；花期 4 ~ 5 月。

分布：原产美国；中国东北、西北、华北、华东等地区均有栽培。

习性：生长快、繁殖简便、耐修剪，适应性强。

繁殖：嫁接、扦插繁殖。

园林应用：由于其叶色艳丽，株形优美，孤植、丛植的观赏效果都很理想，甚至还可以盆栽或用于树篱栽植。

同属植物：美人梅 *Prunus* 'Meiren'，为梅花和红叶李的杂交种。

紫叶矮樱园林应用

紫叶矮樱

美人梅花期

紫叶矮樱叶色

美人梅花

美人梅

双子叶植物

紫叶稠李　　*Prunus virginiana* Mill. 'Canada Red'　　蔷薇科梅属

识别要点：落叶乔木。小枝光滑；初生叶为绿色，后变成红色；果实紫红色光亮，果核褐色。

分布：原产北美洲。

习性：喜光，耐干旱，抗旱性强，喜温暖、湿润的气候环境。

繁殖：嫁接繁殖。

园林应用：与其他树种搭配，红绿相映成趣。在园林、风景区即可孤植、丛植、群植，又可片植，或植成大型彩篱及大型的花坛模纹，又可作为城市道路二级行道树，以及小区绿化的风景树使用。也适植于草坪、角隅、盆路口、山坡、河畔、石旁、庭院、建筑物前面、大门广场等处。

原种：弗吉尼亚稠李 *Prunus virginiana* Mill.。

同属植物：稠李 *Prunus padus* L.。

紫叶稠李　　　　　　　紫叶稠李与弗吉尼亚稠李

稠李花序　　　　　　　　　　　　　　　　　　　　稠李叶形

稠李　　　　　　　　稠李果实　　　　　　　　　紫叶稠李叶色

合欢

合欢花

合欢果实

识别要点：乔木，高达 16 m。树冠扁圆形，常呈伞状；树皮灰褐色；叶为 2 回偶数羽状复叶，羽片 4 ~ 12 对，各有小叶 10 ~ 30 对，小叶镰刀状长圆形，中脉明显偏于一边；花序头状，多数；荚果扁条形；花期 6 ~ 7 月，果 9 ~ 10 月成熟。

分布：产于黄河流域至珠江流域的广大地区。

习性：性喜光，但树干皮薄畏暴晒，耐寒，耐干旱瘠薄。

繁殖：主要用播种繁殖法。

园林应用：树姿优美，叶形雅致，盛夏绒花满树，有色有香，能形成轻柔舒畅的气氛，宜作庭阴树、行道树，植于林缘、房前、草坪、山坡等地。

品种：紫叶合欢 'Ziye'，叶春季为紫红色，夏季则为绿色；树冠上部叶为紫红色，花为深红色，较合欢花期长。

同属植物：山合欢 (山槐)*Albizzia kalkora* (Roxb.) Prain，小枝褐色；羽片 2 ~ 3 对；小叶 5 ~ 14 对，长方形，长 1.5 ~ 2 cm。

紫叶合欢

山合欢

山合欢花

合欢叶形

双子叶植物

翅荚决明   双荚决明

决明属植物：

翅荚决明 *Cassia alata* L.；
茳芒决明 *Cassia sophera* L.；
决明 *Cassia tora* L.；
双荚决明 *Cassia bicapsularis* L.；
望江南 *Cassia occidentalis* L.。

决明   茳芒决明

望江南果实   望江南

                                                 双子叶植物

| 云实 | *Caesalpinia sepiaria* Roxb. | Mysorethorn | 豆科云实属 |

识别要点：藤本植物。树皮暗红色；枝条、叶轴和花序均有柔毛和钩刺；二回羽状复叶，羽片 3 ~ 10 对，对生，基部有刺 2 枚；小叶 8 ~ 12 对，对生；总状花序顶生，直立；花瓣黄色，膜质，卵形或倒卵形；荚果长圆状舌形，褐色，先端有尖喙；花、果期 4 ~ 10 月。

分布：产于广东、广西、云南、四川、贵州、湖南、湖北、江西、福建、浙江、江苏、安徽、河南、河北、陕西、甘肃等省区。

习性：适应性较强。喜温暖、湿润和阳光充足的环境，也能耐阴和耐热，对土壤要求不严格，耐瘠薄，但在微酸性、肥沃的土壤中生长较旺盛。

繁殖：扦插和播种繁殖。

园林应用：花色鲜艳，果实奇特，可列植、群植或作为绿篱。

同属植物：黄花金凤花 *Caesalpinia pulcherrima* (L.) Sw. 'Flava'。

同科植物：含羞草 *Mimosa pudica* L.，2 回羽状复叶，或复叶退化为叶状柄，小叶中脉偏斜，花两性，头状花序，辐射对称，花瓣 3~6 枚，镊合状排列，雄蕊多数，子房上位，荚果；宫粉羊蹄甲 *Bauhinia variegata* L.，落叶乔木。单叶互生，长 5~12 cm，肾形 2 裂，基部心形，掌状叶脉 11~13 条。总状花序顶生或腋生，花粉红色或淡紫色，芳香，花瓣 5 枚。具发育雄蕊 5 枚，花径 7~10 cm。花期 3~5 月。

云实花

黄花金凤花

宫粉羊蹄甲

云实

宫粉羊蹄甲叶形

含羞草

识别要点：乔木，高达 15m，多呈灌木状。小枝灰褐色。叶端急尖，叶基心形，全缘，两面无毛。花紫红色，4～10 朵簇生于老枝上。荚果沿腹缝线有窄翅。花期 4 月，叶前开放，果 10 月成熟。

分布：原产河南、湖北、辽宁、河北、陕西、广东等地区。

习性：性喜光，有一定耐寒性，喜肥沃、排水良好的土壤，不耐淹，萌蘖性强，耐修剪。

繁殖：用播种、分株、扦插、压条等法，以播种为主。

园林应用：早春叶前开花，无论枝、干布满紫花，艳丽可爱。宜丛植庭院、建筑物前及草坪边缘。

变型：白花紫荆 f. *alba* Hsu，花白色。

同属植物：黄山紫荆 *Cercis chingii* Chun.，荚果厚而坚硬，开裂，果瓣常扭转，无翅，喙粗而直；叶近革质，较厚，下面常于基部脉腋间被簇生柔毛。

加拿大紫荆花

白花紫荆

紫荆

紫荆花蕾

黄山紫荆

巨紫荆　　*Cercis gigantea* Cheng et Keng f.　　Gigantic Redbud　　豆科紫荆属

识别要点：乔木，高 20 m。干皮黑色，光滑，2 ～ 3 年生枝黑色，皮孔淡灰色。叶近圆形，先端短尖，基部心形。花 7 ～ 14 朵簇生于老枝，先叶开放，花紫红色至淡红色。荚果紫红色。花期 3 ～ 4 月。

分布：原产浙江天目山一带，现长江流域、华北、华南等地均有引种。

习性：喜阳光充足，不耐水湿，较耐寒。宜栽植于肥沃、排水良好的土壤上。

繁殖：播种繁殖。

园林应用：多用作绿地，庭院观花风景树。大树常采用孤植，以充分显示大树壮观景象。

同属植物：加拿大紫荆 *Cercis canadensis* L.，小乔木，叶心形，果实红褐色；紫叶加拿大紫荆 *Cercis canadensis* 'Forest Pansy'，叶紫红色。

加拿大紫荆

巨紫荆

紫叶加拿大紫荆（红叶加拿大紫荆）

巨紫荆花

巨紫荆果实

紫叶加拿大紫荆园林应用

米口袋

达乌里黄芪

甘草

歪头菜

豆科植物 1：

达乌里黄芪 *Astragalus dahuricus* (Pall.) DC.；
蓝花棘豆 *Oxytropis coerulea* (Pall.) DC.；
歪头菜 *Vicia unijuga* A. Br.；
甘草 *Glycyrrhiza uralensis* Fisch.；
合萌（田皂角） *Aeschynomene indica* L.；
米口袋 *Gueldenstaedtia verna* (Georgi) Boriss.。

合萌

蓝花棘豆

双子叶植物

野皂荚

金叶皂荚

识别要点：落叶乔木，高达 10 m。树冠扁球形。枝水平开展，无刺。互生羽状复叶，幼叶金黄，叶片春、夏季为明亮的黄绿色，秋季变为鲜亮的黄色，叶尖呈金黄色。花期 4 ~ 5 月，不结实。

分布：中国北部至南部以及西南部均可种植。

习性：性喜光而稍耐阴，耐旱，耐寒，具较强的耐盐碱性和耐旱力。

繁殖：嫁接繁殖，砧木为皂荚。

园林应用：可孤植，丛植于草坪，路旁或其他园林场所，也可作行道树种植。

同属植物：绒毛皂荚 *Gleditsia vestita* Chun et How ex B.G. Li ；皂荚 *Gleditsia sinensis* Lam. ；野皂荚 *Gleditsia microphylla* Gordon ex Y.T.lee。

同科植物：肥皂荚 *Gymnocladus chinensis* Baill.。

绒毛皂荚　　皂荚

皂荚花序

皂荚叶形与刺

肥皂荚

甘葛藤

鸡冠刺桐

识别要点：落叶藤本，全株有黄色长硬毛。块根厚大。小叶3枚，顶生小叶菱状卵形，端渐尖，全缘，有时浅裂，叶背有粉霜，侧生小叶偏斜，深裂，托叶盾形。总状花序腋生，萼钟形，齿萼5，两面有黄毛；花冠紫红色，荚果线行，扁平，密生长硬黄毛。花果期8～11月。

分布：分布极广，除新疆、西藏外几遍全国。

习性：性强健，不择土壤、生长速度、蔓延力强。

繁殖：可用播种或压条法繁殖。

园林应用：树叶奇特美观，花形雅致玲珑，如一串紫色风铃，可攀生于栅栏、棚架及花廊等作垂直绿化。

同科植物：龙牙花（象牙红）*Erythrina corallodendron* L.；鸡冠刺桐 *Erythrina crista-galli* L.；甘葛藤 *Pueraria thomsonii* Benth.，顶生小叶全缘或具2~3裂片，两面均被黄色粗伏毛；花萼长20 mm，旗瓣近圆形，长16~18 mm；荚果长10~14 cm，宽10~13 cm。

甘葛藤叶形

葛藤

龙牙花

紫穗槐（棉槐）	*Amorpha fruticosa* L.	Indigubush Amorpha, Falseindigo	豆科紫穗槐属

识别要点：丛生灌木，高达 4 m。小叶 11 ~ 25 枚，长卵形至长椭圆形，先端有小短尖，具透明油腺点。顶生密集穗状花序；萼钟状，5 齿裂；花冠蓝紫色；雄蕊 10，花药黄色。荚果短镰形或新月形，不开裂，1 粒种子。花期 4 ~ 5 月，果期 9 ~ 10 月。

分布：原产北美。

习性：喜光，耐寒，耐水淹；对土壤要求不严，耐盐碱，生长迅速，萌芽力强。

繁殖：分株、扦插或播种繁殖。

园林应用：适应性强，生长迅速，枝叶繁密，是优良的固沙、防风和改良土壤树种，可广泛用作荒山、荒地、盐碱地、低湿地、海滩、河岸、公路和铁路两侧坡地的绿化。

同科植物：达呼里胡枝子 *Lespedeza davurica* (Laxm.) Schindl.，草本状灌木，高 30~60 cm。枝直立、斜生或平卧，具短柔毛；羽状三出复叶；总状花序，腋生；花冠绿白色，基部带紫色；荚果，倒卵状长圆形，有白色柔毛。花期 5~7 月，果期 6~9 月。杭子梢 *Campylotropis macrocarpa* (Bunge) Rehd.，灌木，高达 2 m。幼枝密被绢毛；三出复叶，叶背有淡黄色柔毛，托叶线形；花紫色，排成腋生密集总状花序，花冠紫色，苞片常脱落，其腋间仅 1 花，花梗在萼下有关节；荚果斜椭圆形，有明显网脉。花期 5~6 月。

紫穗槐叶形

紫穗槐

杭子梢

紫穗槐花序

达呼里胡枝子

达呼里胡枝子花

紫穗槐果序

紫藤	*Wisteria sinensis* (Sims) Sweet	Purplervine	豆科紫藤属

白花紫藤

识别要点：落叶藤本。小叶 7 ~ 13 枚，基阔楔形。总状花序，花蓝紫色。荚果，表面密生黄色茸毛。花期 4 月，果熟期 9 ~ 10 月。

分布：原产河南、河北、山西、陕西、山东、广东、内蒙古等省区。

习性：喜光，略耐阴，较耐寒，喜深厚肥沃而排水良好的土壤，耐干旱瘠薄和水湿，不耐移植。

繁殖：可用播种、分株、压条、扦插、嫁接等法繁殖。

园林应用：枝叶茂密，庇荫效果强，春天先叶开花，穗大而美，有芳香，有优良的棚架、门廊、枯树及山面绿化材料，制成盆景或盆栽可供室内装饰。

变型：白花紫藤 f. *alba* (Lindl.) Rehd. et Wils.，花白色。

同属植物：多花紫藤 *Wisteria floribunda* (Willd.) DC.，茎右旋，花序长 30 ~ 90 cm，小叶 6 ~ 9 对，花自下而上顺序开放，长 1.5 ~ 2 cm，淡紫色至蓝紫色。

紫藤果实

紫藤花序

多花紫藤

紫藤叶形

紫藤

双子叶植物

百脉根花序

豆科植物 2：

白香草木樨 *Melilotus alba* Desr.；
黄香草木樨 *Melilotus officinalis* (L.) Desr.；
百脉根 *Lotus corniculatus* L.；
假香野豌豆 *Vicia pseudo-orobus* Fisch. et Mey.；
茳芒香豌豆 *Lathyrus davidii* Hance。

白香草木樨　　黄香草木樨

百脉根

假香野豌豆

黄香草木樨园林应用

茳芒香豌豆

双子叶植物

| 刺槐 | *Robinia pseudoacacia* L. | Yellow Locust | 豆科刺槐属 |

识别要点：乔木，高 10 ~ 25 m。树皮灰褐色，纵裂；枝条具托叶刺；冬芽小，奇数羽状复叶，小叶 7 ~ 19 枚，先端钝或微凹，有小尖头。花蝶形，白色，芳香，成腋生总状花序。荚果扁平，种子肾形，黑色。花期 5 月；果熟期 10 ~ 11 月。

分布：原产北美。

习性：为强阳性树种，不耐庇荫，较喜干燥而凉爽的环境，畏积水。

繁殖：可用播种、分蘖、根插等法而以播种为主。

园林应用：树冠高大，叶色鲜艳，每当开花季节绿白相应素雅而且芳香宜人，故可作庭阴树及行道树。

品种：龙爪刺槐（曲枝刺槐）'Tortuosa'，枝条扭曲；金叶刺槐 'Aurea'，叶金黄色。

同属植物：红花刺槐 *Robinia × ambigua* Poir. 'Decaisneana'。

刺槐花序

红花刺槐

刺槐花期

红花刺槐花序

金叶刺槐

刺槐

龙爪刺槐

双子叶植物

| 毛刺槐 | *Robinia hispida* L. | Roseacacia | 豆科刺槐属 |

识别要点：灌木，高达 2 m。茎、小枝、花梗均有红色刺毛；托叶不变为刺状。小叶 7 ~ 13 枚，广椭圆形至近圆形，叶端钝而有小尖头。花粉红或紫红色，2 ~ 7 朵成稀疏的总状花序，花瓣玫瑰紫色或淡紫色。荚果具腺状刺毛。花期 5 ~ 6 月。

分布：原产北美。

习性：性喜光，耐寒，喜排水良好土壤。

繁殖：通常以刺槐作为砧木进行嫁接繁殖。

园林应用：本种花大色美，宜于庭院、草坪边缘、园路旁丛植或孤植观赏，也可作基础种植用。

同科植物：羽扇豆（鲁冰花）*Lupinus micranthus* Guss.；多花木蓝 *Indigofera amblyantha* Craib；多叶羽扇豆 *Lupinus polyphyllus* Lindl.。

多花木蓝

毛刺槐花序

毛刺槐

多叶羽扇豆

羽扇豆

| 锦鸡儿 | *Caragana sinica* (Buc'hoz) Rehd. | Chinese Pea-shrub | 豆科锦鸡儿属 |

识别要点：灌木，高达 1.5 m。枝细长，开展，有角棱。托叶针刺状。小叶 4 枚，成远离的 2 对，倒卵形，叶端圆而微凹。花单性，红黄色，花梗中部有节，荚果。花期 4～5 月。

分布：主要产于中国北部及中部，西南也有分布。

习性：性喜光，耐寒，适应性强，不择土壤而又能耐干旱瘠薄，能生长于岩石缝中。

繁殖：可用播种法繁殖，亦可用分株、压条、根插法繁殖。

园林应用：叶色鲜绿，花亦美丽，在园林中可植于岩石旁，小路边，或作绿篱用，亦可作盆景材料。

同属植物：红花锦鸡儿 *Caragana rosea* Turcz. ex Maxim，落叶灌木。掌状复叶，互生或在短枝上簇生，小叶 4 枚，全缘。果期 7～8 月。柠条锦鸡儿 *Caragana korshinskii* Kom.，灌木。羽状复叶，小叶 6～8 对；长枝上托叶硬化成针刺，长 3～7 mm，宿存；花冠长 20～23 mm；荚果扁，披针形 2～2.5 cm，宽 6～7 mm。花期 5 月，果期 6 月。

同科植物：金雀儿 *Cytisus scoparius* (L.) Link，灌木，枝丛生。上部常为单叶，下部为掌状三出复叶；花单生上部叶腋，于枝梢排成总状花序，基部有呈苞片状叶；荚果扁平，阔线形。花期 5～7 月。

金雀儿花序

金雀儿

金雀儿花期

柠条锦鸡儿

锦鸡儿

红花锦鸡儿

红豆树 *Ormosia hosiei* Hemsl. et Wils. Hosie Ormosia 豆科红豆树属

红豆树

红豆树叶形与花

红豆树果实和种子

识别要点：常绿乔木，高达 20 m。树皮光滑，灰色。叶奇数羽状复叶，小叶 7 ~ 9 枚，叶端尖，叶表无毛。圆锥花序顶生或腋生，萼钟状，密生黄棕色毛，花白色或淡红色，芳香。荚果木质，扁平。花期 4 月，果期 10 ~ 11 月。

分布：分布于陕西、江苏、湖北、广西、四川、浙江、福建等省区。

习性：喜光，但幼树耐阴，喜肥沃湿润土壤。

繁殖：播种繁殖。

园林应用：为珍贵用材树种，其树冠呈伞状开展，故在园林中可植为片林或作园中荫道树种。

同属植物：花榈木 *Ormosia henryi* Prain，小叶背面密生灰黄色短柔毛；花黄白色；荚果长 7 ~ 11cm。

同科植物：黄檀 *Dalbergia hupeana* Hance.，落叶乔木，高 10~20 m。羽状复叶长 15~25 cm；小叶 3~5 对，互生，近革质，椭圆形至长圆状椭圆形；圆锥花序顶生或生于最上部的叶腋间，花冠白色或淡紫色，各瓣均具柄；荚果长圆形或阔舌状，长 4~7 cm，宽 13~15 mm，种子肾形。花期 5~7 月。

红豆树花序

花榈木

黄檀

双子叶植物

| 白花车轴草 | *Trifolium repens* L. | White Clover | 豆科车轴草属 |

识别要点：多年生草本植物。匍匐茎。掌状复叶，3 小叶互生，小叶先端圆或凹陷，基部楔形，缘具细锯齿。头状或球状花序顶生，多数小花密生，白色或淡红色。荚果倒卵状椭圆形。花期 5 月，果期 8 ~ 9 月。

分布：原产欧洲。

习性：喜湿润的环境，耐阴、耐干旱、耐寒、耐贫瘠、耐践踏，适宜修剪。

繁殖：采后可立即播种繁殖，亦可分根、扦插繁殖。

园林应用：因其绿色期长，耐阴，适宜做封闭式观赏草坪及林下地被。

同属植物：红花 t *Trifolium pratense* L.（Red Clover），头状花序腋生，花冠浅粉色。原产欧洲。

同科植物：紫花苜蓿 *Medicago sativa* L.，多年生草本植物。多分枝。3 小叶复叶，小叶倒卵形或倒披针形，先端圆，中肋稍突出，上部叶缘有锯齿；小叶柄长约 1 毫米。总状花序腋生；花冠紫色，长于花萼。荚果螺旋形。

白花车轴草

紫花苜蓿

白花车轴草园林应用

红花车轴草

白花车轴草花序

双子叶植物

识别要点：乔木，高达 25 m。树冠圆形；干皮暗灰色。小枝绿色，皮孔明显；芽被青紫色毛；小叶 7 ~ 17 枚，卵形至卵状披针形，叶端尖，叶基圆形至广楔形，叶背有白粉及柔毛；花浅黄绿色，排成圆锥花序。荚果串珠状，肉质，绿色，不开裂。花期 7 ~ 8 月，果 10 月成熟。

分布：原产中国北部。

习性：喜光，略耐阴，喜干冷气候，喜深厚、排水良好的沙质壤土。

繁殖：播种繁殖。

园林应用：树冠宽广，枝叶繁茂，寿命长而又耐城市环境，是良好的行道树和庭阴树。

变型与品种：龙爪槐 f. *pendula* Hort.，树冠如伞，枝条扭转下垂，曲折似龙爪；五叶槐（蝴蝶槐）f. *oligophylla* Franch.，小叶 3 ~ 4 枚，簇生，顶生小叶常 3 裂，侧生小叶下部常有大裂片，叶背有毛；金叶槐 'Chrysophylla'，叶片金黄色；金枝槐 'Golden Stem'。

同属植物：白刺花 *Sophora davidii* (Franch.) Skeels，矮小灌木。奇数羽状复叶，小叶 11~21 枚，全缘；总状花序着生于老枝顶，花白色或蓝白色，花冠长 1.5 cm；荚果长 3~6 cm，串珠状。花期 3~5 月。苦参 *Sophora flavescens* Ait.，落叶半灌木。茎直立，多分枝。奇数羽状复叶，长 20~25 cm，小叶 15~29 枚；总状花序顶生，长 15~20 cm，花淡黄白色；荚果线形，呈不明显的串珠状。花期 6~7 月，果期 7~9 月。

国槐叶形

国槐

国槐果实

金叶槐

金枝槐

国槐园林应用

白刺花

白刺花果实

苦参

苦参果实

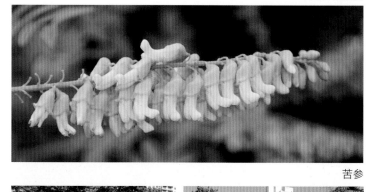

龙爪槐

龙爪槐花

五叶槐

双子叶植物

| 酢浆草 | *Oxalis corniculata* L. | Creeping Lady's Sorrel | 酢浆草科酢浆草属 |

识别要点：多年生草本植物。茎匍匐被疏长毛；叶互生，掌状复叶，托叶小，与叶柄连生，小叶 3 枚，倒心脏形，长达 5 ~ 10 mm，无柄；伞形花序腋生，花瓣 5 枚，黄色，倒卵形；蒴果近圆柱形，有 5 棱，被柔毛，熟时裂开；花期 5 ~ 7 月，果期 8 ~ 9 月。

分布：原产秘鲁等美洲热带。

习性：喜向阳、温暖、湿润的环境，抗旱能力较强，不耐寒，喜腐殖质丰富的沙质壤土。

繁殖：主要以球茎繁殖或分株繁殖为主。

园林应用：作园林地被植物，或布置假山。

变型：紫叶酢浆草 f. *purpurea* S. X. Yan，叶紫红色。

同属植物：白花酢浆草 *Oxalis acetosella* L.，花白色。

白花酢浆草

酢浆草

酢浆草花

紫叶酢浆草

白花酢浆草花期

白花酢浆草花

| 红花酢浆草 | *Oxalis corymbosa* DC. | Red Wood sorrel | 酢浆草科酢浆草属 |

识别要点：多年生草本植物，高10～20 cm。具球状鳞茎，茎直立；叶基生，小叶3枚，叶倒心脏形，顶端凹陷。小花5瓣，浅紫色或红紫色；蒴果，被毛；花期4～11月，果期6～9月。

分布：原产南美洲。

习性：喜温暖湿润和阳光充足的环境，较耐阴和干旱。

繁殖：播种或分株繁殖。

园林应用：其植株低矮、整齐，叶色翠绿，花色明艳，覆盖地面迅速，故适合在花坛、花径、疏林地及林缘大片种植，用红花酢浆草组字或组成模纹图案效果亦很好。

同属植物：紫叶山酢浆草 *Oxalis triangularis* A. St.-Hil. 'Purpurea'（Purple Mountain Sorrel），叶具长柄，小叶无柄，倒三角形，叶大而紫红色。

红花酢浆草花

红花酢浆草园林应用

红花酢浆草

紫叶山酢浆草

紫叶山酢浆草园林应用

紫叶山酢浆草花

双子叶植物

宿根亚麻（蓝亚麻，亚麻花） *Linum perenne* L. Perennial Flax 亚麻科亚麻属

识别要点：多年生草本植物，高 40 ~ 50 cm。基部多分枝，茎丛生，直立而细长；叶披针形，互生，浅蓝绿色；聚伞花序顶生或生于上部叶腋，花瓣 5 枚，浅蓝色。花期 7 月。

分布：原产欧洲，我国东北和华北地区有野生。

习性：喜光，耐寒，适宜疏松土壤。

繁殖：播种或分株繁殖，不耐移植。

园林应用：可植于花径、花坛、花境、岩石园或疏林下。

吴茱萸花序

宿根亚麻花

芸香科植物：

常山（日本常山，臭常山）*Crixa japonica* Thunb.；
吴茱萸 *Evodia rutaecarpa*（Juss.）Benth.。

旱金莲科植物：

旱金莲 *Tropaeolum majus* L.。

旱金莲

常山

宿根亚麻

吴茱萸

| 枳 | *Poncirus trifoliata* (L.) Raf. | Trifoliate Orange | 芸香科枳属 |

识别要点：落叶灌木或小乔木。小枝呈扁平状，具腋生粗大的扁平枝刺；叶互生，三出复叶；顶生小叶较大，倒卵形，先端微凹，基部楔形；花白色，具短柄，萼片5枚，卵状三角形，常先叶开放，花瓣5枚；果球形，成熟时橙黄色，密被短柔毛；花期4~5月，果期7~10月。

分布：产于长江各省区，中部和北部各省也广泛栽培。

习性：喜光，喜微酸性土壤，不耐碱，喜温暖湿润气候，较耐寒。

繁殖：播种或扦插繁殖。

园林应用：枳枝条绿色而多刺，春季叶前开花，秋季黄果累累，在园中多作为绿篱或屏障树用，亦可整形为各式篱垣及洞门形状。

同科植物：芸香 *Ruta graveolens* L.；柑橘 *Citrus reticulata* Blanco；金橘 *Fortunella margarita* (Lour.) Swingle。

柑橘

金橘

芸香

枳

枳果实

双子叶植物

竹叶椒

柠檬

柠檬花

柚

芸香科植物：

花椒 *Zanthoxylum bungeanum* Maxim.；
竹叶椒 *Zanthoxylum planispinum* Sieb. et Zucc.；
柠檬 *Citrus limon* (L.) Burm. f.；
柚 *Citrus grandis* (L.) Osbeck；
佛手 *Citrus medica* L. var. *sarcodactylis* (Noot.) Swingle。

佛手

花椒

双子叶植物

黄檗   臭椿

识别要点：落叶乔木，高达 30 m。小枝粗壮，缺顶芽；叶痕大而倒卵形，奇数羽状复叶，小叶 13～25 枚，卵状披针形，中上部全缘，基部具腺齿 1～2 对；圆锥花序顶生。翅果成熟时淡褐黄色或淡褐红色；花期 4～5 月，果 9～10 月成熟。

分布：东北南部、华北、西北至长江流域均有分布。

习性：喜光，耐干旱、瘠薄，但不耐水湿，对微酸性、中性和石灰质土壤都能适应，喜排水良好的沙壤土，耐寒。

繁殖：播种、分蘖和根插繁殖。

园林应用：有较强抗烟能力，是工矿场区绿化的良好树种，又因适应性、萌蘖力强，为山地造林的先锋树种。

品种：红叶臭椿 'Purpurata'，叶片红色。

同科植物：苦木 *Picrasma quassioides* (D. Don) Benn.，叶缘具细锯齿、粗锯齿或基部全缘；核果，萼片宿存。

芸香科植物：樗叶花椒 *Zanthoxylum ailanthoides* Sieb. et Zucc.，落叶乔木。奇数羽状复叶，互生；小叶 11～27 枚，狭矩圆形或椭圆状矩圆形，边缘具浅钝锯齿。伞房状圆锥花序，顶生；花小而多，淡青或白色，5 数。蓇葖果红色。黄檗 *Phellodendron amurense* Rupr.，落叶乔木。奇数羽状复叶对生；小叶 5～13 枚，卵状披针形至卵形，边缘有细钝锯齿。花小，5 数，雌雄异株，排成顶生聚伞状圆锥花序。果为浆果状核果，黑色，有特殊香气与苦味。

苦木

红叶臭椿

臭椿翅果

樗叶花椒

楝树　　*Melia azedarach* L.　　Chinaberry-tree　　楝科楝属

识别要点：落叶乔木，高 15 ～ 20 m。树皮暗褐色，浅纵裂；2 ～ 3 回奇数羽状复叶，小叶卵形至卵状椭圆形。花淡紫色，有香味，呈圆锥状复伞状花序；核果近球形，成熟时黄色，宿存树枝，经冬不落；花期 4 ～ 5 月，果 10 ～ 11 月成熟。

分布：分布于黄河以南各省区。

习性：喜光，不耐庇荫，喜温暖湿润气候，耐寒力不强，对土壤要求不严格。

繁殖：多用播种法，分蘖法也可以。

园林应用：是良好的城市及工矿区绿化树种，宜作庭阴树及行道树，在草坪孤植、丛植，或配植于池边、路边、坡地。

同属植物：川楝（川楝子，金铃子）*Melia toosendan* Sieb. et Zucc.，小叶边缘常全缘，子房 6~8 室，果实长 3 cm。

同科植物：米仔兰（米兰）*Aglaia odorata* Lour.，灌木或小乔木。奇数羽状复叶，叶轴和叶柄具狭翅，小叶 3~5 枚；圆锥花序腋生，长 5~10 cm，花芳香，径约 2 mm，黄色；果为浆果，卵形或近球形，种子有肉质假种皮。花期 5~12 月，果期 7 月至翌年 3 月。

楝树花

川楝

楝树叶形

楝树果实

楝树

米仔兰

毛红椿　　　　　　　　　　　　　　　　　　毛红椿园林应用

识别要点：落叶乔木，高达 15 m。树皮暗褐色，片状剥落；偶数羽状复叶，有香气，小叶 10 ~ 20 枚，对生，基部不对称；圆锥花序顶生，花白色，有香气；蒴果长椭圆形；花期 5 ~ 6 月，果 9 ~ 10 月成熟。

分布：原产中国中部。

习性：喜光，不耐庇荫；适生于深厚、肥沃、湿润的沙质土壤，在中性、酸性及钙质土上均生长良好，也能耐轻盐渍，较耐水湿，耐寒。

繁殖：主要用播种法繁殖，分蘖、扦插、埋根也可。

园林应用：是良好的庭阴树及行道树，在庭前、院落、草坪、斜坡、水畔均可栽植。

同属植物：毛红椿 *Toona ciliata* Roem. var. *pubescens* (Franch.) Hand.-Mazz.（Pubescent Red Toona），雄蕊 5 枚，子房与花盘被毛，蒴果具大而明显的皮孔，种子两端均具膜质翅，小叶通常全缘。

香椿果实

香椿花序　　　　　　　　　　　　　　　　　　香椿果序

| 重阳木 | *Bischofia polycarpa* (Lévl.) Airy-Shaw | Java Bishopwood | 大戟科重阳木属 |

彩云阁与红彩云阁

识别要点：落叶乔木，高达 15 m。树皮灰褐色至棕褐色；三小叶，小叶卵形至椭圆形卵形，基部圆形或近心形，边缘有细锯齿；花小，绿色，总状花序腋出；浆果球形，成熟时红褐色；花期 4～5 月，果 9～11 月成熟。

分布：产于秦岭、淮河流域以南至两广北部，在长江中下游平原习见。

习性：喜光，稍耐阴，喜温暖气候，耐寒力弱，对土壤要求不严格，能耐水湿，对二氧化硫有一定抗性。

繁殖：种子繁殖。

园林应用：宜作庭阴树及行道树，也可作堤岸绿化树种。在草坪、湖畔、溪边丛植也很适合，可形成美丽的秋景。

京大戟

大戟属植物：

彩云阁（三角霸王鞭）*Euphorbia trigona* Haw.，红彩云阁 'Rubra'；

京大戟 *Euphorbia pekinensis* Rupr.；

猫眼（乳浆大戟）*Euphorbia esula* L.；

一品红 *Euphorbia pulcherrima* Willd. ex Klotzsch，一品白 'Alba'。

重阳木

一品白

一品红

猫眼

双子叶植物

山麻杆春色叶

银边翠

识别要点：落叶丛生灌木，高 1 ~ 2 m。茎直而少分枝，常紫红色；叶圆形至广卵形，缘有锯齿，背面紫色，密生茸毛；雄花密生，呈短穗状花序；雌花疏生，呈总状花序，位于雌花序下面；蒴果扁球形，密生短茸毛；花期 4 ~ 5 月，果 7 ~ 8 月成熟。

分布：产于河南、陕西及长江流域等。

习性：喜光，稍耐阴，喜温暖湿润气候，不耐寒，对土壤要求不严格。

繁殖：一般采用分株繁殖，扦插、播种也可进行。

园林应用：山麻杆早春嫩叶及新枝均为紫红色，平常叶也带紫红色，是园林中常用的观叶树之一。丛植于庭前、路边、草坪或山石旁，均适宜。

同科植物：银边翠（高山积雪）*Euphorbia marginata* Pursh. 一年生草本植物，高 50~70 cm，茎内具乳汁。叶卵形或椭圆状披针形，入秋后顶部叶片边缘或全叶变白色，宛如层层积雪；花小，单性，无花被。花期 6~9 月，果熟期 7~10 月。

山麻杆雌花

山麻杆

山麻杆雄花

| 乌桕 | *Sapium sebiferum* (L.) Roxb. | Chinese Tallowtree | 大戟科乌桕属 |

识别要点：落叶乔木，高达 15 m。树皮暗灰色，浅纵裂；小枝纤细；叶互生，菱状广卵形，先端尾状，基部广楔形，全缘；花序穗状，顶生，花小，黄绿色；蒴果三菱状球形，熟时黑色，3 裂，果皮脱落；花期 5 ~ 7 月，果 10 ~ 11 月成熟。

分布：在中国分布很广。

习性：喜光，喜温暖气候及深厚肥沃且水分丰富的土壤。耐旱、耐水湿及抗风能力强。对土壤适应范围广，能抗火烧，对二氧化硫及氯化氢抗性强。

繁殖：播种或嫁接繁殖。

园林应用：植于水边、池畔、坡谷、草坪都很合适。若与亭廊、花墙、山石等相配，也甚协调。在园林绿化中可作栽培护堤树、庭阴树及行道树。

同科植物：铁苋菜 *Acalypha australis* L.，一年生草本植物，高 0.2~0.5 m。叶膜质，长卵形、近菱状卵形或阔披针形，边缘具圆锯，基出脉 3 条，侧脉 3 对；雌、雄花同序，花序腋生；蒴果，径 4 mm。花果期 4~12 月。猫尾红 *Acalypha reptans* Sweet.，常绿灌木，枝条呈半蔓性，株高 10~25cm。叶互生，卵形，先端尖，叶缘具细齿，两面被毛；葇荑花序，顶生，花期为春季至秋季。

乌桕果实

猫尾红

铁苋菜

乌桕种子

乌桕

乌桕秋色叶

识别要点：落叶灌木，分枝多。叶互生，卵形，全缘或不整齐波状齿，先端尖或钝，基部楔形，两面无毛，有短柄，具托叶；花小，绿白色，无花瓣；蒴果3裂，近球形，基部有宿存萼片，红褐色；花期7～8月，果熟期9月。

分布：产于东北及河北、山西、甘肃、宁夏、江苏、浙江、湖北、贵州、四川等地。

习性：耐寒、耐旱、抗瘠薄，喜深厚肥沃的沙质壤土，但在干旱瘠薄的石灰岩山地上也可生长良好。

繁殖：播种、扦插、分株繁殖。

园林应用：枝叶繁茂，花果密集，花色黄绿，果梗细长，果三棱扁平状。叶入秋变红，极为美观，在园林中配置于假山、草坪、河畔、路边，具有良好的观赏价值。

同科植物：南洋樱花（琴叶珊瑚）*Jatropha pandurifolia* Andr.；算盘子 *Glochidion puberum* (L.) Hutch.。

南洋樱花　　　　　　算盘子

算盘子果实

叶底珠果实

叶底珠

叶底珠花

油桐果实

大戟科植物：

白背叶（野桐） *Mallotus apelta* (Lour.) Muell.-Arg.；
油桐 *Aleurites fordii* Hemsl.；
花叶木薯 *Manihot esculenta* Crantz 'Variegata'。

白背叶

花叶木薯

油桐春色叶

油桐

油桐花

锦熟黄杨	*Buxus sempervirens* L.	European Box	黄杨科黄杨属

朝鲜黄杨

黄杨

金叶锦熟黄杨

识别要点：常绿灌木或小乔木，高达9 m。小枝密集，菱形；叶圆形，最宽部在中部或中部以下，先端钝或微凹，全缘，背面绿白色；花簇生叶腋；蒴果三角鼎状，成熟时褐黄色；花期4月，果7月成熟。

分布：原产南欧、北非及西亚地区。

习性：较耐阴，阳光不宜过于强烈；喜温暖湿润气候，耐旱，不耐水湿，较耐寒，生长很慢，耐修剪。

繁殖：播种和扦插繁殖。

园林应用：宜于庭园绿篱及花坛边缘种植，也可草坪孤植、丛植及路边列植、点缀山石，或作盆栽、盆景用于室内绿化。

品种：金叶锦熟黄杨 'Aurea'，叶金黄色。

同属植物：黄杨 *Buxus sinica* (Rehd. et Wils.) Cheng ex M. cheng；雀舌黄杨 *Buxus bodinieri* Lévl.；朝鲜黄杨 *Buxus microphylla* Sieb. et Zucc. var. *koreana* Nakai。

锦熟黄杨

雀舌黄杨

锦熟黄杨造型

雀舌黄杨花

| 盐肤木 | *Rhus chinensis* Mill. | Chinese Sumac | 漆树科盐肤木属 |

识别要点：落叶小乔木，高达 8 ~ 11 m。枝开展。树冠圆球形；奇数羽状复叶，叶轴有狭翅，小叶 7 ~ 13 枚，卵状椭圆形边缘有粗钝锯齿，背部密被灰褐色柔毛；圆锥花序顶生，密生柔毛；花小，乳白色；核果扁球形，橘红色；花期 7 ~ 8 月，果 10 ~ 11 月成熟。

分布：北自东北南部、黄河流域，南达广东、广西、海南，西至甘肃南部、四川中部和云南。

习性：喜光，能耐寒冷和干旱，不择土壤，不耐水湿。生长快，寿命较短。

繁殖：可用播种、分蘖、扦插等法繁殖。

园林应用：秋叶变为鲜红，果实成熟呈橘红色，颇为美观，可植于园林绿地观赏或用于点缀山林。

漆树属植物：漆树 *Toxicodendron vernicifluum* (Stokes) F. A. Barkl.，乔木。小枝和叶有毛；奇数羽状复叶，小叶 9~13 枚，全缘，侧脉 10~15 对；花黄绿色；核果扁圆形或肾形。野漆 *Toxicodendron succedaneum* (L.) O. Kuntze，落叶乔木或小乔木。小枝和叶均无毛；奇数羽状复叶互生，小叶 9~15 枚，全缘，侧脉 15~22 对；圆锥花序长 7~15 cm，花黄绿色；核果大，偏斜。

漆树

盐肤木花序

盐肤木果实

盐肤木

野漆

| 火炬树 | *Rhus typhina* Nutt | Staghorn Sumac | 漆树科盐肤木属 |

识别要点：落叶小乔木，高达 8 m 左右。小枝密生长柔毛；羽状复叶，小叶 19～23 枚，长椭圆状披针形，缘有锯齿，先端长渐尖，背面有白粉；雌雄异株，顶生圆锥花序，密生有毛；核果深红色，密集成火炬形；花期 6～7 月，果 8～9 月成熟。

分布：原产北美洲。

习性：喜光，适应性强，耐寒，耐旱，耐盐碱，根系发达，生长快，寿命短。

繁殖：播种繁殖，也可用分蘖或埋根法繁殖。

园林应用：因雌花序和果序均为红色且形似火炬而得名，即使在冬季落叶后，在雌株树上仍可见到满是"火炬"，颇为奇特。宜植于园林观赏，或点缀山林秋色，也可作为水土保持及固沙树种。

火炬树小叶片

火炬树秋色叶

火炬树

火炬树花序

火炬树园林应用

| 青麸杨 | *Rhus potaninii* Maxim. | Potanin Sumac | 漆树科盐肤木属 |

青麸杨花序

青麸杨

识别要点：落叶乔木，高 5 ~ 6 m。小枝无毛；小叶 7 ~ 9 枚，明显是小叶柄，长卵状椭圆形，长 6 ~ 12 cm，有短柄，全缘，叶轴上端有时具狭翅；顶生圆锥花序，花白色；核果深红色，密生毛。果序下垂；花期 5 ~ 6 月，果成熟期 9 月。

分布：产于长江中下游至华北地区。

习性：喜光，喜温暖，稍耐寒，耐干旱、瘠薄的砾质土，忌水湿。

繁殖：分蘖或播种繁殖。

园林应用：庭园观赏树或风景区栽植。

同属植物：红麸杨 *Rhus punjabensis* Stewart var. *sinica* (Diels) Rehd. et Wils.，小枝微具柔毛；叶轴上部有狭翅，小叶 7~13 枚，无柄或近无柄，卵形或卵状长圆形背面微被柔毛。

红麸杨叶形

青麸杨果序

红麸杨

双子叶植物

黄连木幼叶

黄连木叶形

黄连木果实

识别要点：落叶乔木，高达 30 m。偶数羽状复叶，小叶披针形或卵状披针形，基部偏斜，全缘，早春嫩叶红色，入秋叶呈深红或橙黄色；圆锥花序，雄花序淡绿色，雌花序紫红色；核果，初为黄白色，后变红色至蓝色；花期 3~4 月，果 9~11 月成熟。

分布：中国分布很广，北至黄河流域，南至两广及西南各地均有。

习性：喜光，幼时稍耐阴，畏严寒，耐干旱瘠薄，对土壤要求不严格。

繁殖：常用播种，扦插和分蘖法亦可。

园林应用：宜作庭阴树、行道树及山林风景树，也常作"四旁"绿化及低山区造林树种。在园林中植于草坪、坡地、山谷或于山石、亭阁旁配置。

黄连木

黄连木花序

黄栌	*Cotinus coggygria* Scop. var. *cinerea* Engl.	Common Smoketree	漆树科黄栌属

识别要点：落叶灌木或小乔木，高达5～8m。小枝紫褐色；单叶互生，常倒卵形，先端圆或微凹，全缘；花小，杂性，黄绿色；成顶生圆锥花序；核果肾形；花期4～5月，果6～7月成熟。

分布：产于中国西南、华北和浙江。

习性：喜光，也耐半阴，耐寒，耐干旱贫瘠和碱性土壤，但不耐水湿，对二氧化硫有较强抗性。

繁殖：以播种为主，压条、根插、分株也可进行。

园林应用：在园林中宜丛植于草坪、山丘或土坡，亦可混植于其他树群，尤其是常绿树群中，能为园林增添秋色。可在郊区山地，水库周围营造大面积风景林，或作为荒山造林先锋树种。

变种：美国红栌（紫叶黄栌）var. *purpureus* Rehd.，叶春、夏、秋三季均呈红色，圆锥花序鲜红色，花期6～7月。原产美国。喜光，也耐半阴，不耐水湿。抗污染、抗旱、抗病虫能力强。播种或嫁接繁殖。

美国红栌果序

黄栌不育花和果实

黄栌

黄栌秋色叶

美国红栌

美国红栌叶形

南酸枣 *Choerospondias axillaris* (Roxb.) Burtt et Hill　Axillary Southern Wildjujube　漆树科南酸枣属

南酸枣叶形和花序　　　　　　　　　　　　　南酸枣

识别要点：落叶乔木，高达 30 m。树干端直，树皮灰褐色，浅纵裂，老则条片状剥落；小叶 7 ~ 15 枚，卵状披针形，全缘；核果成熟时黄色；花期 4 月，果 8 ~ 10 月成熟。

分布：产于华南、西南、华东、西南及华中等地。

习性：喜光，稍耐阴不耐寒，喜土层深厚、排水良好的酸性及中性土壤，不耐水淹及盐碱，生长快，对二氧化硫、氯化氢抗性强。

繁殖：通常用播种繁殖。

园林应用：是良好的庭荫树及行道树。孤植或丛植于草坪、坡地、水畔，或与其他树种混交成林都很适宜，并可用于矿区绿化。

南酸枣果核

南酸枣果实

南酸枣花期

枸骨	*Ilex cornuta* Lindl	Horny Holly	冬青科冬青属

识别要点：常绿灌木或小乔木，高达 10 m。叶硬革质，矩圆形，顶端扩大并有 3 枚大尖硬刺齿；叶有时全缘，基部圆形；花小，黄绿色；核果球形，鲜红色；花期 4 ~ 5 月，果 9 ~ 10 月成熟。

分布：产于我国长江中下游各地。

习性：喜光，稍耐阴，喜温暖气候及肥沃且排水良好的微酸性土壤，不耐寒，生长缓慢，耐修剪。

繁殖：播种或扦插等法繁殖。

园林应用：宜作基础种植及岩石园材料，也可孤植于花坛中心、对植于前庭、路口，或丛植于草坪边缘，同时又是很好的绿篱（兼有果篱、刺篱的效果）及盆栽材料。

变种：全缘枸骨（无刺枸骨）var. *fortunei*（Lindl.）S. Y. Hu，叶全缘，无刺。

同属植物：龟甲冬青 *Ilex crenata* Thunb. ex Murray 'Convexa'（Convexa Japanese Holly, Convexa Box-leaved Holly），叶椭圆形，光滑，互生，革质，长 1 ~ 2 cm，叶缘反卷；托叶小，钻形。

枸骨

枸骨叶形

枸骨花

枸骨花序

枸骨园林应用

龟甲冬青

龟甲冬青花

龟甲冬青叶形

全缘枸骨

全缘枸骨果实

全缘枸骨叶形

双子叶植物

| 大叶冬青 | *Ilex latifolia* Thunb. | Broadleaf Holly | 冬青科冬青属 |

识别要点：常绿乔木，高达 20 m。树皮灰黑色；叶厚革质，长椭圆形，顶端锐尖，基部楔形，主脉在表面凹陷，在背面显著隆起；聚伞花序密集于二年生枝条叶腋内，雄花序每一分枝有花 3 ~ 9 朵；花瓣椭圆形，基部连合，长约为萼裂片的 3 倍；果实球形，红色或褐色；花期 4 月，果 9 ~ 10 月成熟。

分布：产于我国长江下游各省及福建等地。

习性：适应性强；喜光，喜温暖、湿润的环境，耐半阴、耐干旱、耐贫瘠，抗大气污染。

繁殖：播种或扦插繁殖。

园林应用：树形优美，果实红艳可爱，既可观叶又可观果。

同属植物：冬青 *Ilex chinensis* Sims（Purpleflower Holly），小枝灰褐色；叶薄革质，窄椭圆形，长 5 ~ 12 cm，先端渐尖；果实椭圆形。

大叶冬青叶形和果实

冬青花序和叶形

大叶冬青

冬青

大叶冬青花序

大叶黄杨 *Euonymus japonica* Thunb.　Evergreen Euonymus,Japanese Spindle-tree　卫矛科卫矛属

大叶黄杨果实

大叶黄杨花序

大叶黄杨球

识别要点：常绿灌木或小乔木，高达 8 m。小枝绿色，稍四棱形。叶革质而有光泽，椭圆形至倒卵形，缘有细钝齿，两面无毛；花绿白色，密集聚伞状花序，腋生枝条端部；蒴果近球形；花期 5 ~ 6 月，果 9 ~ 10 月成熟。

分布：原产日本南部。

习性：喜温暖、向阳的环境，抗污染性强。

繁殖：扦插、嫁接、压条和播种繁殖。

园林应用：园林中常用作绿篱及背景种植材料，亦可丛植草地边缘或列植于园路两旁；若加以修剪成型，适用于规则式对称配置，亦是基础种植、街道绿化和工厂绿化的好材料。

变种：金边大叶黄杨 var. *aureo-marginata* Nichols，叶缘金黄色，中间绿色；金心大叶黄杨 var. *aureo-picta*，叶片中心金黄色，边缘绿色；银边大叶黄杨 var. *albo-marginata* T. Moore，叶缘有窄白条边；斑叶大叶黄杨 var. *viridi-variegata* Rehd，叶阔椭圆形，银边甚宽；金叶大叶黄杨 var. *aurea*，叶金黄色。

大叶黄杨

斑叶大叶黄杨

大叶黄杨果序

金边大叶黄杨

金心大叶黄杨

金叶大叶黄杨

银边大叶黄杨

大叶黄杨园林应用 1

大叶黄杨园林应用 2

大叶黄杨园林应用 3

大叶黄杨园林应用 4

大叶黄杨园林应用 5

金边大叶黄杨园林应用

扶芳藤 *Euonymus fortunei* (Turcz.) Hand.-Mazz. Fortune Spindle-tree 卫矛科卫矛属

识别要点：常绿藤本，茎匍匐或攀援，长达 10 m。枝密生小瘤状突起，并能随处生多数细根；叶革质，长卵形至椭圆状倒卵形，缘有钝齿，背面脉显著；聚伞花序分枝端有多数短梗花组成的球状小聚伞，花绿白色；蒴果近球形，黄红色；花期 6～7 月，果 10 月成熟。

分布：产于山西、陕西、河南、山东、安徽、江苏、浙江、江西、湖北、湖南、广西、云南等地。

习性：性耐阴，喜温暖，耐寒性不强，对土壤要求不严格，能耐干旱、贫瘠。

繁殖：用扦插繁殖极易成活，播种、压条也可进行。

园林应用：用以掩覆墙面、坛缘、山石或攀援于老树、花格之上，均极优美。

品种：金边扶芳藤 'Aureo-marginata'，叶边缘金黄色。

扶芳藤种子

扶芳藤园林应用

扶芳藤

金边扶芳藤

扶芳藤果实

胶东卫矛 小叶扶芳藤

攀援扶芳藤（铺地扶芳藤） 胶东卫矛花

卫矛属植物 1：

小叶扶芳藤 *Euonymus fortunei* (Turcz.)
Hand.-Mazz. var. *microphyllus* Sieb.；
攀援扶芳藤 *Euonymus fortunei* (Turcz.)
Hand.-Mazz. var. *radicans* (Sieb. ex Miq.)
Rehd.；
胶东卫矛 *Euonymus kiautschovicus* Loes.。

胶东卫矛叶形 攀援扶芳藤园林应用

双子叶植物

丝棉木 *Euonymus bungeana* Maxim. Winterberry Euonymus 卫矛科卫矛属

识别要点：落叶小乔木，高达 6 ~ 8 m。小枝细长，绿色，无毛；叶对生，卵形至卵状椭圆形，先端急长尖，基部近卵形，缘有细锯齿；花淡绿色，3 ~ 7朵呈聚伞花序；蒴果粉红色；花期 5 月，果 10 月成熟。

分布：产于中国北部、中部及东部，辽宁、河北、河南、山东、山西、甘肃、安徽、江苏、浙江、福建、江西、湖北、四川等。

习性：喜光，稍耐阴，耐寒，对土壤要求不严，耐干旱，也耐水湿；根系深而发达，能抗风，生长速度中等偏慢；对二氧化硫的抗性中等。

繁殖：可用播种、分株及硬质扦插等法繁殖。

园林应用：宜植于林缘、草坪、路旁、湖边及溪畔，也可用作防护林及工厂绿化树种。

变种与变型：多花丝棉木（多花白杜）var. *multiflora* S. X. Yan，花密集，花的数量为原变种的 3 ~ 5 倍；大叶丝棉木 f. *macrophylla* S. X. Yan, f. nov.，叶形大，长达 8 ~ 12 cm，宽达 5 ~ 8 cm。

大叶丝棉木

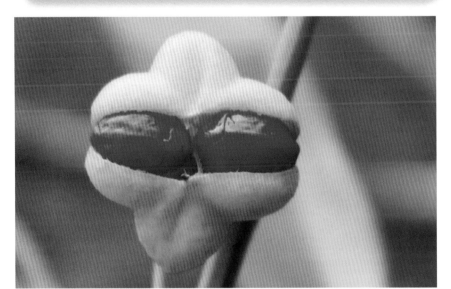

丝棉木果实

多花丝棉木

丝棉木

丝棉木花

识别要点：落叶灌木，全体无毛。小枝具 2 ~ 4 列纵向的阔木栓翅；叶倒卵形或倒卵状长椭圆形，长 2 ~ 7 cm，叶柄极短，长 1 ~ 3 mm；蒴果 4 深裂，或仅 1 ~ 3 逐步形成心皮发育，棕紫色；种子褐色，有橘红色假种皮；花期 5 ~ 6 月，果期 9 ~ 10 月。

分布：除新疆、青海、西藏外，全国各地均产。

习性：喜光，也耐阴，耐干旱瘠薄，耐寒，耐修剪。

繁殖：分株、扦插或播种繁殖。

园林应用：秋叶紫红色，鲜艳夺目，落叶后紫果悬垂，开裂后露出橘红色假种皮，绿色小枝上着生的木栓翅也很奇特，日本称为"锦木"。可孤植、丛植于庭院角隅、草坪、林缘、亭际、水边、山石间。

卫矛果实

卫矛花

卫矛

卫矛木栓翅

卫矛叶形

陕西卫矛（金蝴蝶，金丝吊蝴蝶） *Euonymus schensiana* Maxim. Shanxi Spindle-tree 卫矛科卫矛属

陕西卫矛　　　　　　　　　　　大果卫矛　　　　　　　　　　　大果卫矛叶形

识别要点：落叶灌木，高达 2 m。小枝灰褐色，圆柱状，光滑，无翅；叶对生。披针形或宽披针形，长 5 ~ 10 cm；先端急尖或长渐尖，基部窄楔形至近圆形，边缘密生细锯齿，两面无毛；叶柄长 3 ~ 5 mm。聚伞花序腋生，总花梗长 5 ~ 7 cm，在果期长达 10 cm；花绿色；花药白色；蒴果大，连翅宽 3 ~ 5 cm；花期 4 月，果熟期 7 ~ 8 月。

分布：产于陕西、甘肃、湖北、河南、四川等省区。

习性：喜光，耐干旱瘠薄，耐寒。

繁殖：播种或嫁接繁殖。

园林应用：可作庭园观赏树种或作树桩盆景。

同属植物：大果卫矛 *Euonymus myriantha* Hemsl.，常绿灌木。叶革质，边缘常呈波状或具明显钝锯齿，侧脉 5~7 对；聚伞花序多聚生小枝上部，长 2~4 cm，花黄色，径 10 mm，萼片近圆形，花瓣近倒卵形，花盘四角有圆形裂片；蒴果黄色，多呈倒卵状，假种皮橘黄色。

陕西卫矛果实

陕西卫矛 4 瓣花

陕西卫矛 5 瓣花

双子叶植物

垂丝卫矛

角翅卫矛

角翅卫矛花序

识别要点：落叶乔木，高 5 ~ 10 m。叶对生，长圆状椭圆形或长圆状披针形，长 7 ~ 12 cm，先端急尖或短渐尖，边缘有细尖齿，背面脉动不常有短毛；聚伞花序有 5 至多朵花，总花梗长 1 ~ 2.5 cm；花绿白色；雄蕊花丝细长，花药紫色；蒴果粉红色带黄色，倒三角形，上部 4 浅裂，每室有 1 ~ 2 个种子，红棕色，有橙红色假种皮；花期 5 月，果熟期 9 月。

分布：产于河南、陕西、甘肃、四川、云南、贵州、湖南、湖北、江西、安徽等省区。

习性：喜光，也耐阴，耐干旱瘠薄，耐寒。

繁殖：播种繁殖。

园林应用：可作为庭园观赏树种。

同属植物：垂丝卫矛 *Euonymus oxyphylla* Miq.；角翅卫矛 *Euonymus cornuta* Hemsl.。

西南卫矛叶形与花序

西南卫矛花

西南卫矛

栓翅卫矛果实

小卫矛

栓翅卫矛木栓质翅

栓翅卫矛种子

卫矛属植物 2：

栓翅卫矛 *Euonymus phellomana* Loes.；
小卫矛 *Euonymus nanoides* Loes. et Rehd.。

野生状态下的栓翅卫矛

栓翅卫矛叶形

紫花卫矛

紫花卫矛叶形

紫花卫矛4瓣花

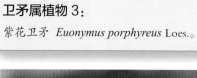

卫矛属植物3:

紫花卫矛 *Euonymus porphyreus* Loes.。

紫花卫矛5瓣花

紫花卫矛雨后的花序

紫花卫矛花序

双子叶植物

大花卫矛

大花卫矛果实

卫矛属植物 4:

大花卫矛 *Euonymus grandiflora* Wall.;
纤齿卫矛 *Euonymus giraldii* Loes.;
肉花卫矛 *Euonymus carnosa* Hemsl.。

肉花卫矛

肉花卫矛果实

纤齿卫矛

纤齿卫矛果实

双子叶植物

小果卫矛

刺果卫矛

南蛇藤

哥兰叶

卫矛科植物：

刺果卫矛 *Euonymus acanthocarpa* Franch.；
小果卫矛 *Euonymus microcarpa* (Oliv.) Sprague；
南蛇藤 *Celastrus orbiculatus* Thunb.；
苦皮藤 *Celastrus angulatus* Maxim.；
哥兰叶 *Celastrus gemmatus* Loes.；
刺苞南蛇藤 *Celastrus flagellaris* Rupr.。

南蛇藤果实

苦皮藤

刺苞南蛇藤

梧桐

梧桐秋色叶

梧桐果实

梧桐花序

识别要点：落叶乔木，高 15 ~ 20 m。树冠卵圆形；树干端直，树皮灰绿色；叶 3 ~ 5 掌状裂，基部心形，裂片全缘，先端渐尖，表面光滑，背面有星状毛；圆锥花序顶生，花小，淡黄色，花萼裂片条形，淡黄绿色。蓇葖果熟前呈舟形；花期 6 ~ 7 月，果 9 ~ 10 月成熟。

分布：原产中国及日本。

习性：喜光，喜温暖湿润气候，耐寒性不强，喜肥沃、湿润、深厚而排水良好的土壤。

繁殖：通常用播种法，扦插、分根繁殖。

园林应用：梧桐树干端直，叶大而形美，绿阴浓密，适于草坪、庭院、宅前、坡地、湖畔孤植或丛植。在园林中与棕榈、修竹、芭蕉等配植，也可作行道树及居民区、工厂绿化树种。

木棉科植物：

木棉 *Bombax malabaricum* DC.；

瓜栗 *Pachira macrocarpa* (Cham. et Schlecht.) Walp.。

木棉

瓜栗

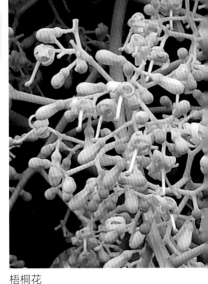

梧桐花

| 省沽油 | *Staphylea bumalda* DC. | Bumalda Bladderfruit | 省沽油科省沽油属 |

识别要点：落叶灌木，高 3 ~ 5 m。树皮暗紫红色；枝条淡绿色，有皮孔；枝细长而开展；三出复叶对生，小叶卵状椭圆形，缘有细齿，叶背青白色，脉动上有毛；顶生小叶无叶柄；花白色，有香气，圆锥花序顶生；蒴果倒三角形，扁而先端 2 裂，呈膀胱状；种子圆形而扁，黄色而有光泽；花期 4 ~ 6 月，果期 7 ~ 10 月。

分布：产于东北地区、黄河流域及长江流域。

习性：中性偏阴树种，喜湿润气候，喜肥沃且排水良好土壤。

繁殖：播种、分株或压条繁殖。

园林应用：枝条细长开展，树形自然，花秀美而芳香，果实奇特；可植于庭园观赏，适于岩石园、山石旁或林缘、路旁、角隅、池畔种植。

同属植物：膀胱果 *Staphylea holocarpa* Hemsl.（Bladderfruit），小枝灰绿色；顶生小叶柄长，达 1.5 ~ 4 cm；小叶无毛，背面稍有白粉；圆锥花序有梗。

同科植物：野鸦椿 *Euscaphis japonica* (Thunb.) Dippel，落叶小乔木或灌木。奇数羽状复叶对生，小叶 7~11 枚；圆锥花序顶生，花黄白色，径 5 mm；蓇葖果，果皮软革质、紫红色。花期 5~6 月，果期 9~10 月。

野鸦椿

膀胱果花

省沽油

膀胱果

省沽油花

野鸦椿叶和果序

双子叶植物

银鹊树（瘿椒树） *Tapiscia sinensis* Oliv. Chinese Falsepistache 省沽油科银鹊树属

识别要点：落叶乔木，高 8 ~ 15 m。奇数羽状复叶，互生，小叶 5 ~ 9 枚，对生，卵形至长圆状卵形，具粗锯齿，下面灰白色，侧生小叶柄短，顶生小叶柄长；圆锥花序腋生，花萼钟状；浆果球形，紫黑色；花期 6 ~ 7 月，果期翌年 9 ~ 10 月。

分布：产于河南、四川、浙江、湖南、湖北、云南、贵州等地。

习性：适应性强，较耐寒，喜生于湿润、肥沃的土壤。

繁殖：播种繁殖。

园林应用：姿态优美，秋叶黄色，花具芳香。可用于小型造景的需要，也可以种植在庭园中。孤植或群植于灌木丛中，具较高的观赏价值。

银鹊树

银鹊树果实

银鹊树果序

银鹊树叶形

银鹊树花序

银鹊树叶背面

三角枫	*Acer buergerianum* Miq.	Buerger Maple	槭树科槭树属

识别要点：落叶乔木，高达 20 m。树皮暗褐色，呈薄条片状剥落；小枝细，幼时有短柔毛，稍有白粉；叶基部圆形，常 3 浅裂，3 主脉，裂片全缘，或上部疏生浅齿；花杂性，黄绿色，顶生伞房花序，有短柔毛。果翅张开成锐角或近于平行，花期 4 月，果 9 月成熟。

分布：主产于长江中下游各地，北到山东，南至广东、台湾均有分布；日本也有分布。

习性：弱喜光，稍耐阴，喜温暖湿润气候及酸性、中性土壤，较耐水湿，耐寒，耐修剪。

繁殖：播种繁殖。

园林应用：宜作庭阴树、行道树及护岸树栽植，在湖岸、溪边、谷地、草坪配植，或点缀与亭廊、山石间都很合适。

同属植物：复叶槭 *Acer negundo* L.，落叶乔木，高达 20 m。小枝绿色，无毛；奇数羽状复叶，小叶 3~9 枚，卵形，缘有不规则锯齿；花单性异株，雄花序伞房状，雌花序总状；果翅狭长，张开成锐角或直角。花期 4 月，果期 9 月。花叶复叶槭 'Flamingo'，叶呈黄白色与绿色相间的斑驳状。陕甘长尾槭 *Acer caudatum* Wall. var. *multiserratum* (Maxim.) Rehd.，叶柄无毛或仅其顶端附近有稀疏的短柔毛，叶的裂片为较短的三角形，下面有短柔毛或无毛，边缘的锯齿较粗，子房有较稀疏的短柔毛。

陕甘长尾槭

复叶槭

三角枫

三角枫果实

花叶复叶槭

三角枫花序

| 鸡爪槭 | *Acer palmatum* Thunb. | Japanese Maple | 槭树科槭树属 |

金叶鸡爪槭

金叶鸡爪槭叶色

识别要点：落叶小乔木，高达 8 ~ 13 m。树皮平滑，灰褐色；枝开张，小枝细长，光滑紫红色；叶掌状 5 ~ 9 深裂，近圆形，裂片卵状长椭圆形至披针形，缘有重锯齿，背面脉腋有白簇毛；花杂性，紫色；伞房花序顶生，无毛；翅果无毛，两翅展开成钝角；花期 5 月，果 10 月成熟。

分布：产于长江流域各省区，山东、河南、浙江也有分布。

习性：弱喜光，耐半阴，在阳光直射处孤植，夏季易遭日灼之害；喜温暖湿润气候及肥沃、湿润且排水良好的土壤；耐寒力不强。

繁殖：播种繁殖，园艺变种常用嫁接法繁殖。

园林应用：植于草坪、土丘、溪边、池畔，或于墙隅、亭廊、山石间点缀，或以常绿树或白粉墙作背景衬托。

品种：金叶鸡爪槭 'Aureum'，叶金黄色；深裂鸡爪槭 'Matsumurae'，叶分裂较深。

鸡爪槭

鸡爪槭果实

深裂鸡爪槭

红枫

羽毛枫

识别要点：春、秋季叶红色，夏季叶紫红色；翅果幼时紫红色，成熟时黄棕色，果核球形。

园林应用：叶和枝常年呈紫红色，艳丽夺目，可广泛用于园林绿地及庭院作观赏树，可孤植、散植于绿地，也易于与景石相伴，亦可作彩色行道树，干旱地作防护林树种和风景林。

鸡爪槭品种：羽毛枫（细叶鸡爪槭）'Dissectum'，叶掌状深裂达基部，裂片又羽状深裂，具细尖齿，绿色。我国华东各城市庭园中广泛栽培。树姿婆娑，叶形秀丽，植于草坪、土地、溪边、池畔，或于墙隅、亭廊、山石间点缀。若以常绿树或白粉墙作背景衬托，也极为雅致。

红枫叶形

羽毛枫叶形

羽毛枫园林应用

小鸡爪槭

红边羽毛枫

鸡爪槭变种和品种：

红羽毛枫'Dissectum Ornatum'，红羽毛枫叶红色；

红边羽毛枫'Roaeo-margininatum'；

小鸡爪槭 var. *thunbergii* Pax，本变种的叶较小，直径约4厘米，常深7裂，裂片狭窄，边缘具锐尖的重锯齿，小坚果卵圆形，具短小的翅。

同属植物：

五角枫 Acer mono Maxim.。

红羽毛枫

五角枫

红羽毛枫园林应用

双子叶植物

秦岭槭

权叶槭

马氏槭

槭树属植物:

权叶槭　*Acer robustum* Pax；
茶条槭　*Acer ginnala* Maxim.；
飞蛾槭　*Acer oblongum* Wall. ex DC.；
葛萝槭　*Acer grosseri* Pax；
马氏槭　*Acer maximowiczii* Pax；
秦岭槭　*Acer tsinglingense* Fang et Hsieh。

茶条槭

飞蛾槭

葛萝槭

双子叶植物

红卫兵挪威槭（紫叶挪威槭） *Acer platanoides* L. 'Crimson Sentry' Purpure Norway Maple 槭树科槭树属

识别要点：落叶小乔木，株高 9 ~ 12 m。树冠卵圆形；枝条粗壮；树皮表面有细长的条纹；叶片光滑宽大浓密，叶三季紫色。

分布：原产欧洲，分布在挪威到瑞士的广大地区。我国可在北至辽宁南部，南至江苏、安徽、湖北北部区域内生长。

习性：喜光照充足，较耐寒，能忍受干燥的气候条件。喜肥沃、排水良好的土壤。

繁殖：播种繁殖。

园林应用：树形美观，因其树阴浓密，是良好的行道树。

原种：挪威槭 *Acer platanoides* L.，叶绿色。

挪威槭

红卫兵挪威槭苗圃

红卫兵挪威槭

红卫兵挪威槭芽接

红卫兵挪威槭叶形和叶色

| 建始槭 | *Acer henryi* Pax | Henry Maple | 槭树科槭树属 |

建始槭

识别要点：落叶小乔木，高约 10 m。小枝绿色，有短柔毛；复叶，小叶 3 枚，纸质，椭圆形或倒卵状长圆形，顶端具疏锯齿；总状花序下垂，常生于二三年生的老枝一侧；果序下垂，翅果；花期 4 月，果熟期 8 月。

分布：河南、山西、陕西、甘肃、江苏、浙江、安徽、湖北、四川、湖南、贵州等地均有栽培。

习性：弱阳性，耐半阴，不耐寒，喜温暖湿润气候。

繁殖：播种繁殖。

园林应用：秋叶变红，冠大阴浓，可做庭阴树或观赏树种，庭院绿化效果佳，或片植为风景林。

同属植物：血皮槭 *Acer griseum* (Franch.) Pax。

同科植物：金钱槭 *Dipteronia sinensis* Oliv.（China Coinmaple），奇数羽状复叶对生；翅果近圆形，被长硬毛，成熟时淡黄色。

金钱槭

金钱槭叶形　　金钱槭果实

血皮槭秋色叶

血皮槭

血皮槭叶形

双子叶植物

元宝枫（华北五角枫） *Acer truncatum* Bunge　Truncate-leaved Maple , Purpleblow Maple　槭树科槭树属

识别要点：落叶小乔木，高达 10～13 m。干皮灰黄色，浅纵裂；叶掌状 5 裂，有时中裂片又 3 裂，裂片先端渐尖；花黄绿色，成顶生伞房花序；翅果扁平，两翅展开约成直角，翅较宽；花期 4 月，果 10 月成熟。

分布：主产于黄河中下游各省及东北南部、江苏北部和安徽南部。

习性：弱喜光，耐半阴，喜温凉气候及肥沃、湿润而排水良好的土壤，耐旱，但不耐涝，耐烟尘及有害气体。

繁殖：播种繁殖或软枝扦插繁殖。

园林应用：是北方重要的秋色叶树种。华北各地广泛栽种作庭阴树和行道树，在堤岸、湖边、草地及建筑附近配置皆甚雅致，也可在荒山造林或营造风景林中作伴生树种。

元宝枫

元宝枫秋季叶色 1

元宝枫花

元宝枫秋季叶色 2

元宝枫春季叶色

元宝枫果实

七叶树果实

识别要点：落叶乔木，高达 25 m。树皮灰褐色，片状剥落；小枝粗壮，栗褐色，光滑无毛；小叶 5 ~ 7 枚，倒卵状长椭圆形至长椭圆状倒披针形，缘具细锯齿；花小，白色，成直立密集圆锥花序；蒴果球形或倒卵形，黄褐色，粗糙，形如板栗；花期 5 月，果 9 ~ 10 月成熟。

分布：仅秦岭有野生。

习性：喜光，稍耐阴，喜温暖气候，也能耐寒；喜深厚、肥沃、湿润而排水良好的土壤。

繁殖：主要用播种法，扦插、高位压条也可。

园林应用：最宜栽作庭阴树及行道树用。在建筑前对植、路边列植，或孤植、丛植于草坪、山坡都很合适。为防止树干遭受日灼之害，可与其他树种配植。

七叶树

七叶树春色叶

七叶树花

七叶树幼叶

七叶树秋色叶

七叶树花期

欧洲红花七叶树

七叶树属植物：

天师栗 *Aesculus wilsonii* Rehd.（Wilson Buckeye），小叶幼时密生灰色细毛，果卵圆形或倒卵圆形；种脐占种子的 1/3 以下。

大叶七叶树 *Aesculus megaphylla* Hu et Fang（Largeleaf Buckeye），聚伞圆锥花序基径 8～10 cm；基部的小花序长 4～5 cm。

欧洲七叶树 *Aesculus hippocastanum* L.（Horsechestnut, Europe Buckeye），小叶无小叶柄；蒴果有刺，长达 1 cm。

欧洲红花七叶树 *Aesculus × carnea* Zeyh.，花红色。人工杂交种。

日本七叶树 *Aesculus turbinata* Bl.，小叶无小叶柄，下面略有白粉，边缘有圆齿；蒴果阔倒卵圆形，有疣状凸起。

大叶七叶树

大叶七叶树叶形和花序

欧洲七叶树

天师栗

日本七叶树

双子叶植物

无患子	*Sapindus mukorossi* Gaertn.	Chinese Soapberry	无患子科无患子属

识别要点：落叶或常绿乔木，高达 20 ~ 25 m。枝开展，树皮灰白色，平滑不裂；小枝无毛，芽两个叠生；羽状复叶互生，小叶 8 ~ 14 枚，互生或近对生，卵状披针形或卵状长椭圆形，全缘，薄革质，无毛；花黄白色或带淡紫色，圆锥花序顶生；核果近球形；花期 5 ~ 6 月，果 9 ~ 10 月成熟。

分布：产于长江流域及以南各省区。

习性：喜光，稍耐阴；喜温暖湿润气候，耐寒性不强，对土壤要求不严格；抗风力强，萌芽力弱，不耐修剪；生长快，寿命短。

繁殖：播种繁殖。

园林应用：宜作庭阴树及行道树。孤植、丛植在草坪、道旁或建筑物附近都很合适。若与其他秋色叶树种及常绿树种配置，更可为园林秋景增色。

同科植物：文冠果 *Xanthoceras sorbifolia* Bunge，落叶小乔木或灌木，高可达 8 m。奇数羽状复叶，互生；小叶 9~19 枚，长椭圆形，表面光滑，背面疏生星状柔毛；花杂性，整齐，白色，基部有由黄变红的斑晕；蒴果椭圆形，径 4 ~ 6 cm，具有木质厚壁。花期 4 ~ 5 月，果熟期 8 ~ 9 月。

文冠果

文冠果花

无患子

无患子叶形

无患子花序

无患子果实

双子叶植物

| 黄山栾 | *Koelreuteria integrifoliola* Merr. | Entireleaf Goldraintree | 无患子科栾树属 |

识别要点：落叶乔木，高达 17 ~ 20 m。小枝暗棕色，密生皮孔；1 ~ 2 回羽状复叶，小叶 7 ~ 11 枚，长椭圆状卵形，先端渐尖，全缘，或偶有锯齿，两面无毛或背脉有毛；花黄色，顶生圆锥花序；蒴果椭球形；花期 8 ~ 9 月，果 10 ~ 11 月成熟。

分布：产于江苏、浙江、安徽、江西、湖南、广东、广西等地。

习性：喜光，幼年期耐阴；喜温暖湿润气候，耐寒性差；对土壤要求不严格，不耐修剪。

繁殖：播种或分根育苗繁殖。

园林应用：宜作庭阴树、行道树及园景树栽植，也可用于居民区、工厂区及农村"四旁"绿化。

同属植物：复羽叶栾树 *Koelreuteria bipinnata* Franch.，2 回羽状复叶，叶边缘有锯齿。

黄山栾花

黄山栾

黄山栾花序

复羽叶栾树

黄山栾果实

双子叶植物

巴东泡花树

多花泡花树

清风藤

清风藤花

栾树

栾树果实

无患子科植物：

栾树 *Koelreuteria paniculata* Laxm.，一回羽状复叶，小叶边缘具锯齿。

清风藤科植物：

巴东泡花树 *Meliosma platypoda* Rehd. et Wils.；
多花泡花树 *Meliosma myriantha* Sieb. et Zucc.；
清风藤 *Sabia japonica* Maxim.。

双子叶植物

| 凤仙花 | *Impatiens balsamina* L. | Garden Balsam | 凤仙花科凤仙花属 |

识别要点：一年生草本植物，高 60～100 cm。茎肉质，粗壮，直立；上部分枝；叶互生，阔或狭披针形，长达 10 cm 左右，顶端渐尖，边缘有锐齿，基部楔形；叶柄两侧有腺体；其花形似蝴蝶，花色有粉红、大红、紫、白黄、洒金等色；蒴果，纺锤形；花期 7～10 月。

分布：中国各地均有栽培。

习性：喜阳光，怕湿，耐热不耐寒，适生于疏松、肥沃、微酸性土壤中，但也耐瘠薄。

繁殖：播种繁殖。

园林应用：供观赏，除作花境和盆景外，也可作切花、室内摆设等。

品种：重瓣凤仙花 'Plena'，花重瓣。

凤仙花

凤仙花品种 1

凤仙花品种 2

重瓣凤仙花 1

凤仙花品种 3

重瓣凤仙花 2

非洲凤仙	*Impatiens walleriana* Hook. f.	African Balsam	凤仙花科凤仙花属

识别要点：多年生灌木状草本植物，高 20 ~ 60 cm。全株无毛。茎直立，光滑，节间膨大，多分枝，在株顶呈平面开展；叶互生，卵形，边缘钝锯齿状；花腋生，1 ~ 3 朵，花形扁平，花色丰富。四季开花。

分布：原产非洲。

习性：喜温暖湿润和凉爽的环境，耐半阴，忌强阳光直射，喜高温多湿的气候。

繁殖：播种和扦插繁殖。

园林应用：非洲凤仙茎秆透明，叶片亮绿，繁花满株，色彩绚丽，全年开花不断，具备优良的盆花特点，可制作花坛、花墙、花柱和花伞，典雅豪华，绚丽夺目。

非洲凤仙

非洲凤仙品种 1

非洲凤仙品种 2

非洲凤仙园林应用 1

非洲凤仙园林应用 2

双子叶植物

新几内亚凤仙 *Impatiens hawkeri* W. Bull | Linearleaf Impatiens | 凤仙花科凤仙花属

识别要点：多年生常绿草本植物。茎肉质，分枝多；叶互生，有时上部轮生状，叶片卵状披针形，叶脉红色；花单生或数朵聚成伞房花序，花瓣桃红色、粉红色、橙红色、紫红色、白色等；花期 6 ~ 8 月。

分布：原产非洲。

习性：喜湿润、疏松、肥沃的壤土。

繁殖：播种繁殖。

园林应用：花大美丽，多盆栽，用于居家阳台、客厅等栽培观赏。

同属植物：水金凤 *Impatiens nolitangere* L.，一年生草本植物。叶互生，叶呈卵状椭圆形，边缘有粗圆齿；花黄色，雄蕊 5 枚；蒴果线状圆柱形。花期 7~9 月。

水金凤

新几内亚凤仙品种 1

新几内亚凤仙品种 2

新几内亚凤仙品种 3

新几内亚凤仙

识别要点：落叶灌木或小乔木，高可达 10 m。小枝较粗壮，无毛；叶近对生，倒卵状长椭圆形至卵状椭圆形，缘有细圆齿；花黄绿色，3 ~ 5 朵簇生叶腋；果实球形。

分布：产于东北、华北地区；朝鲜、蒙古、俄罗斯也有分布。

习性：适应性强，耐寒，耐阴，耐干旱、贫瘠。

繁殖：播种繁殖。

园林应用：枝叶茂密，入秋累累黑果，可置于庭院观赏。

同属植物：冻绿 *Rhamnus utilis* Decne.，叶椭圆形或长椭圆形，长 5~12 cm，叶柄长 0.5~1.2 cm；圆叶鼠李 *Rhamnus globosa* Bunge，叶倒卵形或近圆形，长 2~4 cm，宽 1.5~3.5 cm；薄叶鼠李 *Rhamnus leptophylla* Schneid.，叶质薄，倒卵形、椭圆形或长椭圆形，长 4~8 cm，基部楔形；叶柄长 0.8~1.5 cm。

圆叶鼠李花

薄叶鼠李

圆叶鼠李

冻绿

鼠李果实

鼠李

枣树 *Zizyphus jujuba* Mill. Common Jujube, Chinese Date 鼠李科枣属

龙爪枣枝条

卵叶猫乳

龙爪枣

识别要点：落叶乔木，高达 10 m。树皮灰褐色；枝有长枝、短枝和脱落性小枝 3 种；叶卵形至卵状长椭圆形，缘有细钝齿，两面无毛；花小，黄绿色；核果卵形至距圆形；花期 5～6 月，果 8～9 月成熟。

分布：原产我国，其中河南以新郑、内黄、灵宝、中牟为集中产区。

习性：强喜光，对气候、土壤适应性很强，喜干冷气候及中性或微碱性的沙壤土。

繁殖：分蘖或根插法繁殖，嫁接也可，砧木可用酸枣或枣树实生苗。

园林应用：是园林结合生产的良好树种，可作庭阴树及园路树。

品种与变种：龙爪枣 'Tortuosa'，枝条呈 "之" 字形弯曲，尤如卧龙；酸枣 var. *spinosa* (Bunge) Hu et H. F. Chow。

同科植物：卵叶猫乳 *Rhamnella wilsonii* Schneid.，灌木。叶纸质，卵形或卵状椭圆形，边缘近全缘，或中部以上有不明显的细锯齿，两面无毛，侧脉 3~5 对；花黄绿色，两性，2~6 个簇生或排成腋生聚伞花序；核果圆柱形，长 6~8 mm，径 3~3.5 mm，成熟时紫黑色或黑色；果梗长 3~4 mm，无毛。花期 5~7 月，果期 7~10 月。

枣树

枣树果实

酸枣

| 枳椇（拐枣） | *Hovenia acerba* Lindl. | Raisin Tree | 鼠李科枳椇属 |

枳椇叶形

识别要点：落叶乔木，高达 15～25 m。树皮灰黑色，深纵裂；小枝红褐色；叶广卵形至卵状椭圆形，缘有粗钝锯齿，基部三出脉，背面无毛或仅脉上有毛；聚伞花序常顶生二歧，分枝常不对称；果梗肥大肉质；花期6月，果9～10月成熟。

分布：华北南部至长江流域及其以南地区普遍分布。

习性：喜光，耐寒，对土壤要求不严格。

繁殖：主要用播种繁殖，也可扦插、分蘖繁殖。

园林应用：是良好的庭阴树、行道树及农村"四旁"绿化树种。

同科植物：多花勾儿茶 *Berchemia floribunda* (Wall.) Brongn.，藤状或直立灌木。幼枝黄绿色，光滑无毛；叶纸质，侧脉9～12对，托叶狭披针形，宿存；聚伞圆锥花序，长达 15 cm；核果圆柱状椭圆形，长 7~10 mm，径 4~5 mm；果梗长 2~3 mm，无毛。花期7～10月，果期翌时年4~7月。

枳椇果序　　枳椇

多花勾儿茶

枳椇花蕾

铜钱树（鸟不宿，金钱树）　*Paliurus hemsleyanus* Rehd.　Chinese Paliurus　鼠李科马甲子属

马甲子

铜钱树果实

识别要点：乔木，高达15 m。小枝紫褐色，无毛；叶宽卵形，卵状椭圆形或近圆形，基部稍偏斜，具细钝齿或圆齿，无毛，基生三出脉；花序顶生或兼腋生，无毛；花瓣匙形；果草帽状，周围具革质宽翅，红褐色或紫红色，无毛，径2～3.8 cm；花期4～6月，果期7～10月。

分布：黄河流域及以南地区有分布。

繁殖：播种繁殖。

园林应用：庭园观赏或作绿篱。

同属植物：马甲子 *Paliurus ramosissimus* (Lour.) Poir.，灌木。小枝有刺；叶倒卵形、卵形或卵状椭圆形，长3~5 cm，宽2.5~3 cm；果翅厚，径1.1~1.8 cm。

铜钱树

铜钱树花

铜钱树果期

铜钱树叶形和刺

| 葡萄 | *Vitis vinifera* L. | Wine Grape | 葡萄科葡萄属 |

识别要点：落叶藤木，长达30m。茎皮红褐色；小枝光滑；叶互生，近圆形，3～5掌状裂，缘具粗齿；花小，黄绿色；圆锥花序大而长；浆果椭球形或圆球形，熟时黄绿色或紫红色，有白粉；花期5～6月，果8～9月成熟。

分布：原产亚洲西部。

习性：性喜光，喜干燥及夏季高温的大陆性气候，冬季严寒时必须埋土防寒；耐干旱，怕涝；生长快，结果早。

繁殖：扦插、压条、嫁接或播种等法繁殖。

园林应用：是很好的园林棚架植物，既可观赏、遮阴，又可结合果实生产，庭院、公园、疗养院及居民区均可栽培。

同属植物：刺葡萄 *Vitis davidii* (Roman.) Foëx.；华北葡萄 *Vitis bryoniaefolia* Bunge；毛葡萄 *Vitis heyneana* Roem. et Schult；山葡萄 *Vitis amurensis* Rupr.。

华北葡萄

刺葡萄

刺葡萄茎

毛葡萄

葡萄

葡萄果实

山葡萄

双子叶植物

爬山虎　*Parthenocissus tricuspidata* (Sieb. et Zucc.) Planch.　Boston Ivy　葡萄科爬山虎属

识别要点：落叶灌木，卷须短且多分枝。叶广卵形，通常 3 裂，缘有粗齿，表面无毛，背面脉上常有柔毛；下部枝的叶有分裂成 3 枚小叶者。聚伞花序，花淡黄绿色。浆果球形，成熟时蓝黑色，有白粉；花期 6 月，果 10 月成熟。

分布：中国分布很广，北起吉林，南到广东均有。

习性：喜阴，耐寒，对土壤及气候适应能力很强；生长快，对氯气抗性强。

繁殖：播种或扦插、压条等法繁殖。

园林应用：是优美的攀援植物，能借助吸盘爬上墙壁或山石，枝繁叶茂，入秋叶色变红，格外美观。常用作垂直绿化建筑物的墙壁、围墙、假山、老树干等，短期内能收到良好的绿化、美化效果。夏季对墙面的降温效果显著。

同属植物：异叶爬山虎 *Parthenocissus heterophylla* (Bl.) Merr.，营养枝上的叶为单叶，心卵形，宽 2~4 cm，缘有粗齿；花果枝上的叶为具长柄的三出复叶，中间小叶倒长卵形，长 5~10 cm，侧生小叶斜卵形，基部极偏斜，叶缘有不明显的小齿或近全缘。

爬山虎花序

爬山虎

爬山虎果实

爬山虎秋色叶

异叶爬山虎

乌蔹莓　　　　　　　　　　　　乌头叶蛇葡萄园林应用

葎叶蛇葡萄

葡萄科植物：

葎叶蛇葡萄 *Ampelopsis humulifolia* Bunge；
蛇葡萄 *Ampelopsis sinica* (Miq.) W. T. Wang；
乌头叶蛇葡萄 *Ampelopsis aconitifolia* Bunge；
乌蔹莓 *Cayratia japonica* (Thunb.) Gagnep.。

蛇葡萄

葎叶蛇葡萄果实

乌蔹莓果实

乌头叶蛇葡萄

双子叶植物

美国地锦（五叶地锦）　*Parthenocissus quinquefolia* (L.) Planch.　Virginia Creeper　葡萄科爬山虎属

识别要点：落叶灌木。幼枝带紫红色；卷须与叶对生，顶端吸盘大；掌状复叶，具长柄，小叶 5 枚，质较厚，卵状长椭圆形至倒长卵形，缘具大齿，表面暗绿色，背面稍具白粉并有毛；聚伞花序集成圆锥状；浆果近球形；花期 7～8 月，果 9～10 月成熟。

分布：原产美国东部。

习性：喜温暖气候，耐寒，耐阴。长势旺盛，但攀援较差。

繁殖：扦插繁殖，播种、压条也可。

园林应用：秋季叶色红艳，常用作垂直绿化建筑墙面、山石及老树干等，也可用作地面覆盖材料。

同科植物：锦屏藤 *Cissus sicyoides* L.，多年生、常绿、蔓性草本植物，全体无毛。枝条纤细，具卷须；单叶互生，长心形，叶缘有锯齿，5～10 cm，具长柄。气生根长达 3 m，数百或上千条垂悬于棚架下，状极殊雅。

锦屏藤

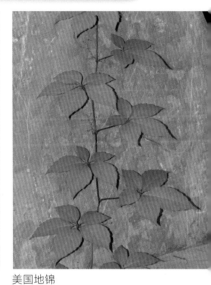

美国地锦

美国地锦园林应用 1

美国地锦秋色叶

美国地锦花序

美国地锦园林应用 2

蒙椴

识别要点：落叶乔木。幼枝及芽均无毛或近于无毛；叶近圆形，先端宽圆，叶背面脉腋有簇毛，边缘具芒刺；聚伞花序有花30朵以上；苞片窄倒披针形；果实倒卵形；花期6月，果熟期8月。

分布：产于河南、江苏、浙江、江西、安徽等地。

习性：喜光，耐阴，喜温暖湿润气候及深厚、肥沃而湿润的土壤。

繁殖：播种繁殖，分株也可。

园林应用：可作庭院绿化树种，孤植栽培等。

同属植物：蒙椴 *Tilia mongolica* Maxim.，老叶背面仅脉腋有簇毛；少脉椴 *Tilia paucicostata* Maxim.，果实无棱，先端圆。

糯米椴

糯米椴花

蒙椴叶形

少脉椴

| 鄂椴（粉椴） | *Tilia oliveri* Szyszyl | Oliver Linden | 椴树科椴树属 |

识别要点：乔木，高 8 m。树皮灰白色。小枝无毛；芽无毛；叶卵圆形或宽卵形，先端骤锐尖，基部斜心形或近平截，上面无毛，下面被白色星状茸毛，侧脉 7 ~ 8 对，具细密锯齿；花序长 6 ~ 9 cm；苞片窄倒披针形，先端圆，基部钝，无柄；萼片卵状披针形，花瓣长 6 ~ 7 mm。果近球形，被小瘤点，被毛，先端尖；花期 5 ~ 7 月，果期 9 ~ 10 月。

分布：产于我国浙江、江西、陕西、四川、湖北、湖、南等地。

园林应用：可用作庭园树供观赏。

同属植物：华东椴 *Tilia japonica* (Miq.) Simonk.，叶背面仅脉腋有簇毛；果实无棱，先端圆；辽椴（糠椴）*Tilia mandshurica* Rupr. et Maxim.，幼枝有毛；苞片有柄；南京椴 *Tilia miqueliana* Maxim.，叶背面被灰色或灰黄色星状茸毛；果实无棱，先端圆。

鄂椴

南京椴

南京椴树干

华东椴

辽椴

南京椴叶形

扁担杆	*Grewia biloba* G. Don	Bilobed Grewia	椴树科扁担杆属

识别要点：落叶灌木，高达 3 m。小枝有星状毛；叶狭菱状卵形，广楔形至近圆形，缘有重锯齿，表面几无毛，背面疏生星状毛；花序与叶对生，花淡黄绿色；果橙黄至橙红色；花期 6～7 月，果 9～10 月成熟。

分布：主产于长江流域及其以南各地。

习性：喜光，也略耐阴，耐贫瘠，不择土壤。

繁殖：用播种或分蘖法繁殖。

园林应用：是良好的观果树种，宜于庭院丛植、篱植，或与山石配植，颇具野趣。

同科植物：田麻 *Corchoropsis tomentosa* (Thunb.) Makino，一年生草本植物，高 40~60 cm。叶卵形或狭卵形，长 2.5~6 cm，宽 1~3 cm，边缘有钝牙齿；两面密生星芒状短柔毛；基出脉 3；叶柄长 0.2~2.3 cm。花黄色，有细长梗；蒴果圆筒形，长 1.7~3 cm，有星芒状柔毛。花期 8~9 月，果熟期 10 月。

扁担杆果实

扁担杆

扁担杆花

扁担杆叶形

田麻

锦葵

锦葵园林应用

识别要点：二年生宿根草本植物，株高 60 ~ 100 cm。少分枝，具粗毛；叶肾形，掌状脉，缘有 5 ~ 7 钝齿波状浅裂，裂具粗齿；花簇生于叶腋，花色紫红色、浅粉色或白色；花期 6 ~ 10 月，果期 8 ~ 11 月。

分布：原产欧亚温带地区。

习性：耐寒，耐干旱，不择土壤，以沙质土壤最为适宜，生长势强，喜冷凉。

繁殖：播种繁殖。

园林应用：常作为背景材料点缀丛植或角隅布置。

同属植物：圆叶锦葵 *Malva rotundifolia* L.（Running Mallow），花小，径 0.5~1.5 cm；小苞片线状披针形，先端锐尖；果爿背面无毛，边缘被条纹。

锦葵花

锦葵果实

圆叶锦葵

木槿	*Hibiscus syriacus* L.	Shrubalthea	锦葵科木槿属

识别要点：落叶灌木或小乔木，高 3 ~ 4 m。小枝幼时密被黄色茸毛，后渐脱落。叶菱状卵形，端部常 3 裂，边缘有钝齿，仅背面脉上稍有毛。花冠钟形，单生叶腋，单瓣或重瓣，有淡紫色、红色、白色；蒴果卵圆形，密生星状柔毛；花期 6 ~ 9 月，果期 9 ~ 11 月。

分布：原产东亚。

习性：喜光，耐半阴；喜温暖湿润气候，耐寒；适应性强，耐干旱及耐贫瘠土壤，不耐积水，耐修剪；对二氧化硫、氯气等抗性强。

繁殖：播种、扦插、压条繁殖。

园林应用：常用作围篱及基础种植材料，也宜丛植于草坪、路边或林缘。抗性较强，也是工厂绿化的良好树种。

变型：白花重瓣木槿 f. *albo-plenus* Loudon；粉紫重瓣木槿 f. *amplissimus* Gagnep. f.

白花重瓣木槿　　　　　　　　　　　　　　　　木槿

木槿叶形

木槿品种

粉紫重瓣木槿

扶桑花 1

扶桑花 2

扶桑花 3

识别要点：常绿灌木，高可达 6 m。茎直立而多分枝；叶互生，阔卵形至狭卵形，长 7~10 cm，具 3 主脉，先端突尖或渐尖，叶缘有粗锯齿或缺刻，基部近全缘，形似桑叶。花大，有下垂或直上之柄，单生于上部叶腋间，有单瓣、重瓣之分；单瓣者漏斗形，通常呈玫瑰红色，重瓣者非漏斗形，呈红、黄、粉等色。花期全年，夏秋最盛。

分布：原产中国，分布于福建、广东、广西、云南、四川等省区。

习性：生在山地疏林中，生长容易，抗逆性强，病虫害很少，性喜温暖、湿润气候，不耐寒冷，要求日照充分。在平均气温 10 ℃以上的地区生长良好。喜光，不耐阴，适生于有机质丰富、pH 值 6.5~7 的微酸性土壤，在南方常作花篱，长江流域以北地区均作温室盆栽。

繁殖：常用扦插和嫁接繁殖。

园林应用：扶桑花朵鲜艳夺目，姹紫嫣红，朝开暮萎，在南方多散植于池畔、亭前、道旁和墙边，盆栽扶桑适用于客厅和入口处摆设。

品种：重瓣扶桑 'Plena'，花重瓣。

扶桑花 4

重瓣扶桑

扶桑

草芙蓉（芙蓉葵，大花秋葵） *Hibiscus moscheutos* L. Musky Hibiscus 锦葵科木槿属

草芙蓉品种 1

识别要点：落叶灌木状草本植物，株高 1 ~ 2 m。叶大、广卵形，叶柄、叶背密生灰色星状毛；花大，单生于叶腋，花径可达 20 cm，有白色、粉色、红色、紫色等；花期 6 ~ 8 月。

分布：原产北美地区。

习性：喜光，略耐阴，宜温暖湿润气候，忌干旱，耐水湿。

繁殖：播种、扦插、分株和压条等法繁殖，多采用扦插法。

园林应用：宜栽于河坡、池边、沟边，为夏季重要花卉，也可作为三季开花遮挡墙使用。

草芙蓉

草芙蓉品种 2

草芙蓉果实

草芙蓉品种 3

草芙蓉品种 4

双子叶植物

| 木芙蓉 | *Hibiscus mutabilis* L. | Cottonrose Hibiscus | 锦葵科木槿属 |

识别要点：落叶灌木或小乔木，高 2 ~ 5 m。茎具星状毛及短柔毛；叶广卵形，掌状 3 ~ 5 裂，基部心形，缘有浅钝齿，两面均具星状毛；花大，单生枝端叶腋；花冠通常为淡红色，后变深红色；蒴果扁球形，有黄色刚毛及绵毛；花期 9 ~ 10 月，果 10 ~ 11 月成熟。

分布：原产中国。

习性：喜光，稍耐阴；喜肥沃、湿润而排水良好至中性或微酸性沙质土壤；喜温暖气候，不耐寒；对二氧化硫抗性特强，对氯气、氯化氢也有抗性。

繁殖：常用播种和压条法繁殖，分株、播种也可繁殖。

园林应用：植于庭院、坡地、路边、林缘及建筑前，或栽作花篱。

品种：重瓣木芙蓉 'Plenus'，花重瓣。

木芙蓉园林应用 1

木芙蓉

木芙蓉园林应用 2

重瓣木芙蓉

木芙蓉花

苘麻

黄秋葵

锦葵科植物：

黄秋葵 *Hibiscus esculentus* L.；
野西瓜苗 *Hibiscus trionum* L.；
红萼苘麻 *Abutilon megapotamicum* (A. Spreng.) A. St. Hil. et Naudin.；
苘麻 *Abutilon theophrasti* Medic.。

苘麻花

黄秋葵果实

野西瓜苗

红萼苘麻

双子叶植物

蜀葵

蜀葵品种 1

蜀葵品种 2

药蜀葵

识别要点：多年生、直立、宿根亚灌木状草本植物，高 15 ～ 20 cm。全株被毛，少分枝；茎直立而高；叶互生，掌状，边缘有锯齿，叶面粗糙且皱；总状花序顶生，花单瓣或重瓣，有紫、粉、红、白等色；花期 6 ～ 8 月。

分布：原产中国西南地区。

习性：耐寒，耐旱，喜阳，耐半阴，忌涝。

繁殖：播种繁殖。

园林应用：宜于种植在建筑物旁、假山旁或点缀花坛、草坪，成列或成丛种植。

同属植物：药蜀葵 *Althaea officinalis* L.，多年生草本植物；花小型，径小于 3.5 cm。

蜀葵品种 3

蜀葵品种 4

蜀葵园林应用

天竺葵	*Pelargonium hortorum* Bailey	Fish Storkbill	牻牛儿苗科天竺葵属

天竺葵品种 1

识别要点：多年生草本植物，茎肉质，株高 30 ~ 60 cm。全株被毛，直立，多分枝；叶互生，圆形乃至肾形，叶缘内有蹄纹；通体被细毛和腺毛，具鱼腥气味；伞形花序顶生，总梗长，花在蕾期下垂，花瓣近等长，花色有红、粉、白、肉红等色；花期 5 ~ 6 月，果期 6 ~ 9 月。

分布：主产于南非。

习性：喜凉爽，怕高温，亦不耐寒；要求阳光充足，不耐水湿，而稍耐干燥，宜排水良好的肥沃土壤。

繁殖：以扦插为主，也可播种繁殖。

园林应用：是重要的盆栽花卉，是春夏花坛材料。

同属植物：蔓生天竺葵 *Pelargonium peltatum* (L.) Ait.，叶表面无马蹄形纹。

蔓生天竺葵

蔓生天竺葵园林应用

蔓生天竺葵花

天竺葵品种 2

天竺葵

白花鼠掌老鹳草

牻牛儿苗科植物：

蹄纹天竺葵 *Pelargonium zonale* Ait.；

香叶天竺葵 *Pelargonium graveolens* L'Hér.（Rose Pelargonium），叶掌状 5～7 深裂，裂片再羽状浅裂，裂片边缘具不整齐的齿裂；

老鹳草 *Geranium wilfordii* Maxim.；

朝鲜老鹳草 *Geranium koreanum* Kom.；

鼠掌老鹳草 *Geranium sibiricum* L.，

白花鼠掌老鹳草 f. *alba* S. X. Yan, f. nov.。

香叶天竺葵

朝鲜老鹳草

蹄纹天竺葵

老鹳草

鼠掌老鹳草

中华猕猴桃

软枣猕猴桃

中华猕猴桃果实

识别要点：落叶缠绕藤本植物。小枝幼时密生灰棕色柔毛，老时渐脱落；叶纸质，圆形、卵圆形或倒卵形，顶端突尖、微凹或平截，缘有刺毛状细齿，背面密生灰棕色星状茸毛；花乳白色，后边黄色。浆果椭球形，有棕色茸毛，黄褐绿色；花期6月，果熟期8～10月。

分布：原产河南、陕西、甘肃、四川、云南、贵州、湖北、湖南、广西等地。

习性：喜阳光，略耐阴；喜深厚肥沃湿润而排水良好的土壤。

繁殖：播种或扦插繁殖。

园林应用：花大、美丽、芳香，是良好的棚架材料，即可观赏又有经济效益，最适合在自然式公园中配植应用。

同属植物：软枣猕猴桃 *Actinidia arguta* (Sieb. et Zucc.) Planch. ex Miq.，小枝无毛或幼时星散薄毛。

中华猕猴桃叶形

中华猕猴桃花

中华猕猴桃花和叶形

| 紫茎 | *Stewartia sinensis* Rehd. et Wils. | Chinese Purplestem | 山茶科紫茎属 |

识别要点：落叶乔木，高 6 ~ 10 m。树皮薄，灰黄色；小枝红褐色或褐色，平滑；叶纸质，卵形或长圆状卵形，边缘有锯齿，背面疏被平伏的长柔毛；花单生叶腋或近顶腋生，白色；蒴果圆锥形或长圆锥形，外密被黄褐色柔毛；花期 5 ~ 6 月，果 9 ~ 10 月成熟。

分布：河南、湖南、湖北、江西等地均有分布。

繁殖：种子繁殖。

习性：为中生性喜光的深根性树种，适宜生长于土层深厚和疏松肥沃的酸性红黄壤或黄壤。

园林应用：为国家保护树种，树皮光滑美丽，花大白色、秀丽，可作庭阴树观赏。

同科植物：翅柃 *Eurya alata* Kobuski；厚皮香 *Ternstroemia gymnanthera* (Wight. et Arn.) Sprague。

翅柃

翅柃叶形

厚皮香

紫茎叶形

紫茎果实

紫茎

木荷

红山茶

红淡比

宫粉红山茶

山茶科植物：

红淡比　*Cleyera japonica* Thunb.；
木荷　*Schima superba* Gardn. et Champ.；
红山茶 *Camellia japonica* L.，
宫粉红山茶 'Pink Perfection'，
卡特尔阳光粉红山茶 'Carter's Sunburst Pink'；
油茶 *Camellia oleifera* Abel.。

油茶叶形

油茶

卡特尔阳光粉红山茶

双子叶植物

| 金丝桃 | *Hypericum monogynum* L. | Chinese St. John's wort | 藤黄科金丝桃属 |

识别要点：常绿、半常绿或落叶灌木植物，高 0.6 ~ 1 m。小枝圆柱形，红褐色；叶无柄，长椭圆形，先端钝，基部渐窄而稍抱茎，背面粉绿色；花鲜黄色，雄蕊与花瓣等长或略过之；花期 3 ~ 7 月，果熟期 8 ~ 9 月。

分布：河北、河南、陕西、江苏、浙江、台湾、福建、江西、湖北、四川、广东等地均有分布。

习性：喜光，略耐阴，喜生于湿润的河谷或半坡地沙壤土；耐寒性不强。

繁殖：可播种、分株、扦插等方法繁殖。

园林应用：花叶秀丽，是庭院中常见的观赏花木。

同属植物：金丝梅 *Hypericum patulum* Thunb. ex Murray（Spreading St. John's wort），叶卵形至卵状长圆形，花丝短于花瓣，花柱离生，长不及 8 mm；黄海棠 (红旱莲) *Hypericum ascyron* L.。

黄海棠

金丝梅

金丝梅花

金丝桃

金丝桃花

柽柳	*Tamarix chinensis* Lour.	Chinese Tamarisk	柽柳科柽柳属

柽柳花期

柽柳

柽柳园林应用

柽柳花序

柽柳花

识别要点：灌木或小乔木，高 5 ~ 7 m。树皮红褐色，枝细长而常下垂，带紫色；叶卵状披针形，叶端尖；生于去年生小枝上的总状花序春季开花，总状花序集成的顶生大型圆锥花序夏秋开花；花粉色，主要在夏秋开花；果 10 月成熟。

分布：原产中国。

习性：喜光，耐阴，耐热，耐烈日暴晒，耐干旱又耐水湿，抗风又耐盐碱。深根性，根系发达，耐修剪，生长快。

繁殖：可用播种、扦插、分株、压条等方法繁殖。

园林应用：姿态婆娑，枝叶纤秀，花期很长，可作篱垣用，又是优秀的防风固沙植物，亦可植于水边观赏。

双子叶植物

| 三色堇 | *Viola tricolor* L. | Pansy, Heartsease | 堇菜科堇菜属 |

识别要点：一年生无毛草本植物，株高 15 ～ 30 cm。多分枝，稍匍匐状生长；叶互生，基生叶近心脏形，茎生叶较狭长，托叶宿存；花腋生，花色艳丽，通常为黄、白、紫三色；花期 4 ～ 7 月，果期 5 ～ 8 月。

分布：原产南欧。

习性：喜冷凉的气候和温暖湿润的环境，忌高温。

繁殖：扦插或播种繁殖。

园林应用：三色堇是冬、春优良花坛材料，也可地栽、盆栽观赏。

同属植物：角堇 *Viola cornuta* L.，花较小，径 2.5 ～ 3.7 cm。

角堇

角堇品种 1

三色堇品种 1

角堇品种 2

三色堇

三色堇品种 2

三色堇品种 3

斑叶堇菜

北京堇菜花

堇菜属植物 1：

斑叶堇菜 *Viola variegata* Fisch. ex Link.；
北京堇菜 *Viola pekinensis* (Regel) W. Beck.；
东方堇菜 *Viola orientalis* (Maxim.) W. Beck.；
鸡腿堇菜 *Viola acuminata* Ledeb.。

北京堇菜

鸡腿堇菜

东方堇菜

双子叶植物

戟叶堇菜

球果堇菜

蔓茎堇菜

> **堇菜属植物 2：**
>
> 戟叶堇菜　*Viola betonicifolia* J. E. Smith；
> 蔓茎堇菜　*Viola diffusa* Ging；
> 奇异堇菜　*Viola mirabilis* L.；
> 裂叶堇菜　*Viola dissecta* Ledeb；
> 球果堇菜　*Viola collina* Bess.。

奇异堇菜

蔓茎堇菜花

裂叶堇菜

双子叶植物

早开堇菜

早开堇菜果实与种子

心叶堇菜

紫花地丁果实

三角叶堇菜

紫花堇菜

堇菜属植物 3:

三角叶堇菜 *Viola triangulifolia* W. Beck;
心叶堇菜 *Viola concordifolia* C. J. Wang;
早开堇菜 *Viola prionantha* Bunge;
紫花地丁 *Viola philippica* Cav.;
紫花堇菜 *Viola grypoceras* A. Gray。

紫花地丁

山桐子　　*Idesia polycarpa* Maxim.　　Manyfruit Idesia　　大风子科山桐子属

识别要点：落叶乔木，高 8 ～ 21 m。树皮光滑，灰白色；叶互生，广卵形，先端锐尖至短渐尖，边缘有锯齿，表面无毛，背面被白粉，托叶小，早落；大型顶生圆锥花序，花单性，无花瓣，黄绿色，密生细毛；果实为浆果，红色；花期 5 ～ 6 月，果 9 ～ 10 月成熟。

分布：产于河南、浙江、江西、台湾、陕西、湖北，华南、西南等地。

习性：适应性强，喜光；喜温暖、湿润环境，耐寒，抗旱。

繁殖：播种繁殖。

园林应用：树形美观，秋天红果累累，是良好的园林绿化树种，可作行道树或庭园观赏树木。

变种：毛叶山桐子 var. *vestita* Diels.。

旌节花科植物：中国旌节花 *Stachyurus chinensis* Franch.。

山桐子

毛叶山桐子果实

毛叶山桐子

山桐子果实

中国旌节花

四季秋海棠（四季海棠，玻璃翠） *Begonia semperflorens* Link. et Otto.　Hooker Begonia　秋海棠科秋海棠属

识别要点：多年生草本植物，株高 15 ～ 30 cm。叶互生，有光泽，卵形，边缘有锯齿，绿色或带淡红色；聚伞花序腋生，花有单瓣和重瓣；花有红、白、粉红等色；花果期全年。
分布：原产巴西。
习性：喜湿润、排水良好、富含腐殖质的沙壤土。
繁殖：播种、分株或扦插繁殖。
园林应用：花繁密，花期长，适合公园、绿地或庭院等布置花坛、花境等，也可植于路边、水岸边欣赏。
品种：白花四季秋海棠 'Scandinavian White'，叶绿色，花白色；红花四季秋海棠 'Scandinavian Red'，叶红色，花红色。
同属植物：竹节秋海棠 *Begonia maculate* Raddi；悬铃木叶秋海棠 *Begonia platanifolia* Franch. et Sav.；铁十字秋海棠 *Begonia masoniana* Irmsch.；丽格秋海棠 *Begonia elatior*；红斑蟆叶秋海棠 *Begonia rex* Putz. 'Yuletide'；葡萄叶秋海棠 *Begonia edulis* Lévl.。

白花四季秋海棠

红花四季秋海棠

四季秋海棠

铁十字秋海棠

悬铃木叶秋海棠

双子叶植物

红斑蟆叶秋海棠

丽格秋海棠

竹节秋海棠

竹节秋海棠花序

竹节秋海棠花

葡萄叶秋海棠

| 结香 | *Edgeworthia chrysantha* Lindl. | Oriental Paperbush | 瑞香科结香属 |

识别要点：落叶灌木，高 1～2 m。枝通常三叉状，棕红色；叶长椭圆形至倒披针形，先端急尖，基部楔形并下延，表面疏生柔毛，背面被长硬毛，具短柄；头状花序顶生，花黄色，芳香，花被筒长瓶状，外被绢状长柔毛；核果卵形；花期 3～4 月，先叶开花。

分布：产于河南、陕西、江苏、安徽、浙江及华中、华南、西南等地。

习性：喜半阴，喜温暖湿润气候及肥沃而排水良好的沙质土壤。耐寒性不强，不宜过干和积水。

繁殖：分株、扦插繁殖。

园林应用：多栽于庭院、水边、石间观赏。

同科植物：金边瑞香 *Daphne odora* Thunb. 'Aureo-marginata'；芫花 *Daphne genkwa* Sieb. et Zucc.。

结香

芫花

金边瑞香

结香柔韧的茎

结香花序

双子叶植物

桂香柳（沙枣） *Elaeagnus angustifolia* L.　　Russian Olive　　胡颓子科胡颓子属

识别要点：落叶灌木或小乔木，高达 10 m。树冠阔卵圆形，有时有枝刺；小枝、花序、果、叶背与叶柄密生银白色鳞片；叶椭圆状披针形至狭披针形；花 1 ~ 3 朵生于小枝下部叶腋处，花被外面银白色，内面黄色，芳香；果椭圆形，成熟时黄色，果肉粉质；花期 5 ~ 6 月，果期 9 ~ 10 月。

分布：产于西北、华北等地区。

习性：适应性强。喜光，耐寒、耐干旱瘠薄，也耐水湿、盐碱，抗风沙，能生长在荒漠、盐碱地和草原上。

繁殖：播种繁殖。

园林应用：叶片银白色，秋果淡黄色，可植于庭院观赏，宜丛植，也可培养成乔木状，用于列植、孤植，或经整形修剪用作绿篱。

同属植物：木半夏 *Elaeagnus multiflora* Thunb.，灌木。萼筒圆筒形；果实椭圆形，多汁，长 1.2~1.4 cm，果梗下弯，长 1.5~4 cm。牛奶子（伞花胡颓子）*Elaeagnus umbellata* Thunb.，灌木。萼筒圆筒状漏斗形；果实卵圆形，多汁，长 5~7 mm，果梗直立，长 5~7 mm。

木半夏

桂香柳

牛奶子花

牛奶子果实

牛奶子

木半夏果实

双子叶植物

胡颓子

胡颓子果实

识别要点：常绿灌木，高达 4 m。株丛圆形至扁圆形；枝条开展，有褐色鳞片，常有刺；叶椭圆形至长椭圆形，边缘波状或反卷，背面有银白色及褐色鳞片；花 1 ~ 3 朵簇生，下垂，银白色，芳香；果椭圆形，红色，被褐色鳞片；花期 9 ~ 11 月，果期翌年 4 ~ 5 月。

分布：产于我国长江以南各省；日本也有分布。

习性：喜光，也耐阴，耐干旱瘠薄；对土壤要求不严格，在湿润、肥沃、排水良好的土壤中生长最佳。

繁殖：播种或扦插繁殖。

园林应用：株形自然，花香果红，银白色腺鳞在阳光照射下银光点点，适于草地丛植，也用于林缘、树群外围作自然式绿篱，点缀于池畔、窗前、石旁亦甚适宜。

品种：金边胡颓子 'Gilt Edge'，叶边缘或整片叶金黄色。

胡颓子花

胡颓子叶背面

金边胡颓子

| 紫薇 | *Lagerstroemia indica* L. | Common Crapemyrstle | 千屈菜科紫薇属 |

识别要点：落叶灌木或小乔木，高达 7 m。树冠不整齐；树皮淡褐色，薄片状剥落后干特别光滑；小枝四棱；叶对生或近对生，椭圆形至倒卵状椭圆形，基部广楔形或圆形，全缘；花淡红色，圆锥花序顶生；花期 6 ~ 9 月，果 10 ~ 11 月成熟。

分布：原产亚洲。

习性：喜光，稍耐阴，喜温暖气候，耐寒性不强，喜肥沃湿润而排水良好的石灰性土壤，耐寒，怕涝。萌蘖性强。

园林应用：树姿优美、树干光滑洁净，花色艳丽，开花时正当夏秋少花季节，花期极长达 100 多天，最适宜种在庭院及建筑前，也宜栽在池畔、路边及草坪上。

变种和品种：翠薇 'Purpurea'；银薇 var. *alba* Nichols.；红薇 var. *rubra* Lav.；金叶紫薇 var. *aurea* S. X. Yan, var. nov.，叶金黄色。

紫薇秋色叶

红薇

紫薇花

紫薇

银薇

翠薇

金叶紫薇

紫薇屏风

福建紫薇

紫薇花瓶

大花紫薇

南紫薇

千屈菜科植物：

福建紫薇 *Lagerstroemia limii* Merr.；
大花紫薇 *Lagerstroemia speciosa*(L.)Pers.；
南紫薇 *Lagerstroemia subcostata* Koehne；
细叶萼距花 *Cuphea hyssopifolia* H. B. K.。

细叶萼距花

双子叶植物

| 千屈菜 | *Lythrum salicaria* L. | Spiked Loosestrlfe | 千屈菜科千屈菜属 |

识别要点：多年生草本植物，高 30 ~ 100 cm。全体具柔毛；茎直立，多分枝，有四棱；叶对生或 3 片轮生，狭披针形，先端稍钝或短尖，基部圆形或心形，有时稍抱茎；总状花序顶生，小花多数密集，紫红色，萼筒长管状；蒴果椭圆形，成熟时 2 瓣裂；花期 7 ~ 8 月。

分布：原产欧洲和亚洲暖温带。

习性：喜温暖及光照充足、通风好的环境，喜水湿。

繁殖：播种、扦插、分株繁殖。

园林应用：可成片布置于湖岸河旁的浅水处，盆植效果亦佳，与荷花、睡莲等水生花卉配植极具烘托效果，是极好的水景园林造景植物。

千屈菜

千屈菜园林应用 1

千屈菜叶形

千屈菜花

千屈菜园林应用 2

识别要点：落叶灌木或小乔木，高 5 ~ 7 m。小枝有角棱，无毛，端常成刺状；叶倒卵状长椭圆形，无毛而有光泽，在长枝上对生，在短枝上簇生；花朱红色，花萼钟形，紫红色，质厚；浆果近球形，古铜黄色或古铜红色，有肉质外种皮，花萼宿存；花期 5 ~ 6 月，果熟期 9 ~ 10 月。

分布：原产阿富汗和伊朗。

习性：喜光，喜温暖气候，耐寒，生长速度中等，寿命较长。

繁殖：播种、扦插、压条、分株繁殖。

园林应用：石榴树姿优美，花色艳丽而花期极长。最宜做成丛配植于茶室、露天舞池、剧场及游廊外或民族形式建筑所形成的庭院中，又可大量配植于自然风景区，亦宜作成各种桩景和供瓶养插花观赏。

品种：玛瑙石榴 'Legrellei'，花重瓣，花瓣橙红色，边缘泛白；千瓣白花石榴 'Alba Plena'，花重瓣，花瓣白色；千瓣橙红石榴 'Chico'，花重瓣，花瓣橙红色；千瓣红花石榴 'Plena'，花重瓣，花瓣红色。

玛瑙石榴

千瓣白花石榴

千瓣橙红石榴

千瓣红花石榴

石榴果期

石榴

石榴花期

石榴花萼

石榴花蕾

石榴花与幼果

石榴秋色叶

双子叶植物

| 珙桐 | *Davidia involucrata* Baill. | Dovetree | 珙桐科珙桐属 |

珙桐

识别要点：落叶乔木，高 20 m。树皮深灰褐色，呈不规则薄片状脱落，树冠呈圆锥形；单叶互生，广卵形，先端渐长尖，基部心形，缘有粗尖锯齿；由多数雄花和 1 朵两性花组成顶生头状花序，花序下有 2 片大型白色卵状椭圆形苞片；核果椭球形，紫绿色；花期 4 ~ 5 月，果 10 月成熟。

分布：产于湖北、湖南、四川、云南和贵州等地。

习性：喜半阴和温凉湿润气候，略耐寒。

繁殖：播种繁殖。

园林应用：为世界著名的珍贵观赏树，树形高大端整，开花时白色的苞片远观似许多白色的鸽子栖息树端，有象征和平的含义。

同科植物：蓝果树 *Nyssa sinensis* Oliv.，花下苞片小；核果小，长 1~2 cm，宽 6 mm，常数个簇生；子房 1~2 室。

珙桐花

珙桐叶形

珙桐秋色叶

珙桐果实

蓝果树

双子叶植物

| 喜树 | *Camptotheca acuminata* Decne. | Common Camptotheca | 珙桐科喜树属 |

识别要点：落叶乔木，高达 25 ~ 30 m。树干通直，树皮灰白色，光滑；单叶互生，椭圆形至长卵形，先端突渐尖，基部广楔形，表面亮绿色，背面淡绿色，疏生短毛，嫩叶红色，叶柄具红色；头状花序具长柄，花淡绿色；坚果矩圆形，成熟时淡褐色；花期 7 月，果熟期 11 月。

分布：长江以南各省及部分长江以北地区均有分布。

习性：喜光，不耐严寒干燥。适宜生长在土层深厚，湿润而肥沃的土壤，不耐贫瘠。

繁殖：播种繁殖。

园林应用：庭阴树，主干通直，树冠宽展；本种生长迅速，为优良的庭园树和行道树，可作为绿化城市和庭园的优良树种。

喜树

喜树雄花序

喜树雌花序

喜树叶形

喜树果实

喜树园林应用

八角枫

识别要点：落叶乔木或灌木，高达 3 ~ 5 m。叶近圆形、椭圆形或卵形，顶端短锐尖，基部常不对称；3 ~ 5 基出脉；聚伞花序腋生；花冠圆筒形；花瓣 6 ~ 8 枚，线形，花初开时白色，后变黄色；核果熟时黑色；花期 5 ~ 7 月，果期 7 ~ 10 月。

分布：除北部、东北、西北外的其他地区。

习性：喜温暖、湿润的环境，喜肥沃、疏松且排水良好的十壤。

繁殖：播种繁殖。

园林应用：八角枫的叶片形状较美，花期较长，适合庭院或绿地栽培。

同属植物：瓜木 *Alangium platanifolium* (Sieb. et Zucc.) Harms（Planeleaf Chinese Alangium）。

桃金娘科植物：红千层 *Callistemon rigidus* R. Br.。

菱科植物：菱 *Trapa bispinosa* Roxb.。

八角枫花序

红千层

瓜木

瓜木果实

菱

露珠草   古代稀花   古代稀

识别要点：多年生水生挺水草本植物，高 10 ~ 30 cm。叶 4 ~ 6 枚轮生，羽状分裂，裂片线形，灰绿色；花腋生，雌雄异株，无花梗；花瓣黄绿色，常早落；小坚果卵形；花期 5 ~ 7 月。

分布：原产南美洲；华北、华中、华东、华南、西南部分省区有野生。

习性：适应性强，见于池塘、湖泊、河流浅水处。

繁殖：播种繁殖、分株繁殖。

园林应用：可以栽植于人工湖、自然湖、池塘里，与挺水植物（芦苇，花叶芦竹）、浮水植物（睡莲，王莲）等配植，形成疏影横斜、暗香浮动、静雅的景观，同时还可以净化水体，还原水体生态。

柳叶菜科植物：倒挂金钟 *Fuchsia hybrida* Hort. ex Sieb. et Voss.；露珠草 *Circaea cordata* Royle；古代稀 *Godetia amoena* G. Don。

粉绿狐尾藻

倒挂金钟   露珠草花序

山桃草

紫叶山桃草

美丽月见草

柳叶菜科植物：

美丽月见草 *Oenothera biennis* L. High；
月见草 *Oenothera erythrosepala* Borb.；
山桃草 *Gaura lindheimeri* Engelm. et Gray，
紫叶山桃草 'Crimson Bunerny'。

月见草花

月见草

月见草花序

双子叶植物

中华常春藤 *Hedera nepalensis* K. Koch var. *sinensis* (Tobl.) Rehd.　China Ivy　五加科常春藤属

识别要点：常绿攀援藤本植物，长达 20 ～ 30 m。茎借助气生根攀援。营养枝上的叶为三角状卵形；花果枝上的叶为椭圆状卵形，叶柄细长；伞形花序单生或 2 ～ 7 顶生；花淡绿白色，芳香；果球形，成熟时红色或黄色；花期 8 ～ 9 月，果熟期翌年 3 ～ 5 月。

分布：产于陕西、甘肃、河南、山东等省及其以南省区。

习性：极耐阴，耐寒；对土壤和水分要求不严格，但以中性或酸性土壤为好。

繁殖：通常压条或者扦插法繁殖，极易生根。

园林应用：在庭院中可以攀援假山、岩石，或在建筑阴面作垂直绿化材料。

同属植物：冰纹常春藤 *Hedera helix* L. 'Galcier'，叶有冰纹状白色斑；金边常春藤 *Hedera helix* L. 'Aureo-variegata'，叶边缘黄色。

同科植物：楤木 *Aralia chinensis* L.；人参 *Panax ginseng* C. A. Mey。

楤木

冰纹常春藤

中华常春藤

金边常春藤

楤木花序

人参

| 刺楸 | *Kalopanax septemlobus* (Thunb.) Koidz. | Septemlobate Kalopanax | 五加科刺楸属 |

识别要点：落叶乔木，高达 10～30 m。树皮深纵裂。枝具粗皮刺，淡黄棕色或灰棕色；叶掌状 5～7 裂，裂片先端尖，缘有齿，叶柄较叶片长；复花序顶生，花小而白色；果近球形；花期 7～8 月，果熟期 9～10 月。

分布：我国从东北经华北、长江流域至华南、西南均有分布。

习性：喜光，对气候适应性较强，喜土层深厚湿润的酸性或中性土，生长快。

繁殖：播种、根插繁殖。

园林应用：树形奇特，长满皮刺，甚有特色，可作园林绿化的庭阴树、行道树，也可营造风景林及防火林带。

刺楸花序　　　　　　　　　　　　　　　　刺楸

刺楸皮刺

刺楸叶形 1

刺楸叶形 2

双子叶植物

| 八角金盘 | *Fatsia japonica* (Thunb.) Decne. et Planch. | Japan Fatsia | 五加科八角金盘属 |

八角金盘花序

八角金盘果实

识别要点：常绿灌木，高 4 ~ 5 m，常数干丛生。叶掌状 7 ~ 9 裂，基部心形或截形，裂片卵状长椭圆形，缘有齿，表面有光泽；伞形花序再集成大的顶生圆锥花序，花小，白色；果实径约 8 mm；夏秋间开花，翌年 5 月果熟。

分布：原产日本。

习性：性喜阴，喜温暖、湿润气候，不耐干旱，耐寒性不强。

繁殖：常用扦插法繁殖。

园林应用：叶大、光亮而常绿，是良好的观叶树种，对有害气体具有较强抗性，是公园、庭院、街道及厂区绿地的适宜种植材料。

同科植物：熊掌木 *Fatshedera lizei* (Cochet) Guill.，为八角金盘和大西洋常春藤 *Hedera hibernica* (Kirchn.) Bean 的杂交种。

八角金盘园林应用

八角金盘

熊掌木

识别要点：灌木或小乔木，高 1 ~ 3.5 m。茎有明显的叶痕和大型皮孔；叶柄粗壮且长，托叶膜质，锥形，基部与叶柄合生，有星状厚茸毛；叶大，互生，掌状，5 ~ 11裂，全缘或有粗齿；伞形花序聚生成顶生大型复圆锥花序，花小，黄白色；果球形，成熟时紫黑色；花期10 ~ 12月，果熟期翌年1 ~ 2月。

分布：产于秦岭、黄河以南地区。

习性：喜光，喜温暖，在湿润、肥沃的土壤上生长良好。

繁殖：播种或分蘖繁殖，能形成大量根蘖。

园林应用：树形优雅，成长迅速，可孤植、列植作庭院树、行道树或盆栽观赏。

同科植物：刺五加 *Acanthopanax senticosus* (Rupr.et Maxim.) Harms，植物体有刺，掌状复叶。

刺五加

刺五加叶形

通脱木叶形

通脱木

三叶五加

五加属植物:

三叶五加 *Acanthopanax trifoliatus* (L.) Merr.;
藤五加 *Acanthopanax leucorrhizus* (Oliv.)Harms;
无梗五加 *Acanthopanax sessiliflorus* (Rupr. et Maxim.) Seem.;
细柱五加（五加）*Acanthopanax gracilistylus* W. W. Smith。

藤五加

三叶五加花序

无梗五加

无梗五加果序

细柱五加

天胡荽 *Hydrocotyle sibthorpioides* Lam. Lawn Pennywort 伞形科天胡荽属

识别要点：多年生草本植物。茎纤弱细长，匍匐；单叶互生，叶片圆形或近肾形，基部心形，浅裂具钝齿；伞形花序与叶对生；双悬果略呈心脏形；花果期4～9月。

分布：原产江苏、浙江、四川等地。

习性：喜温暖湿润的气候，不耐干旱，对土壤要求不严格，极耐阴，亦可水培。

繁殖：播种或分株繁殖。

园林应用：因其覆盖面广，可在短时间内成为紧密草坪或园路铺装；片植于林下、灌木丛中、岩石旁或假山上，可点缀在较高的花坛，茎蔓坛外飘垂。

同属植物：南美天胡荽（香菇草，金钱莲，水金钱，铜钱草）*Hydrocotyle vulgaris* L.，叶盾形。

同科植物：鸭儿芹 *Cryptotaenia japonica* Hassk.；芫荽 *Coriandrum sativum* L.；小茴香 *Foeniculum vulgare* Mill.。

南美天胡荽

小茴香

天胡荽

鸭儿芹

芫荽

柴胡

防风

伞形科植物：

柴胡（北柴胡） *Bupleurum chinensis* DC.；
短毛独活 *Heracleum moellendorffii* Hance；
防风 *Saposhnikovia divaricata* (Turcz.) Schischk.；
窃衣 *Torilis scabra* (Thunb.) DC.；
紫花前胡 *Peucedanum decursivum* (Miq.) Maxim.。

短毛独活

窃衣

紫花前胡

双子叶植物

毛梾	*Swida walteri* (Wanger.) Sojak.	Walter Dogwood	山茱萸科梾木属

识别要点：落叶乔木，高达 6 ~ 15 m。树皮暗灰色，常纵裂而又横裂成块状；叶对生，纸质，卵形至椭圆形，叶表有帖伏柔毛，叶背毛更密；伞房状聚伞花序顶生，花密，花白色；核果近球形，成熟时黑色；花期 5 ~ 6 月，果熟期 9 ~ 10 月。

分布：产于山东、河北、河南、江苏、安徽、浙江、湖北、湖南、山西、陕西、甘肃、贵州、四川、云南等地。

习性：喜光，耐寒，耐旱。

繁殖：种子繁殖。

园林应用：枝叶繁茂，白花可观赏，也可植作行道树。

同属植物：光皮树 *Swida wilsoniana* (Wanger.) Sojak.，叶脉 3~4(5) 对，花柱圆柱状；沙梾 *Swida bretschneideri* (L. Henry) Sojak.，叶脉 5~7 对，花柱圆柱状；小梾木 *Swida paucinervis* (Hance) Sojak.，灌木。叶椭圆状披针形或椭圆状倒披针形，侧脉 3 对。

毛梾

光皮树

光皮树花

小梾木

毛梾花序

沙梾

毛梾果实

| 红瑞木 | *Swida alba* Opiz. | Tatarian Dogwood | 山茱萸科梾木属 |

红瑞木果序

红瑞木秋色叶

红瑞木

金叶红瑞木

识别要点：落叶灌木，高可达 3 m。枝血红色，髓大而白色；叶对生，卵形或椭圆形，先端突尖，基部圆形，全缘，叶背粉绿色；花小，黄白色，伞房状聚伞花序；核果斜卵圆形，成熟时白色或稍带白色；花期 5 ~ 6 月，果熟期 8 ~ 9 月。

分布：产于东北、华北地区，陕西和江苏等地也有分布。

习性：性喜光，强健耐寒，喜略湿润土壤。

繁殖：播种、扦插、分株繁殖。

园林应用：宜丛植于庭园草坪、建筑物前或常绿树间，又可栽作自然式绿篱，赏其红枝和白果。可与棣棠、梧桐等绿枝树种配植，在冬季衬以白雪，可相映成趣。

品种：金叶红瑞木 ‘Aurea’，叶金黄色。

红瑞木果实

红瑞木冬态

红瑞木花序

山茱萸 *Macrocarpium officinale* (Sieb. et Zucc.) Nakai　Dogwood　山茱萸科山茱萸属

识别要点：落叶灌木或小乔木。老枝黑褐色，嫩枝绿色；叶对生，卵状椭圆形，两面有毛，先端渐尖叶基浑圆或楔形，脉腋有黄褐色簇毛；伞形花序腋生，花黄色；核果椭圆形，成熟时红色；花期5～6月，果8～10月成熟。

分布：产于山东、山西、河南、陕西、甘肃、浙江、安徽、湖南、江苏、四川等地。

习性：性喜温暖气候，喜适湿而排水良好处。

繁殖：种子繁殖，也可嫁接、压条繁殖。

园林应用：适于在自然风景区成丛种植。

同科植物：灯台树 *Bothrocaryum controversum* (Hemsl.) Pojark.；洒金东瀛珊瑚（洒金青木）*Aucuba japonica* Thunb. 'Variegata'。

灯台树

山茱萸

洒金东瀛珊瑚花

洒金东瀛珊瑚

山茱萸花序

双子叶植物

多脉四照花果实

四照花叶形

多脉四照花

山茱萸科植物：

多脉四照花 *Dendrobenthamia multinervosa*
(Pojark.) Fang；

四照花 *Dendrobenthamia japonica* (DC.) Fang
var. *chinensis* (Osborn) Fang；

叶上花 *Helwingia japonica* (Thunb.)Dietr.。

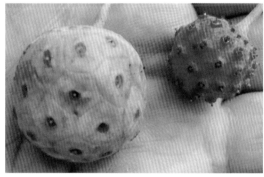

四照花果实

叶上花

四照花

四照花秋色叶

映山红（杜鹃） *Rhododendron simsii* Planch. | Sims's Azalea | 杜鹃花科杜鹃花属

识别要点：落叶或半常绿灌木,高达3 m；枝条、叶两面、苞片、花柄、花萼、子房、蒴果均有棕褐色扁平糙伏毛；叶卵状椭圆形或椭圆状披针形。花2～6朵簇生枝顶,花冠宽漏斗状,鲜红或深红色,有紫斑；花期3～5月,果期9～10月。

分布：广布于长江流域及以南各地。

习性：喜疏松肥沃、排水良好的酸性壤土,忌碱性土和黏质土；喜凉爽湿润的山地气候,耐热性差。

繁殖：扦插或嫁接繁殖。

园林应用：花叶兼美,花色丰富,盆栽、地栽均宜。常漫生于低海拔山野间,花开时满山皆红。

同属植物：羊踯躅(闹羊花,黄杜鹃,黄色映山红) *Rhododendron molle* (Bl.) G. Don。

羊踯躅花

羊踯躅

羊踯躅果实

映山红

映山红花

太白杜鹃

太白杜鹃花

照山白

秀雅杜鹃

杜鹃花科植物：

太白杜鹃 *Rhododendron purdomii* Rehd. et Wils.；

西洋杜鹃（比利时杜鹃）*Rhododendron hybridum* Hort.；

秀雅杜鹃（臭枇杷）*Rhododendron concinuum* Hemsl.；

照山白 *Rhododendron micranthum* Turcz.；

米饭花 *Vacciniuim mandarinorum* Diels。

西洋杜鹃

米饭花

双子叶植物

金叶过路黄　*Lysimachia nummularia* L. 'Aurea'　报春花科珍珠菜属

识别要点：多年生草本植物，株高约 10 cm。茎匍匐生长；单叶对生，心形或阔卵形。聚伞花序单花腋生，黄色花瓣尖端向上翻成杯形；花期 6 ~ 7 月。

分布：原产于欧洲、美国东部。

习性：喜阳，耐热，耐高温高湿，不耐寒，耐干旱，耐瘠薄土壤。

繁殖：常作扦插繁殖。

园林应用：可作为色块，与宿根花卉、麦冬、小灌木等搭配，因长势强，是极有发展前途的地被植物。

报春花科植物：点地梅 *Androsace umbellata* (Lour.) Merr.；金爪儿 *Lysimachia grammica* Hance；疏头过路黄 *Lysimachia pseudo-henryi* Pamp.；珍珠菜 *Lysimachia clethroides* Duby。

点地梅

金叶过路黄

金叶过路黄园林应用

金爪儿

疏头过路黄

珍珠菜

双子叶植物

报春花科植物：
山西报春 Primula handeliana W. W. Sm. et Forrest；
德国报春（欧洲报春，西洋樱草）Primula polyantha MIll.；
仙客来 Cyclamen persicum Mill.。

紫金牛科植物：
紫金牛 Ardisia japonica (Thunb.) Blume；
大罗伞（朱砂根）Ardisia crenata Sims。

鹿蹄草科植物：
鹿蹄草 Pyrola calliantha H. Andr.。

德国报春

鹿蹄草

德国报春品种 1

德国报春品种 2

大罗伞

仙客来

山西报春

紫金牛

双子叶植物

柿树	*Diospyros kaki* Thunb.	Persimmon	柿树科柿树属

识别要点：落叶乔木，高 15 m。树冠呈半圆形，树皮暗灰色，树皮呈长方形小块状裂纹；叶椭圆形，渐尖，叶背淡绿色；花四基数，花冠钟状，黄白色；雄花聚伞花序，雌花单生叶腋；浆果卵圆形，成熟时橙黄色；花期 5～6 月，果熟期 9～10 月。

分布：原产中国。

习性：喜温暖、湿润气候，耐干旱，喜光，略耐阴，宜在中性土壤或黏质壤土中生长。

繁殖：常用嫁接法繁殖，多用君迁子、油柿或野柿做砧木。

园林应用：柿树叶大，树形优美，可作庭阴树。果橙红色，不易脱落，观赏期极长，观赏价值很高。

品种：牛心柿 'Niuxin'，果实形状似牛的心脏。

柿树果实

柿树

柿树花 1

牛心柿

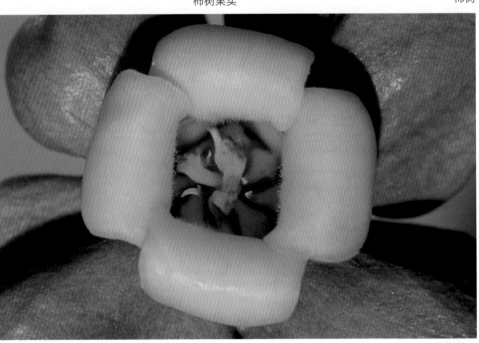

柿树花 2

双子叶植物

君迁子	*Diospyros lotus* L.	Dateplum Persimmon	柿树科柿树属

君迁子

君迁子果实

识别要点：落叶乔木，高 20 m。树皮呈方块状深裂；幼枝被灰色毛；冬芽先端尖，叶长椭圆形、长椭圆状卵形，表面光滑，背面灰绿色，有灰色毛；花淡橙色或绿白色；果实小，球形或圆卵形，成熟时变蓝黑色，外被白粉；花期 4 ~ 5 月，果熟期 9 ~ 10 月。

分布：原产中国。

习性：喜光，耐半阴，比柿树耐寒，耐旱，很耐湿。对贫瘠土、中等碱土、石灰质土有一定耐受力；对二氧化硫的抗性强。

繁殖：播种繁殖。

园林应用：君迁子树干挺直，树冠圆整，适应性强，可供园林绿化用。

柿树变种：野柿（油柿） *Diospyros kaki* Thunb. var. *silvestris* Makino，小枝及叶柄常密被黄褐色柔毛；叶片较小，下面多毛；花较小；果小，径 2~5 cm。

君迁子花

野柿

野柿花

双子叶植物

| 瓶兰花 | *Diospyros armata* Hemsl. | Spiny Persimmon | 柿树科柿树属 |

识别要点：半常绿或常绿灌木，高2～4m。枝有刺，叶倒披针形至长椭圆形，叶端钝，叶基楔形；雄花为聚伞花序，花冠乳白色，芳香；果近球形，成熟时黄色，果柄有刚毛；果熟期10月。

分布：主产于黄河流域及以南地区。

习性：喜光，不耐干旱，对土壤要求不严格，但以排水良好、富含有机质的壤土或黏性土最适宜，不喜沙质土。

繁殖：播种繁殖。

园林应用：叶色绿浓，果成熟后为橙红色，如同金丸悬挂，且经久不脱落，是一种高档的观果树种，又可盆栽或作树桩盆景用。

同属植物：浙江柿 *Diospyros glaucifolia* Metcalf，枝无刺。老鸦柿 *Diospyros rhombifolia* Hemsl.，叶菱状倒卵形，长4~8.5 cm，宽1.8~3.8 cm，基部楔形，叶柄长2~4 mm；果球形，径约2 cm，嫩时黄绿色，有毛，熟时橘红色，无毛，果柄纤细，长1.5~2.5 cm。

瓶兰花

老鸦柿

浙江柿

老鸦柿果实

老鸦柿花

双子叶植物

| 秤锤树 | *Sinojackia xylocarpa* Hu | Weighttree | 野茉莉科秤锤树属 |

识别要点：落叶小乔木，高 7 m。冬芽被深褐色星状毛；单叶互生，基部楔形或圆形，边缘有细锯齿；总状花序，花白色；坚果木质，下垂，成熟时栗褐色，卵状长圆形，顶端具圆锥形，呈喙状，形似秤锤。花期 4 ~ 5 月，果熟期 9 ~ 10 月。

分布：我国特有树种，现今几乎已在野外灭绝。

习性：喜光，幼树不耐阴，喜生于深厚、肥沃、湿润、排水良好的土壤，不耐干旱瘠薄。

繁殖：播种繁殖。

园林应用：花白如雪，可以点缀庭园；秋季果实累累，形似秤锤，果序下垂，随风摆动，颇为独特，有很高的观赏价值。

秤锤树

秤锤树果实

秤锤树花

秤锤树花期

秤锤树叶形

白檀果实

山矾

白檀

野茉莉果实

野茉莉科植物：
野茉莉 *Styrax japonicus* Sieb. et Zucc.。

山矾科植物：
白檀 *Symplocos paniculata* (Thunb.) Miq.；
山矾 *Symplocos sumuntia* Buch.-Ham. ex D. Don。

野茉莉

野茉莉花

双子叶植物

| 雪柳 | *Fontanesia fortunei* Carr. | Snow Willow | 木犀科雪柳属 |

识别要点：小乔木或灌木，高 2 ～ 5 m。树皮灰黄色，无毛；小枝细长，四棱形；叶披针形或卵状披针形，基部楔形，全缘，无毛；圆锥花序顶生或腋生，花白绿色或带淡红色，微香；翅果黄棕色，扁平；花期 5 ～ 6 月，果期 6 ～ 10 月。

分布：产于河北、陕西、山东、江苏、安徽、浙江、河南及湖北东部、辽宁、广东等地。

习性：喜光，稍耐阴，喜温暖，较耐寒，喜肥沃、排水良好的土壤。

繁殖：播种、扦插繁殖。

园林应用：可丛植于庭园观赏，群植于森林公园，散植于溪谷沟边，现多栽培作自然式绿篱或防风林。

雪柳

雪柳叶形

雪柳花序

雪柳果实

雪柳萌蘖苗

对节白蜡叶形

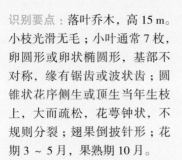
白蜡树

秦岭白蜡树

识别要点：落叶乔木，高 15 m。小枝光滑无毛；小叶通常 7 枚，卵圆形或卵状椭圆形，基部不对称，缘有锯齿或波状齿；圆锥状花序侧生或顶生当年生枝上，大而疏松，花萼钟状，不规则分裂；翅果倒披针形；花期 3～5 月，果熟期 10 月。

分布：北自我国东北中南部，经黄河流域、长江流域，南达广东、广西，东南至福建，西至甘肃均有分布。

习性：喜光，稍耐阴，颇耐寒，喜温暖、湿润气候，喜湿，耐涝，耐干旱，对土壤要求不严格，对二氧化硫、氯气等有较强抗性。

繁殖：常用播种或扦插繁殖。

园林应用：因其抗性强、秋叶橙黄色，常作行道树或庭阴树，亦可用于湖岸绿化或工矿区绿化。

同属植物：对节白蜡 *Fraxinus hupehensis* Chu, Shang et Su；秦岭白蜡树 *Fraxinus paxiana* Lingelsh.；茸毛白蜡树 *Fraxinus velutina* Torr.。

对节白蜡

茸毛白蜡树

| 水曲柳 | *Fraxinus mandshurica* Rupr. | Beakleaf Ash | 木犀科白蜡树属 |

识别要点：落叶乔木，高 30 m。树皮浅纵裂；小枝略成四棱形；小叶 7 ~ 13 枚，无柄，叶轴具狭翅，叶椭圆状披针形，锯齿细尖，基部连叶轴处密生黄褐色茸毛；圆锥花序侧生于去年生小枝上；翅果扭曲，矩圆状披针形；花期 5 ~ 6 月，果熟期 10 月。

分布：分布于东北、华北地区，以小兴安岭为最多。

习性：喜光，幼时稍耐阴，喜潮湿但不耐水涝，喜肥，稍耐盐碱。

繁殖：常用播种、扦插、萌蘖等法繁殖。

园林应用：常作行道树或庭阴树，亦可用于湖岸绿化或工矿区绿化。

同属植物：大叶白蜡 *Fraxinus rhynchophylla* Hance，圆锥花序顶生或腋生于当年生枝梢。洋白蜡 *Fraxinus pennsylvanica* Marsh.，具花萼，翅果不扭曲。秋紫美国白蜡 *Fraxinus americana* L. ‘Autum Purple’，小枝圆形，粗状；奇数羽状复叶，小叶 7 枚，叶片卵形或卵状披针形，表面暗绿色，有光泽。秋季叶片紫红。

水曲柳

大叶白蜡

秋紫美国白蜡

水曲柳叶形

洋白蜡

洋白蜡果实

柊树（刺桂）　*Osmanthus heterophyllus* (G. Don) P. S. Green　Diver Sifolious Osmanthus　木犀科木犀属

识别要点：常绿灌木或小乔木，高 1 ~ 6 m。幼枝有短柔毛；叶硬革质，叶片较厚，卵形至长椭圆形，先端针刺状，基部楔形；边缘每边有 1 ~ 4 对刺状牙齿，很少全缘；花簇生叶腋，芳香，白色；核果卵形，蓝黑色；花期 6 ~ 7 月。

分布：原产中国及日本。

习性：阳性树种，喜光，稍耐寒，喜温暖、湿润气候。

繁殖：种子繁殖。

园林应用：常用作庭院绿化观赏树种。

变种：异叶柊树 var. *bibracteatis* (Hayata) P. S. Green，叶片较大，全缘，花较大，苞片被更密的毛。

同科植物：油橄榄（齐墩果，木犀榄）*Olea europaea* L.（Common Olive）。

异叶柊树园林应用

异叶柊树花和叶形

异叶柊树

柊树

油橄榄

油橄榄花期

双子叶植物

桂花（木犀）	*Osmanthus fragrans* (Thunb.) Lour.	Sweet Osmanthus	木犀科木犀属

识别要点：常绿灌木至小乔木，高 12 m。芽叠生；叶长椭圆形，革质，全缘或上半部有细锯齿；花小，簇生叶腋或聚伞状，黄白色，浓香；核果椭圆形，紫黑色。花期 9 ～ 10 月。

分布：原产我国南部。

习性：喜光，稍耐阴；喜温暖和通风良好的环境，不耐寒；喜湿润排水良好的沙质土；忌涝地、碱地和黏重土壤。

繁殖：嫁接、压条繁殖。

园林应用：常于庭前对植，即"两桂当庭"；植于道路两侧；可大面积栽植，形成"桂花山"、"桂花岭"；与秋色叶树种同植，有色有香，是点缀秋景的极好树种；淮河以北地区桶栽、盆栽。

品种：金桂 'Thunbergii'，花金黄色；银桂 'Latifolius'，花白色；丹桂 'Aurantiacus'，花橙黄色；四季桂 'Semperflorens'，花期长，在 2 月、4 月、6 月、8 月和 11 月各开一次花。

桂花叶形

桂花

丹桂

金桂

四季桂

银桂

紫丁香（华北丁香）	*Syringa oblata* Lindl.	Early Lilac	木犀科丁香属

白丁香

识别要点：灌木或小乔木，高 4 m。叶广卵形，叶基心形，全缘，两面无毛；花序圆锥状，花冠堇紫色，端 4 裂开展；蒴果长圆形；花期 4 月。

分布：产于吉林、辽宁、内蒙古、河北、山东、陕西、甘肃、四川；朝鲜也有分布。

习性：喜光，稍耐阴，较耐寒，耐干旱，忌低湿，喜湿润、肥沃、排水良好的土壤。

繁殖：常用播种、扦插、嫁接繁殖，常用小叶女贞作砧木。

园林应用：常丛植于建筑前、茶室凉亭周围；散植于道路两旁、草坪之中；与其他种类丁香配植成专类园，形成美丽、清雅、青枝绿叶、花开不绝的景区。

变种：白丁香 var. *affinis* Lingelsh（White Early Lilac），花白色。

同属植物：欧洲丁香（欧丁香，洋丁香）*Syringa vulgaris* L.，叶片卵形、宽卵形或长卵形，通常长大于宽。

白丁香花序

紫丁香

紫丁香花序

欧洲丁香

双子叶植物

暴马丁香 *Syringa reticulata* (Bl.) Hara var. *mandshurica* (Maxim.) Hara　Amur Lilac　木犀科丁香属

识别要点：灌木至小乔木，高8 m。枝上皮孔明显，小枝较细；叶卵形至卵圆形，先端突尖，基部截形、圆形或心形，全缘，背面侧脉隆起；花序大而疏散，花冠白色，筒短；蒴果矩圆形，先端钝；花期5月底至6月。

分布：分布于东北、华北、西北东部；朝鲜、日本、俄罗斯也有分布。

习性：喜光，喜潮湿土壤。

繁殖：播种繁殖。

园林应用：因其开花较晚，在丁香专类园中可起到延长花期的作用。

同属植物：北京丁香 *Syringa pekinensis* Rupr.，叶片纸质，叶脉不凹陷；果端锐尖至长渐尖。

暴马丁香园林应用

北京丁香

暴马丁香

暴马丁香花序

北京丁香果实

北京丁香花序

蓝丁香 *Syringa meyeri* Schneid.　　Meyer Lilac　　木犀科丁香属

识别要点：小灌木，高 0.8 ~ 1.5 m。枝叶密生，幼枝带紫色，具短柔毛；叶椭圆状卵形或倒卵形，叶柄微紫色；圆锥花序自侧芽发出，花紧密，花冠蓝紫色，筒细长；蒴果有疣状突起；花期 5 月。

分布：原产我国河南、河北太行山南部山区。

习性：喜光，稍耐阴，较耐寒，耐干旱，忌低湿，喜湿润、肥沃、排水良好的土壤。

繁殖：播种、嫁接繁殖。

园林应用：花繁色艳，园林中可作点缀花木，也可盆栽供观赏，宜作基础种植或花境栽培。

品种：四季蓝丁香 'Sijilan'，灌木，高 1.2~1.5 m。叶钝状卵形，2~3 对叶脉发自基部；花单瓣，蓝紫色，花序紧密；花期 1 年 2 次，春季花期为 4 月下旬至 5 月上旬，夏秋花期为 7 月下旬至 8 月上旬。

同属植物：羽叶丁香（裂叶丁香）*Syringa pinnatifolia* Hemsl.（Pinnateleaf Lilac），羽状复叶，小叶 7~11(13) 枚。

羽叶丁香

蓝丁香

蓝丁香果实

四季蓝丁香

羽叶丁香花序

波斯丁香	*Syringa persica* L.	Persian Lilac	木犀科丁香属

识别要点：灌木，高 2 m。小枝细长无毛；叶椭圆形至披针形，全缘，偶有 3 裂或羽裂，叶柄具狭翅；圆锥花序疏散，花冠淡紫色，筒细长；蒴果呈四棱状，光滑；花期 5 月，果熟期 9 月。

分布：产于我国西北部；伊朗、阿富汗也有分布。

同属植物：辽东丁香 *Syringa wolfii* C. K. Schneid.，叶不分裂。

同科植物：流苏树 *Chionanthus retusus* Lindl. et Paxt.，落叶乔木或灌木，高达 20 m。叶对生，卵形至倒卵状椭圆形，长 3~10 cm，全缘或时有小锯齿，叶柄基部带紫色；聚伞状圆锥花序顶生，花白色，花冠 4 裂，裂片狭长，长 1~2 cm；核果椭圆形，蓝黑色，长 1~1.5 cm。花期 4~5 月，果期 9~10 月。

流苏树

波斯丁香花序

辽东丁香

波斯丁香

流苏树花

流苏树叶形

女贞	*Ligustrum lucidum* Ait.	Glossy Privet	木犀科女贞属

女贞果实

识别要点：常绿乔木，高 10 m。枝开展，无毛，具皮孔；叶革质，宽卵形至卵状披针形，全缘，无毛；圆锥花序顶生，花白色；核果长圆形，蓝黑色，被白粉；花期 6～7 月，果熟期 10～12 月。

分布：原产河南、长江流域及以南各地。

习性：喜光，稍耐阴；喜温暖，不耐寒；喜湿润，不耐干旱；对二氧化硫、氯气、氟化氢等有毒气体有较强的抗性。

繁殖：常用播种、扦插繁殖。

园林应用：常栽植于庭园观赏，广泛栽植于街道、宅院，或作园路树，或修剪作绿篱用。

同属植物：水蜡树 *Ligustrum obtusifolium* Sieb. et Zucc.，花冠筒比裂片长 3 倍以上。

女贞花序

女贞

女贞花

水蜡树

女贞叶形

| 小叶女贞 | *Ligustrum quihoui* Carr. | Purpus Privet | 木犀科女贞属 |

识别要点：落叶或半常绿灌木，高2~3 m。枝条铺展，小枝具短柔毛；叶薄革质，椭圆形至倒卵状长圆形，先端钝，圆或微凹，基部楔形，无毛，全缘，边缘略向外反卷，叶柄有短柔毛；圆锥花序，无梗，花白色，芳香；核果宽椭圆形，紫黑色；花期7~8月，果熟期9~11月。

分布：产于中国中部、东部和西南部。

习性：喜光，稍耐阴；较耐寒，对二氧化硫、氯气等一些有毒气体抗性较强，耐修剪。

繁殖：常播种、扦插繁殖。

园林应用：园林中常作绿篱栽植。

品种：紫叶女贞 'Purpureus'。

同属植物：卵叶女贞 *Ligustrum ovalifolium* Hassk.，花冠筒比裂片长2倍以上；金边卵叶女贞 var. *aureo-marginatum* Rehd.，叶边缘金黄色；银边卵叶女贞 var. *albo-marginatum* Rehd.，叶边缘金黄色。

金边卵叶女贞

银边卵叶女贞

卵叶女贞和金边卵叶女贞

小叶女贞

小叶女贞叶形

小叶女贞果序

紫叶女贞

双子叶植物

小蜡树花序

小蜡树花

小蜡树叶形

识别要点：半常绿灌木或小乔木，高 2 ~ 7 m。小枝密生短柔毛；叶薄革质，椭圆形，背面沿中脉有短柔毛；花白色，芳香，花梗细而明显，花萼钟形，被茸毛。核果近圆形；花期 4 ~ 5 月。

分布：产于长江以南各地。

习性：喜光，稍耐阴；较耐寒，抗二氧化硫等有害气体，耐修剪。

繁殖：常用播种、扦插繁殖。

园林应用：常植于庭园观赏，丛植于林缘、池边、石旁，规则式园林中可修剪成长、方、圆等几何形体。

小蜡树

小蜡树园林应用

<table>
<tr><td>日本女贞</td><td>*Ligustrum japonicum* Thunb.</td><td>Japanese Privet</td><td>木犀科女贞属</td></tr>
</table>

识别要点：常绿灌木，高 3 ~ 6 m。小枝幼时具短粗毛，皮孔明显；叶革质，平展，卵形或卵状椭圆形，长 4 ~ 8 cm，先端锐尖或稍钝，中脉及叶缘常带红色；花序长 6 ~ 15 cm，顶生，直立；花白色，花冠裂片略短于花冠筒；核果椭圆形，黑色。花期 6 ~ 7 月，果期 10 ~ 11 月。

分布：原产于日本。

习性：喜光，稍耐阴；喜温暖，耐寒；喜湿润，不耐干旱；宜在肥沃、湿润的微酸性至微碱性土壤中生长。

繁殖：播种、扦插、压条繁殖，以播种为主。

园林应用：株形圆整，四季常青，常栽植于庭园观赏。

品种：金森女贞 'Howardii'，叶金黄色。

同属植物：蜡子树 *Ligustrum molliculum* Hance，花冠筒比裂片长 3 倍以上。

金森女贞

金森女贞园林应用

日本女贞花序

日本女贞

蜡子树

日本女贞果实

双子叶植物

金叶女贞　　*Ligustrum × vicaryi* Rehd.　　木犀科女贞属

金叶女贞

金叶女贞花序

金叶女贞叶形

金叶女贞园林应用 1　　　　　　　　　　　　　　　　　　　　金叶女贞园林应用 2

识别要点：常绿或半常绿灌木，高可达 3 m。枝灰褐色；叶革质，长椭圆形，叶片金黄色，冬季呈黄褐色至红褐色；圆锥状花序，花多，白色；核果紫黑色。花期在夏季，果熟期 10 月。

分布：中国南北各地园林均有栽培。

习性：萌芽力强，生长迅速，适应性强。喜温凉气候，病虫害少。

繁殖：扦插繁殖。

园林应用：叶色金黄色，可与红叶、绿叶等植物配植，形成强烈的色彩对比，亦可作地被装饰或剪成球形。

金叶女贞花

| 连翘 | *Forsythia suspensa* (Thunb.) Vahl | Weeping Forsythia | 木犀科连翘属 |

识别要点：落叶丛生灌木，高 3 m。枝开展，拱形下垂，小枝髓中空；单叶或有时为 3 小叶，对生，缘有粗锯齿；花先叶开放，通常单生，花冠黄色；蒴果卵圆形；花期 4 ~ 5 月。

分布：原产我国北部、中部及东北各地。

习性：喜光，有一定的耐阴性，耐寒，耐干旱贫瘠，怕涝，不择土壤，抗病虫能力强。

繁殖：以扦插繁殖为主。

园林应用：宜丛植于草坪、角隅、岩石假山下，路缘、转角处，阶前、篱下作基础种植，或作花篱等。以常绿树作背景，与榆叶梅、绣线菊等配植更能显示其金黄夺目之色彩。

变型与品种：金叶连翘 'Aurea'；蔓生连翘 f. *flagellarris* S. X. Yan 茎细长，长达 8 m；花叶连翘 var. *variegata* Butz. 叶面有黄色斑点，花深黄色；金脉连翘 'Goldvein' 叶脉金黄色。

同属植物：金钟花 *Forsythia viridissima* Lindl.（Goldenbell Flower），枝具薄片状髓心。

连翘果实

连翘

连翘花

连翘叶形

连翘幼果

花叶连翘

金钟花

金钟花花期

蔓生连翘

金脉连翘

金叶连翘

金钟花秋季二度开花

金钟花叶形

双子叶植物

| 迎春 | *Jasminum nudiflorum* Lindl. | Winter Jasmine | 木犀科茉莉属 |

识别要点：落叶灌木，高 0.4 ～ 5 m。枝细长拱形，绿色，有四棱；小叶 3 枚，对生，表面有基部突起的短刺毛；花单生，先叶开放，花冠黄色；通常不结果，花期 2 ～ 4 月。

分布：产于河南、山西、陕西、甘肃、山东、江苏、四川、贵州、云南等省区。

习性：喜光，稍耐阴；较耐寒；喜湿润，也耐干旱，怕涝；对土壤要求不严格，耐碱。

繁殖：常用扦插、压条、分株繁殖。

园林应用：开花极早，南方可与蜡梅、山茶、水仙同植一处，构成新春佳景；与银芽柳、山桃同植，早报春光；种植于碧水萦回的柳树池畔或栽植于路旁、山坡及窗下墙边，或作花篱密植，或作开花地被，或植于岩石园内。

迎春

迎春 5 瓣花

迎春 4 瓣花和 6 瓣花

迎春花期

迎春叶形

迎夏（探春）	*Jasminum floridum* Bunge	Showy Jasmine	木犀科茉莉属

识别要点：半常绿灌木，高 1 ~ 3m。枝直立或平展，幼枝绿色，光滑有棱；叶互生，常 3 小叶，卵状长圆形，边缘反卷，基部楔形，全缘或具小针刺，无毛；聚伞花序顶生，花冠黄色。浆果近圆形。花期 5 ~ 6 月。

分布：产于我国北部及西部。

习性：较耐寒，华北地区露地栽培，冬季稍加保护即可越冬。

繁殖：常用扦插、压条、分株繁殖。

园林应用：同迎春。

迎夏

迎夏花

迎夏的单叶，三小叶复叶和五小叶复叶

迎夏园林应用

双子叶植物

茉莉

云南黄馨园林应用

茉莉重瓣花和叶形

识别要点：常绿灌木，高 3 m。枝细长拱形，柔软下垂，绿色，有四棱；叶对生，小叶 3 枚，纸质，叶面光滑；花单生于小枝端，花冠黄色；花期 4 月，延续时间长。

分布：原产云南。

习性：耐寒性不强。

繁殖：常用扦插、压条、分株法繁殖。

园林应用：因其枝细长拱形下垂，最宜植于驳岸，不仅形成清晰的倒影，还可遮蔽驳岸平直呆板等不足之处；植于路缘、坡地及石缝等处均极优美。

同属植物：茉莉 *Jasminum sambac* (L.) Ait. (Arabian Jasmine)，单叶，花瓣白色。

云南黄馨花期

云南黄馨花

云南黄馨

云南黄馨叶形

大叶醉鱼草 *Buddleja davidii* Franch.　Orangeeye Summerlilic　马钱科醉鱼草属

互叶醉鱼草

识别要点：灌木，高达 5 m。小枝略呈四棱形；单叶对生，卵状披针形至披针形，端渐尖，基部圆楔形，边缘疏生细锯齿，背面密被白色星状茸毛；多数小聚伞花集成穗状圆锥花枝，花萼密被星状茸毛，花冠淡紫色，芳香，花冠筒细而直，外被星状茸毛及腺毛；蒴果长圆形；花期 6～9 月。

习性：性强健，喜温暖、湿润的气候及肥沃、排水良好的土壤，不耐水湿；抗寒性较强。

分布：主产于长江流域一带，西南、西北地区等地也有分布。

繁殖：播种繁殖。

园林应用：花序较大，花色丰富，有香气，是优良的花灌木。但植株有毒，应用时应注意。

同属植物：互叶醉鱼草 *Buddleja alternifolia* Maxim.，长枝上叶互生，短枝上叶簇生；密蒙花 *Buddleja officinalis* Maxim.，叶全缘，稀有疏锯齿。

大叶醉鱼草

大叶醉鱼草品种 1

大叶醉鱼草品种 2

互叶醉鱼草叶形

密蒙花

夹竹桃 *Nerium indicum* Mill. Sweetscented Oleander 夹竹桃科夹竹桃属

黄花夹竹桃

黄蝉

夹竹桃园林应用

夹竹桃

识别要点：常绿直立大灌木，高 5 m。嫩枝具棱，微被毛，老时脱落；叶 3～4 枚轮生，枝条下部为对生，窄披针形，叶缘反卷；花序顶生，花冠深红色或粉红色，单瓣或重瓣；蓇葖果细长；花期 6～10 月。

分布：原产伊朗、印度、尼泊尔。

习性：喜光，喜温暖、湿润气候，不耐寒；耐旱力强；抗烟尘及有毒气体强；有毒，用时应注意；对土壤适应性强。

繁殖：以压条法繁殖为主，也可扦插，其中水插尤易生根。

园林应用：常植于公园、庭园、街头、绿地等处；枝繁叶茂，四季常青，是极好的背景树种。

品种：重瓣夹竹桃 'Plenum'，花重瓣；重瓣白花夹竹桃 'Albo-plenum'，花重瓣，白色。

同科植物：黄蝉 *Allemanda neriifolia* Hook.，直立灌木，高 1～2 m。单叶 3～5 片轮生，卵形、椭圆形或长圆形状；花为聚伞花序顶生，鲜黄色，花冠呈漏斗形，裂片圆或卵形先端钝，花冠管内带有红褐色条纹；果为蒴果球形，具长刺。花期为 5～8 月，果期 10～12 月。黄花夹竹桃 *Thevetia peruviana*(Pers.) K. Schum.，灌木或小乔木，高 2～5 m，有乳汁。叶互生，线形或狭披针形，无柄，聚伞花序顶生；花冠漏斗状，裂片 5，雄蕊 5；核果扁三角状球形，直径 3～4 cm，熟时浅黄色，内有种子 3～4 粒，种子两面凸起，坚硬。果期 11 月至次年 2 月，花期 6～12 月。

重瓣白花夹竹桃

重瓣夹竹桃

白花夹竹桃

识别要点：多年生直立亚灌木，高 1.5 ~ 4 m。茎直立，无毛；叶对生，椭圆形或长圆状披针形，长 2 ~ 5 cm，宽 0.5 ~ 1.5 cm，基部圆形或楔形，先端钝，具细齿；边缘稍反卷，平滑无毛，叶柄短；圆锥状聚伞花序顶生或腋生，绿色；蓇葖果长角状，成熟时黄褐色，带紫晕；花期 4 ~ 9 月，果熟期 7 ~ 12 月。

分布：盛产于新疆，在辽宁、吉林、内蒙古、甘肃、陕西、山西、山东、河南、河北、江苏及安徽北部等地也有分布。

习性：喜光，较耐阴，较耐寒、耐旱，忌水湿。

繁殖：播种、切段及分株繁殖。

园林应用：花多，美丽芳香，花期长，适于低温、盐碱、干旱、沙荒地区种植。

同科植物：蔓长春花 *Vinca major* L.，花叶蔓长春花 'Variegata'，金叶蔓长春花 f. *aurea* S. X .Yan, f. nov.；沙漠玫瑰 *Adenium obesum* (Forssk.) Balfex Roem. et Schult.；紫芳草 *Exacum affine* Balf. f.。

金叶蔓长春花和花叶蔓长春花

蔓长春花

罗布麻花

罗布麻

沙漠玫瑰

沙漠玫瑰花

紫芳草

络石 *Trachelospermum jasminoides* (Lindl.) Lem. Chinese Star Jasmine, Confederate Jasmine 夹竹桃科络石属

识别要点：常绿藤本植物。茎圆柱形，借气生根攀援；单叶对生，革质，长椭圆形，叶柄短；聚伞花序，顶生或腋生，花冠白色，高脚杯形，花冠筒中部膨大，芳香；蓇葖果双生；花期4～6月，果期8～10月。

分布：我国黄河以南地区有分布。

习性：喜温暖、湿润气候，耐半阴、耐寒、耐旱、耐贫瘠，不择土壤。

繁殖：扦插繁殖。

园林应用：四季常绿，覆盖性好，开花时节花香袭人，可点缀假山、叠石，或攀援墙壁、枯树、花架、绿廊；也可片植林下作耐阴湿地被植物。

变种：石血 var. *heterophyllum* Tsiang，叶披针形，呈异型，茎和枝条具有气生根。

同属植物：花叶亚洲络石 *Trachelospermum asiaticum* (Sieb. et Zucc.) Nakai 'Variegatum'，叶具彩色斑块，雄蕊花药伸出花冠之外。

同科植物：长春花 *Catharanthus roseus* (L.) G. Don，多年生草本植物。叶对生，长椭圆状，叶柄短，全缘，两面光滑无毛，主脉白色明显；聚伞花序顶生。花有红、紫、粉、白、黄等多种颜色，花冠高脚蝶状，5裂。

长春花

长春花4瓣花

花叶亚洲络石

络石叶形和果实

络石

络石花

石血

夹竹桃科植物：
鸡蛋花 *Plumeria rubra* 'Acutifolia'。

龙胆科植物：
鳞叶龙胆 *Gentiana squarrosa* Ledeb.；
睡菜 *Menyanthes trifolia* L.；
荇菜（莕菜）*Nymphoides peltatum* (Gmel.) O. Kuntze；
翼萼蔓 *Pterygocalyx volubilis* Maxim.。

鸡蛋花

鸡蛋花叶形

鳞叶龙胆

睡菜

荇菜

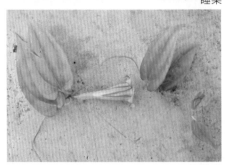

翼萼蔓

双子叶植物

杠柳	*Periploca sepium* Bunge	China Silkvine	萝藦科杠柳属

识别要点：落叶蔓性灌木，具乳汁，除花外，全株无毛。茎皮灰褐色，小枝有细条纹，具皮孔；叶对生，卵状长圆形，全缘；聚伞花序腋生，花冠紫红色，内面被长柔毛，外面无毛，雄蕊着生在副花冠内面；蓇葖果，圆柱形；花期5～6月，果熟期8～9月。

分布：东北、华北、西北、华东及西南地区等地。

习性：喜沙质地。

繁殖：播种或分株繁殖。

园林应用：茎叶光滑无毛，花紫红色，具有一定观赏效果，宜作污地遮掩树种。

同科植物：马利筋 *Asclepias curassavica* L.，多年生宿根性亚灌木状草本植物，高30~180 cm，具乳汁，全株有毒。单叶对生，披针形或矩圆形披针形；伞形花序顶生或腋生，花冠轮状五深裂，红色，副花冠黄色。

杠柳

杠柳果实

杠柳花

马利筋品种 1

马利筋

马利筋品种 2

蔓剪草

萝藦科植物：

白首乌 *Cynanchum bungei* Decne.；
鹅绒藤 *Cynanchum chinense* R. Br.；
蔓剪草 *Cynanchum chekiangense* M. Cheng ex Tsiang et P. T. Li；
竹灵消 *Cynanchum inamoenum* (Maxim.) Loes.；
萝藦 *Metaplexis japonica* (Thunb.) Makino。

白首乌

萝藦

鹅绒藤

萝藦果实和种子

竹灵消

双子叶植物

花叶甘薯

金叶甘薯

识别要点：一年生草质藤本植物，全株有刺毛。茎细长，缠绕，多分枝；叶心形，通常3裂至中部，中间裂片长卵圆形，两侧裂片底部宽圆；花序有花1～3朵，萼片狭披针形，外面有毛；花冠漏斗形，蓝色或淡紫色，管部白色；花期7～9月，果熟期9～10月。

分布：原产热带美洲。

习性：性强健，不耐寒，喜气候温和、光照充足、通风适度，对土壤适应性强，较耐干旱盐碱，耐贫瘠。

繁殖：播种繁殖。

园林应用：牵牛花秀冠柔条，风姿绰约。可作园林中的垂直绿化，装饰花架、篱垣、栅栏等，亦可地被种植。

同科植物：金叶甘薯 *Ipomoea batatas* (L.) Lam. ‘Golden Summer’；花叶甘薯 *Ipomoea batatas* (L.) Lam. ‘Tricolor’。

牵牛与茑萝配置

牵牛花色

牵牛

| 圆叶牵牛 | *Pharbitis purpurea* (L.) Voigt | Roundleaf Morning Glory | 旋花科牵牛属 |

圆叶牵牛园林应用

识别要点：多年生草本植物，成株全体被粗硬毛。茎缠绕，叶互生，有长柄，阔心脏形，全缘；聚伞花序，一至数朵腋生，漏斗状，花小，白色、红玫瑰色、堇蓝色等，总梗与叶柄等长；蒴果球形；花期 7～9 月，果熟期 9～11 月。

分布：原产美洲。

习性：性强健，耐瘠地及干旱，短日照下形成花蕾。

繁殖：播种繁殖。

园林应用：为夏秋常见的蔓性草花。花朵迎朝阳而放，宜植于游人早晨活动之处，也可作小庭院及居室窗前遮阴，小型棚架、篱垣的美化，或作地被种植。

同科植物：蕹菜（空心菜）*Ipomoea aquatica* Forsk.，蔓性草本植物，全株光滑。地下无块根；茎中空；叶互生，椭圆状卵形或长三角形；花通常白色，也有紫红色或粉红色；种子有细毛。花期 7～9 月。

蕹菜

圆叶牵牛

圆叶牵牛花色 1

圆叶牵牛花色 2

圆叶牵牛花色 3

双子叶植物

| 茑萝（游龙草，羽叶茑萝） | *Quamoclit pennata* (Desr.) Bojer. | Cypress Vine | 旋花科茑萝属 |

茑萝

茑萝白色花

识别要点：一年生草本植物。茎缠绕，细弱；叶互生，卵形，羽状深裂，具 10 ~ 18 对裂片，裂片线形，平展；聚伞花序腋生，有花数朵，花冠高脚碟状，深红色，长 2.5 cm；花期 7 ~ 9 月。

分布：原产美洲热带地区。

习性：喜阳光、温暖环境，耐旱，适宜排水良好的沙质土壤。

繁殖：播种繁殖。

园林应用：红色的喇叭状小花精巧别致，可植于藤架、柱廊、篱栅、山坡或景石缝隙中。

同属种类：槭叶茑萝 *Quamoclit sloteri* House，叶掌状深裂，裂片披针形，先端细长而尖，基部 2 裂片各 2 裂。

同科植物：菟丝子 *Cuscuta chinensis* Lam.。

菟丝子

茑萝红色花

槭叶茑萝花

槭叶茑萝

双子叶植物

| 马蹄金 | *Dichondra repens* G. Forst. | Creeping Dichondra | 旋花科马蹄金属 |

识别要点：多年生草本植物。茎细长，被灰色短柔毛，节上生根；叶小，肾形至圆形，先端宽圆形，基部阔心形，被生柔毛，全缘，具长柄；花单生叶腋，花冠钟状，黄色，小蒴果近球形；花期4月，果熟期7月。

分布：我国长江以南各省及台湾省均有分布。

习性：耐寒，耐热，耐阴，耐湿，稍耐旱。

繁殖：分株繁殖。

园林应用：植株低矮、四季常青，抗性强，可迅速蔓延成坪，常用于护坡、观赏草坪、匍匐性草本植物，亦可适用于公园、机关单位、庭院绿地等栽培观赏。

同科植物：打碗花 *Calystegia hederacea* Wall.；篱打碗花 *Calystegia sepium* (L.) R. Br.；田旋花 *Convolvulus arvensis* L.；菟丝子 *Cuscuta chinensis* Lam.。

打碗花

篱打碗花

马蹄金

田旋花

菟丝子

紫草

厚壳树

梓木草

识别要点：落叶乔木，高达 15 m。枝条黄褐色至赤褐色，无毛；叶椭圆形、狭倒卵形或长椭圆形，有浅细锯齿，上面沿脉散生白色短伏毛，下面疏生黄褐色毛；圆锥花序顶生和腋生，花无梗，密集，有香味，花冠白色，雄蕊伸出花冠外。核果近球形，橘红色。

分布：产于我国亚热带地区。

习性：喜温暖、湿润气候，也较耐寒；适生于湿润肥沃土壤。

繁殖：播种或分株繁殖。

园林应用：枝叶郁茂，满树繁花，适于作庭阴树，可用于亭际、房前、水边、草地等处，常自然生长于村落附近。

紫草属植物：紫草 *Lithospermum erythrorhizon* Sieb. et Zucc.；梓木草 *Lithospermum zollingeri* DC.。

梓木草花

厚壳树花序

紫草花

| 粗糠树（毛叶厚壳树） | *Ehretia macrophylla* Wall. | Largeleal Ehretia | 紫草科厚壳树属 |

识别要点：落叶乔木，高达 10 m。枝被柔毛；单叶，互生，椭圆形、卵形至倒卵状椭圆形，先端急尖或钝，缘具三角状粗齿，正、反两面均被粗毛；花白色或淡黄色，芳香，密集；核果球形，初为黄色，成熟为黑色。

分布：产于我国长江流域及以南地区。

习性：喜光，喜湿热气候及深厚偏酸性土壤，耐寒性差。

繁殖：播种或分株繁殖。

园林应用：叶大阴浓，花香密集，黄果累累，有较好的观赏价值，孤植、对植作庭园观赏树或庭阴树。

同科植物：钝萼附地菜 *Trigonotis amblyosepala* Nakai et Kitag.；附地菜 *Trigonotis peduncularis* (Trev.) Benth. ex Baker et Moore；福建茶 *Carmona microphylla* (Lam.) Don.；聚合草 *Symphytum peregrinum* Ledeb.。

粗糠树果实

粗糠树

钝萼附地菜

福建茶

附地菜

聚合草

双子叶植物

海州常山　*Clerodendrum trichotomum* Thunb.　Harlequin Glorybower　马鞭草科赪桐属

识别要点：灌木或小乔木，高 8 m。幼枝叶柄花序轴等有黄褐色柔毛；单叶对生，阔卵形至三角状卵形，基多截形，全缘或有波齿状，全面疏生短柔毛或近无毛；伞房状聚伞花序，花紫红色，花冠白色或带粉红色，筒细长；核果近球形，成熟时呈蓝紫色；花果期 6～11 月。

分布：华北、华东、中南、西南各地区均有分布；朝鲜、日本、菲律宾也有分布。

习性：喜光，稍耐阴，有一定耐寒性。

繁殖：扦插和组培繁殖。

园林应用：适宜栽植于水边，花果美丽，适宜观赏。

海州常山果实

海州常山花

海州常山

海州常山果序

海州常山花序

海州常山叶形

单叶蔓荆

黄荆

荆条花序

识别要点：灌木或小乔木，小枝常四棱形。叶对生，掌状复叶，小叶边缘有缺刻状锯齿，背面淡绿色，通常被茸毛；聚伞花序，花白色，核果，外有宿存花萼。

分布：产于我国东北、华北、西北、华东及西南各地。

习性：耐干旱瘠薄土壤，适应性强。

繁殖：播种、分株繁殖。

园林应用：常生长在山坡、路边、石隙、林边，用于装点风景，增添无限生机。

同属植物：黄荆 *Vitex negundo* L.，小叶全缘或有钝锯齿；牡荆 *Vitex negundo* L. var. *cannabifolia* Hand.-Mazz.；单叶蔓荆 *Vitex trifolia* L. var. *simplicifolia* Cham.，叶单生，花大。

荆条

荆条花

牡荆

美女樱　　*Verbena hybrida* Voss.　　Common Garden Vervain　　马鞭草科马鞭草属

识别要点：植株高 30 ~ 50 cm。全株有灰色柔毛；茎四棱。叶对生，有柄，长圆或披针状三角形，缘具缺刻状粗齿；穗状花序顶生，呈伞房状，花小而密集，花萼细长筒形，先端5 裂，花冠筒状；蒴果；花期 6 ~ 9 月，果熟期 9 ~ 10 月。

分布：原产巴西、秘鲁、乌拉圭等地。

习性：喜阳光充足，喜湿润、疏松而肥沃的土壤，耐寒。

繁殖：播种或扦插繁殖。

园林应用：分枝紧密，铺覆地面；花序繁多，花色丰富而秀丽，园林中多用于花境、花坛或盆栽。

同属植物：加拿大美女樱 *Verbena canadensis* Britt.，多年生草本植物，多分枝，高达45 cm。叶长卵形，基部阔楔形或平截，具锯齿或深裂，长 2.5~10 cm；伞房状花序或穗状花序生于新枝顶端，花紫色、紫红、玫瑰红、白色，花径 17 cm。花期 6~10 月。

美女樱品种 1

加拿大美女樱

加拿大美女樱花期

美女樱品种 2

美女樱品种 3

美女樱品种 4

双子叶植物

花叶假连翘

假连翘

细叶美女樱园林应用

马鞭草科植物 1：

假连翘 *Duranta repens* L.，
花叶假连翘 'Variegata'；
细叶美女樱 *Verbena tenera* Spreng. (Thinleaf Vervain)，叶二
回深裂或全裂，裂片线形。

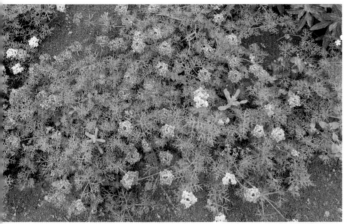

细叶美女樱

假连翘果实

细叶美女樱和美女樱

双子叶植物

老鸦糊

马鞭草科植物 2：

赪桐 *Clerodendrum japonicum* (Thunb.) Sweet；
臭牡丹 *Clerodendrum bungei* Steud.；
龙吐珠 *Clerodendrum thomsonae* Balf.；
老鸦糊（小米团花，鱼胆）*Callicarpa giraldii* Hesse ex Rehd.；
紫珠 *Callicarpa bodinieri* Lévl.。

赪桐

臭牡丹

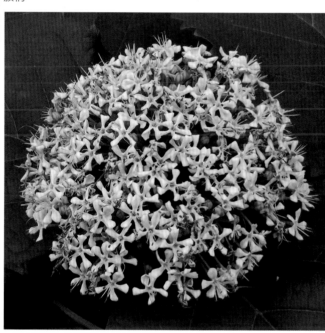

臭牡丹花序

龙吐珠

紫珠

双子叶植物

马鞭草

金叶莸

马鞭草花序

柳叶马鞭草

五色梅

马鞭草科植物 3：

金叶莸 *Caryopteris × clandonensis* 'Worcester Gold'；

三花莸 *Caryopteris terniflora* Maxim.；

柳叶马鞭草 *Verbena bonariensis* L.；

马鞭草 *Verbena officinalis* L.；

五色梅（马缨丹）*Lantana camara* L.。

三花莸

双子叶植物

| 一串红 | *Salvia splendens* Ker.-Gawl. | Redstring, Scarlet Sage | 唇形科鼠尾草属 |

识别要点：多年生半灌木草本植物，作一年生栽培。茎直立，高 50 ~ 80 cm，光滑有四棱。叶对生，卵形至心脏形，先端渐尖，基部截形或圆形，边缘具锯齿；总状花序顶生，小花 2 ~ 6 朵轮生，苞片红色，萼钟状，花冠唇形；小坚果椭圆形，暗褐色；花期 3 ~ 10 月。

分布：原产南美巴西。

习性：不耐寒，喜阳光充足、半阴、温暖、湿润的气候，喜疏松肥沃的壤土。

繁殖：播种或扦插繁殖。

园林应用：一串红花色艳丽，花期长，是花坛的主要材料，也可用作花带、花台等。

品种：一串白'Alba'，花白色。

同科植物：深蓝鼠尾草 *Salvia guaranitica* A. St. -Hil. ex Benth.；荔枝草 *Salvia plebeia* R. Br.；藿香 *Agastache rugosa* (Fisch. et Mey.) O. Ktze.；木本香薷 *Elsholtzia stauntoni* Benth.。

木本香薷

藿香

深蓝鼠尾草

藿香叶形

荔枝草

一串红和一串白

蓝花鼠尾草（一串蓝） *Salvia farinacea* Benth. Starchcontaining Sage 唇形科鼠尾草属

识别要点：多年生草本植物,多为一年生栽培,高 40 cm。植株被柔毛,茎多分枝,簇生；叶椭圆形至线状披针形,对生,灰绿色,叶表有凹凸状织纹,且有折皱。总状花序,蓝堇色,小花多朵轮生。花期夏秋。

分布：原产北美南部。

习性：喜光照,稍耐半阴,喜温暖湿润的气候环境,不耐寒,喜湿润、肥沃的腐殖质土壤。

繁殖：播种繁殖。

园林应用：盆栽适用于花坛、花境和园林景点的布置,也可点缀岩石旁、林缘空隙地。

同属植物：丹参 *Salvia miltiorrhiza* Bunge；朱唇（红花鼠尾草） *Salvia coccinea* L.,白花朱唇（白花鼠尾草）'Alba'；荫生鼠尾草 *Salvia umbratica* Hance,叶片三角形或卵圆状三角形,长 3~16 cm,宽 3~16 cm,先端渐尖或尾状渐尖,基部心形、戟形或近截形,边缘具重圆齿或牙齿。

丹参

蓝花鼠尾草及其白花品种

丹参花

荫生鼠尾草

朱唇与白花朱唇

双子叶植物

紫背金盘

金疮小草

筋骨草

罗勒

紫罗勒

双子叶植物

花叶薄荷　　　　　　　　　　　　　　　　　　　　　薄荷

识别要点：多年生草本植物，高 30 ~ 80 cm。茎直立，锐四棱形，多分枝；叶对生，椭圆形或卵形，边缘有锯齿，有清凉浓香；轮伞花序着生于上部叶腋，小花淡紫色，唇形，坚果卵球形；花期 7 ~ 9 月，果期 10 月。

分布：产于中国各地区。

习性：生于水旁潮湿地，光照宜充足，较喜温暖暖气候，以排水良好的壤土或沙壤土为佳。

繁殖：压条及扦插繁殖。

园林应用：因覆盖地面快，可作潮湿低洼地的地被材料，适合庭园栽培观赏，园林点缀，湿地布景或用于大型盆栽。

同属植物：花叶薄荷（斑叶凤梨薄荷，花叶香薄荷）*Mentha suaveolens* Ehrh.'Variegata'，常绿草本植物。叶对生，椭圆形至圆形，叶片边缘白色。皱叶留兰香 *Mentha crispate* Schrad. ex Willd，植株无毛。叶皱波状，卵形或卵状披针形，边缘具锐裂的锯齿。

同科植物：美国薄荷 *Monarda didyma* L.；印度薄荷 *Coleus amboinicus* Lour.。

皱叶留兰香

印度薄荷（一摸香）

美国薄荷

| 活血丹 | *Glechoma longituba* (Nakai) Kupr. | Longtube Ground Ivy | 唇形科活血丹属 |

识别要点：草本植物,高 10 ~ 20 cm。匍匐茎四棱形；下部叶较小,革质,心形或近肾形；上部叶较大,心形,下面常带紫色；花冠蓝色或紫色,下唇具深色斑点,花冠筒有长和短两型；小坚果矩圆状卵形；花期 4 ~ 5 月,果期 5 ~ 6 月。

分布：原产中国,在除甘肃、青海、新疆及西藏外的地区均有分布。

习性：喜温暖、湿润的气候。

繁殖：分株或播种繁殖。

园林应用：叶形可爱,花形独特,适于片植或丛植于林缘疏地,或作花坛或草坪边缘的布置。

同属植物：日本活血丹 *Glechoma grandis* (A. Gray) Kupr.；白透骨消 *Glechoma biondiana* (Diels) C. Y. Wu et C. Chen；花叶欧亚活血丹 *Glechoma hederacea* L. f. 'Variegata',叶边缘或至叶片基部有白色斑。

同科植物：蓝萼香茶菜 *Rabdosia japonica* (Burm. f.) Hara var. *glaucocalyx* (Maxim.) Hara。

蓝萼香茶菜

白透骨消

白透骨消花

花叶欧亚活血丹

蓝萼香茶菜花

活血丹

日本活血丹

假龙头花（随意草，芝麻花） *Physostegia virginiana* Benth. Virginia Physostegia 唇形科假龙头花属

识别要点：多年生草本植物，茎直立，株高 60 ～ 120 cm。叶对生披针形，绿色，具黄色斑纹，先端渐尖，叶缘有锯齿；穗状花序顶生，苞片极小，小花深红、粉红或淡紫色；花期 7 ～ 9 月。

分布：原产北美。

习性：喜光，耐半阴，较耐寒，喜肥沃、疏松的沙壤土，不耐夏季干旱。

繁殖：分株繁殖。

园林应用：因其枝条挺拔，花朵繁盛，群体观赏效果极好，常用于配植花坛、花境，片植或丛植，亦可盆栽供国庆节日用花。

变型：六月雪假龙头花 'Summersnow'，花白色。

同科植物：野芝麻 *Lamium barbatum* Sieb. et Zucc.；宝盖草 *Lamium amplexicaule* L.；地笋 *Lycopus lucidus* Turcz.。

六月雪假龙头花　　　　　　　　　　　　　　　　　　　　　　　　　地笋

宝盖草

假龙头花

野芝麻

双子叶植物

绵毛水苏

半枝莲

识别要点：多年生宿根草本植物，高 60 cm。茎直立，四棱，密被灰白色绵毛；叶柔软，对生，边缘具小圆齿，质厚，两面均被灰白色茸毛，基部叶片长圆状匙形，上部叶片椭圆形，叶基楔形；伞状花序轮生，粉红色或紫色，分上下二唇，上唇 2 裂，下唇 3 裂；小坚果卵圆形；花期 7 月。

分布：原产土耳其、伊朗北部。

习性：耐寒，耐热，耐旱，喜阳光充足的环境，适宜种植在轻质、排水良好的土壤上。

繁殖：播种或分株繁殖。

园林应用：因其全身被白色茸毛，常种植于花坛前沿或大型岩石园中，还可作观赏植物栽于花圃中。

黄芩属植物：半枝莲 *Scutellaria barbata* D. Don；韩信草 *Scutellaria indica* L.；黄芩 *Scutellaria baicalensis* Georgi。

韩信草

黄芩

绵毛水苏花序

夏堇（蓝猪耳） *Torenia fournieri* Linden. ex Fourn. | Blue Torenia | 玄参科蝴蝶草属

识别要点：一年生草本植物，株高 20 ~ 50 cm。茎具四棱，多分枝；叶对生，叶片卵状或卵状披针形，先端尖，叶缘有锯齿；花腋生或顶生，花冠唇形，花萼膨大，花色有粉红、蓝、紫、白以及复色等多种，喉部有黄色斑块；花期 7 ~ 10 月。

分布：原产中南半岛。

习性：喜高温，耐炎热，喜光，耐半阴，较耐旱，怕积水，不耐寒，在阳光充足、适度肥沃湿润的土壤上开花繁茂。

繁殖：播种或扦插繁殖。

园林应用：生长密集，开花繁盛，是优良的夏秋季节花卉，适合夏季布置花坛、门前绿化带或其他临时需要摆花的地方，也可作为地被植物。

唇形科植物：迷迭香 *Rosmarinus officinalis* L.；夏枯草 *Prunella vulgaris* L.；夏至草 *Lagopsis supina* (Steph. ex Willd.) Ik. -Gal. ex Knorr.。

迷迭香

迷迭香花

夏枯草

夏堇 1

夏至草

夏堇 2

| 益母草 | *Leonurus artemisia* (Lour.) S. Y. Hu | Wormwoodlike Motherwort | 唇形科益母草属 |

錾菜

风轮菜

识别要点：一年或二年生草本植物，株高 30 ~ 120 cm。幼苗期无茎，花前期茎呈钝四棱形，下部茎生叶掌状 3 裂，上部叶羽状深裂或浅裂成 3 片，裂片全缘或具少数锯齿，轮伞花序腋生；小坚果长圆状三棱形，浅褐色；花期 6 ~ 9 月，果期 9 ~ 10 月。

分布：全国各地均有野生。

习性：喜温暖、湿润的气候，喜光，喜肥沃的土壤，耐寒，耐旱。

繁殖：播种或扦插繁殖。

园林应用：可丛植、片植于园林绿地的疏林草地上，或点缀在雕塑、溪边、花坛花境镶边处，亦可用地被植物加强立体景观效果。

同属植物：錾菜 *Leonurus pseudomacranthus* Kitagawa，多年生草本植物。叶 3 裂或不裂，裂片较宽，多长圆形或披针状长圆形；花冠淡粉红色至白色；细叶益母草 *Leonurus sibiricus* L.，叶小裂片宽 1~3 mm，线形；花序上的苞叶明显 3 深裂，小裂片线形；花冠较大，长 1.8 cm，下唇短于上唇。

同科植物：风轮菜 *Clinopodium chinense* (Benth.) O. Ktze.。

益母草花期

细叶益母草

益母草

益母草花序

双子叶植物

糙苏

回回苏

识别要点：一年生草本植物，高 60 ~ 90 cm。有特异芳香，茎四棱形，紫色、绿紫色，有长柔毛；单叶对生，叶片先端渐尖，边缘具粗锯齿，两面紫红色或淡红色，有腺点。轮伞花序，组成顶生或腋生的假总状花序，花冠紫红色成粉红色至白色；小坚果近球形，灰褐色；花期 8 ~ 11 月，果期 8 ~ 12 月。

分布：全国各地广泛栽培。

习性：喜光，喜温暖、湿润的气候，耐涝性较强，不耐干旱，适应性强，对土壤要求不高。

繁殖：播种或扦插繁殖。

园林应用：紫苏是园林中良好的观叶草本植物，可在绿色草坪背景下作基础种植，栽植于墙隅、建筑物旁或夜香园。

变种：回回苏 var. *crispa* (Thunb.) Decne.，叶常紫色，具狭而深的锯齿；果萼较小。

同科植物：糙苏 *Phlomis umbrosa* Turcz.；香青兰 *Dracocephalum moldavica* L.。

香青兰

紫苏

紫苏花

| 枸杞 | *Lycium chinensis* Mill. | Chinese Wolfberry | 茄科枸杞属 |

识别要点：多分枝灌木，高达 1 m。全株光滑无毛，枝细长，常弯曲下垂，有纵条棱，具针状棘刺；单叶互生，或 2 ~ 4 枚簇生，卵形、卵状菱形至卵状披针形，端急尖，基部楔形；花单生或 2 ~ 4 朵簇生叶腋，花冠漏斗状，淡紫色；浆果红色、卵状；花果期 6 ~ 11 月。

分布：广布全国各地。

习性：稍耐阴，喜温暖，较耐寒，对土壤要求不严，耐干旱、耐碱性都很强，忌黏质土及低湿条件。

繁殖：播种、压条、扦插、分株繁殖。

园林应用：可作庭园秋季观果灌木，也可供池畔、河岸、山坡、径旁、悬崖石隙以及林下、井边栽植。

同科植物：大花曼陀罗 *Brugmansia suaveolens* (Humb. et Bonpl. ex Willd.) Bercht. et J. Presl；苦蘵 *Physalis angulata* L.；矮牵牛 *Petunia hybrida* Vilm.。

矮牵牛

矮牵牛园林应用

枸杞花

枸杞

大花曼陀罗

苦蘵

龙葵	*Solanum nigrum* L.	Black Nightshade	茄科茄属

识别要点：一年生草本植物，高达 1 m。茎直立，多分枝；叶卵形，全缘或有波状粗齿；花序聚伞形短蝎尾状腋外生，花梗下垂，绿色花萼杯状，花小，花冠白色；果实球形，成熟时黑色；花期 7 ~ 8 月，果期 8 ~ 10 月。

分布：中国几乎都有分布。

习性：喜阳光充足，凉爽湿润的气候，对土壤要求不严格。

繁殖：播种繁殖。

园林应用：花白色，果球形，玲珑可爱，是良好的观花、观果植物，可栽植于野趣园，大面积丛植于路边、小木屋、凉亭旁，体现田园乡村风情。

同属植物：白英 *Solanum lyratum* Thunb.；野海茄 *Solanum japonense* Nakai，多年生草质藤本植物，枝细长，花冠紫色，基部有 5 个绿色斑点。

白英

野海茄

龙葵果实

龙葵

龙葵花

颠茄

牛茄子

茄科植物:

颠茄 *Atropa belladonna* L.；
假酸浆 *Nicandra physaloides* (L.) Gaertn.；
牛茄子（大颠茄）*Solanum capsicoides* Allioni；
乳茄 *Solanum mammosum* L.；
樱桃番茄 *Lycopersicon esculentum* Mill. var. *cerasiforme* (Dunal) A.。

乳茄

樱桃番茄花

樱桃番茄

假酸浆

识别要点：落叶乔木，高可达 20 m。树冠高大锥形，干皮淡灰褐色；叶形似楸树，大型叶片三角状狭长卵形，叶全缘，背面密生星毛，有长叶；狭圆锥聚伞花序顶生，花管状漏斗形，淡紫色；蒴果菱状卵形；花期 5 月，果熟期 9 月。

分布：原产中国。

习性：喜光，不耐阴，较耐寒，较抗干旱，对土壤性质要求不严格，忌积水涝洼。

繁殖：播种、埋根、埋条均易繁殖。

园林应用：树冠美观，干形端直，叶似楸叶，花淡紫色，是一个良好的"四旁"绿化速生树种。

同属植物：毛泡桐 *Paulownia tomentosa* (Thunb.) Steud.，花白色或淡紫色；果长圆形或长圆状椭圆形，长 5~10 cm。

毛泡桐   毛泡桐果实

毛泡桐花

楸叶泡桐

楸叶泡桐花序

兰考泡桐叶形

白花泡桐

白花泡桐叶形

兰考泡桐

白花泡桐花

兰考泡桐花

泡桐属植物：

白花泡桐 *Paulownia fortunei* (Seem.) Hemsl. (Fortune Paulownia)；
兰考泡桐 *Paulownia elongata* S. Y. Hu (Elongate Paulownia)。

兰考泡桐果实

双子叶植物

金鱼草

玄参科植物 1：

金鱼草 *Antirrhinum majus* L.；
香彩雀（夏季金鱼草）*Angelonia angustifolia*
Benth.。

金鱼草品种 1

金鱼草品种 2

金鱼草品种 3

香彩雀

金鱼草品种 4

双子叶植物

| 毛地黄 | *Digitalis purpurea* L. | Common Foxglove | 玄参科毛地黄属 |

识别要点：二年生或多年生草本植物，株高 60 ~ 120 cm。茎直立，少分枝；叶粗糙、皱缩，基生叶具长柄，卵状披针形，边缘具钝齿；茎生叶柄短或无，长卵形，边缘有细齿；顶生总状花序，花冠钟状下垂，花紫色；蒴果圆锥形。花期 5 ~ 6 月，果期 6 ~ 7 月。

分布：原产欧洲中部与南部山区。

习性：喜光，要求中等肥沃、湿润而排水良好的土壤，略耐干旱，较耐寒，可在半阴环境下生长。

繁殖：播种繁殖。

园林应用：植株高大，花序挺拔，色彩明亮。最适作花境的背景布置，或配植于大型花坛、岩石园中，若丛植则更为壮观。

同科植物：地黄 *Rehmannia glutinosa* (Gaertn.) Libosch. ex Fisch. et Mey.，花萼有筒，钟状；花冠 5 裂，裂片近相等。

地黄花

毛地黄

地黄

毛地黄花

毛地黄园林应用

双子叶植物

| 阿拉伯婆婆纳 | *Veronica persica* Poir. | Arab Speedwell | 玄参科婆婆纳属 |

识别要点：全株有毛，茎高 10 ~ 30 cm。茎自基部分枝，下部倾卧。茎基部叶对生，有柄或近无柄，卵状长圆形，边缘有粗钝齿，基部浅心形，平截或浑圆；花单生于苞腋，具花柄，上部互生，花冠淡蓝色，四片花瓣，有放射状深蓝色条纹；花果期 3 ~ 6 月。

分布：原产欧洲，分布于我国华东、华中地区及贵州、云南、西藏东部及新疆。

习性：喜温暖、湿润气候，耐干燥，对土壤要求不严格。

繁殖：播种繁殖。

园林应用：花形娇小可爱，生长密集，翠绿如茵，繁殖迅速，可在园林中作优良地被。

同属植物：达尔文婆婆纳 *Veronica hybrida* 'Darwinis Blue'；大婆婆纳 *Veronica dahurica* Stev.；婆婆纳 *Veronica didyma* Tenore；水蔓菁 (细叶婆婆纳)*Veronica linariifolia* Pall. ex Link。

达尔文婆婆纳

阿拉伯婆婆纳

大婆婆纳

水蔓菁

婆婆纳

双子叶植物

弹刀子菜花

弹刀子菜

毛地黄叶钓钟柳（电灯花）

> **玄参科植物 2：**
>
> 弹刀子菜 *Mazus stachydifolius* (Turcz.) Maxim.；
> 刘寄奴（阴行草）*Siphonostegia chinensis* Benth.；
> 毛地黄叶钓钟柳 *Penstemon digitalis* Nutt. ex Sims；
> 小通泉草 *Mazus japonicus* (Thunb.) O. Kuntze。

刘寄奴

小通泉草

双子叶植物

荷苞花

白花龙面花

玄参科植物 3：

荷包花 (蒲包花)*Calceolaria herbeohybrida* Voss. ；
柳穿鱼 *Linaria vulgaris* L. var. *sinensis* Bebeaux；
龙面花 *Nemesia strumosa* Benth.，
白花龙面花 'Alba'；
蔓柳穿鱼 *Cymbalaria muralis* G. Gaertn., B. Mey. et Schreb.。

柳穿鱼

龙面花

蔓柳穿鱼

荷苞花花期

双子叶植物

毛蕊花

返顾马先蒿

玄参科植物 4:

返顾马先蒿 *Pedicularis resupinata* L.;
爬岩红 *Veronicastrum axillare* (Sieb. et Zucc.)
Yamazaki;
毛蕊花 *Verbascum thapsus* L.;
山萝花 *Melampyrum roseum* Maxim.;
松蒿 *Phtheirospermum japonicum* (Thunb.)
Kanitz。

山萝花

毛蕊花园林应用

爬岩红

松蒿

双子叶植物

楸树	*Catalpa bungei* C. A. Mey.	Manchurian Catalpa	紫葳科梓树属

识别要点：落叶乔木，高 30 m。树干耸直；小枝灰绿色；叶三角状卵形，顶端尾尖，全缘，两面无毛，背面叶脉有紫色腺斑；总状花序伞房状顶生，花冠浅粉色，内面有紫红色斑点；长蒴果；花期 4 ~ 5 月，果熟期 7 ~ 8 月。

分布：主产于黄河流域和长江流域。

习性：喜光，喜温暖、湿润气候，不耐严寒，不耐干旱和水湿，喜中性土、微酸性土及钙质土；对二氧化硫及氯气有抗性。

繁殖：常用播种、分蘖、埋根、嫁接法繁殖。

园林应用：宜作庭阴树及行道树；孤植于草坪中也极适宜；于建筑配植更能显示古朴、苍劲的树势；也可与假山配植。

变型：滇楸（光叶灰楸）f. *duclouxii* (Dode) Gilmour，与灰楸的区别在于叶下面无毛。

同属植物：灰楸 *Catalpa fargesii* Bur.，花序被短柔毛，叶背面密被分枝短柔毛。

滇楸

灰楸

楸树

楸树叶形

楸树花

双子叶植物

| 梓树 | *Catalpa ovata* G. Don | Ovate Catalpa | 紫葳科梓树属 |

梓树果实

梓树

菜豆树

识别要点：落叶乔木，高 10 ~ 20 m。树冠开展，树皮灰褐色，纵裂；叶广卵形或近圆形，先端突渐尖，基部浅心形，有毛，背面基部脉腋有紫斑；圆锥花序顶生，花冠淡黄色，内有黄色条纹及紫色斑纹；蒴果细长；花期 5 月，果熟期 7 ~ 9 月。

分布：分布很广，东北、华北，南至华南北部，以黄河下游为分布中心。

习性：喜光，稍耐阴，颇耐寒，在温热气候下生长不良；喜深厚、肥沃、湿润土壤，不耐干旱贫瘠；对氯气、二氧化硫和烟尘的抗性均强。

繁殖：常用播种、扦插和分蘖繁殖。

园林应用：冠大阴浓，可做行道树、庭阴树及村旁、宅旁绿化材料。

同科植物：菜豆树 *Radermachera sinica* (Hance) Hemsl.，落叶乔木，高达 15 m。大型 2~3 回羽状复叶，叶轴长约 30 cm，无毛，小叶对生，呈卵形或卵状披针形，长 4~7 cm，全缘；花夜开性，圆锥花序顶生，直立，长 25~35 cm，径 30 cm；花冠钟状漏斗形，白色或淡黄色，长 6~8 cm；蒴果革质，呈圆柱状长条形，似菜豆。

梓树花

梓树幼苗

| 黄金树 | *Catalpa speciosa* Ward. | Gold Tree | 紫葳科梓树属 |

识别要点：落叶乔木，高 15 m。树皮厚鳞片状开裂。叶宽卵形至卵状椭圆形，顶端渐尖，基截形或心形，全缘，表面无毛，背面被白色柔毛，基部脉腋具绿色腺斑；圆锥花序顶生，被毛，花冠白色，内有黄色条纹及紫褐色斑点；蒴果长，如手指粗细；花期 5 月，果熟期 9 月。

分布：原产美国中部及东部。

习性：喜强光，耐寒性较差，喜深厚、肥沃、疏松土壤。

繁殖：常用播种繁殖。

园林应用：树形优美，各地园林多植作庭阴树及行道树，秋季叶色金黄色。

同科植物：角蒿 *Incarvillea sinensis* Lam.，一年生草本植物，高 0.3~1 m。基部叶对生，上部叶互生，2~3 回羽状深裂或全裂，羽片 4~7 对，下部的羽片再分裂为 2 对或 3 对；顶生总状花序，由 4~18 朵花组成，花冠紫红色长漏斗状，略呈唇形，长约 3 cm；蒴果长角状弯曲，长约 10 cm。花期 6~8 月，果期 7~9 月。

黄金树果实

黄金树

黄金树秋色叶

黄金树花序

角蒿

凌霄花序

凌霄园林应用

凌霄花

凌霄叶形

美国凌霄果实

识别要点：藤本植物，达 10 m。树皮灰褐色。小叶 7 ~ 9 枚，卵形至卵状披针形，基部不对称；叶缘具粗锯齿。顶生圆锥花序，花萼钟状，花冠唇状漏斗形，鲜红色或橘红色；蒴果长；花期 6 ~ 8 月，果熟期 7 ~ 9 月。

分布：原产中国中部、东部。

习性：喜光而稍耐阴，喜温暖、湿润气候，耐寒性较差，耐旱忌积水，喜微酸性、中性土壤。

繁殖：以扦插和埋根育苗。

园林应用：为庭园中棚架、花门的良好绿化材料；用以攀援墙垣、枯树、石壁，均极适宜；还可点缀于假山间隙，繁华艳彩；经修剪、整枝等栽培措施，可呈灌木状栽培观赏，是垂直绿化的良好材料。

同属植物：美国凌霄 *Campsis radicans* (L.) Seem. (American Trumpet Creeper)，小叶 9~13(15) 片，椭圆形至卵状矩圆形；花小，径 3 ~ 4cm，花冠紫红或鲜红色，花萼无棱，萼筒较萼裂片长。原产北美。

同科植物：硬骨凌霄 *Tecomaria capensis* (Thunb.) Spach，常绿半蔓性或直立灌木，高可达 2 m。枝细长，皮孔明显，可攀附生长达 5 m；奇数羽状复叶，对生，小叶 5~9 枚，卵形至椭圆状卵形，长 1~2.5 cm，叶缘具齿；总状花序顶生，花冠漏斗状，橙红至鲜红色，长约 4 cm，略弯曲，花期较长。

美国凌霄 与月季配置

美国凌霄

硬骨凌霄

双子叶植物

大岩桐

降龙草

非洲堇

袋鼠花

苦苣苔科植物：

非洲堇（非洲紫罗兰）*Saintpaulia ionantha* Wendl.；
降龙草 *Hemiboea subcapitata* Clarke；
毛萼口红花（花蔓草，大红芒毛苣苔）*Aeschynanthus radicans* Jack；
大岩桐 *Sinningia speciosa* Benth.；
袋鼠花 *Nematanthus gregarius* D.L.Denham。

胡麻科植物：
芝麻 *Sesamum indicum* L.；
黄花胡麻 *Uncarina grandidieri* Stapf.。

毛萼口红花

黄花胡麻

芝麻

车前

长叶车前

大车前

车前科植物：

长叶车前 *Plantago lanceolata* L.；
车前 *Plantago asiatica* L.；
大车前 *Plantago major* L.；
平车前 *Plantago depressa* Willd.。

透骨草科植物：

透骨草 *Phryma leptostachya* L. subsp. *asiatica* (Hara) Kitamura。

透骨草

平车前

透骨草花

双子叶植物

大花栀子

红龙船花

水栀子

茜草科植物 1:

栀子 *Gardenia jasminoides* Ellis,
大花栀子 var. *grandiflora* Nakai,
重瓣大花栀子 (玉荷花) 'Fortuneana',
水栀子 (崔舌栀子) var. *radicans* Mak.;
红龙船花 *Ixora coccinea* L.;
黄龙船花 *Ixora coccinea* L. var. *lutea* F. R.
Fosberg。

栀子 1

栀子 2

黄龙船花

重瓣大花栀子

金边六月雪

猪殃殃

白马骨

茜草科植物 2：

白马骨 *Serissa serissoides* (DC.) Druce；

金边六月雪 *Serissa japonica* (Thunb.) Thunb. 'Aureo-marginata'；

重瓣六月雪 *Seissa japonica* (Thunb.) Thunb. 'Pleniflora'；

麦仁珠 *Galium tricorne* Stokes；

猪殃殃 *Galium aparina* L. var. *tenerum* (Gren. et Godr.) Rchb.；

茜草 *Rubia cordifolia* L.。

重瓣六月雪

茜草

麦仁珠

毛鸡矢藤

鸡矢藤

茜草科植物 3：

鸡矢藤 *Paederia scandens* (Lour.) Merr.，
毛鸡矢藤 var. *tomentosa* (Bl.) Hand.-Mazz.；
水团花 *Adina pilulifera* (Lam.) Franch. ex Drake；
五星花 *Pentas lanceolata* (Forsk.) K. Schum.；
香果树 *Emmenopterys henryi* Oliv.；
玉叶金花（白纸扇） *Mussaenda pubescens* Ait. f.。

水团花

水团花叶形

香果树

五星花

玉叶金花

双子叶植物

大花六道木

六道木

金叶大花六道木

忍冬科六道木属植物：

大花六道木 *Abelia grandiflora* (André) Rehd.，
金叶大花六道木 'Francis Masson'；
六道木 *Abelia biflora* Turcz.；
糯米条 *Abelia chinensis* R. Br.。

大花六道木花序

糯米条

糯米条花序

双子叶植物

金银花（忍冬）　*Lonicera japonica* Thunb.　Japanese Honeysuckle　忍冬科忍冬属

识别要点：半常绿缠绕藤本。枝细长中空，树皮条状剥落；叶卵形或椭圆状卵形，基部圆形至近心形，全缘；花成对腋生，花冠二唇形，初开为白色，后为黄色，芳香；浆果球形，离生，黑色；花期5～7月，果期8～10月。

分布：我国南北各地均有分布。

习性：喜光也耐阴；耐寒、耐旱，耐水湿；对土壤要求不严格，茎着地就能生根。

繁殖：播种、扦插、压条、分株繁殖。

园林应用：可缠绕篱缘、花架、花廊等作垂直绿化，或附在山石上，植于沟边，爬于山坡，用作地被；还是庭园布置夏景的极好材料。

变种：紫脉金银花 var. *repens* Rehd.，叶脉紫红色。

同属植物：金花忍冬 *Lonicera chrysantha* Turcz.，直立灌木，不为缠绕性。

金银花

金银花园林应用

金花忍冬

金花忍冬果实

紫脉金银花

双子叶植物

金银木

金银木果实

金银木花

唐古特忍冬

唐古特忍冬果实

金银木叶形

识别要点：落叶灌木，高 5 m。小枝髓黑褐色，后变中空，幼时具微毛；叶卵状椭圆形至卵状披针形，全缘，两面疏生柔毛；花成对腋生，花冠唇形，先白后黄，芳香；浆果红色，合生；花期 5 月，果期 9 月。

分布：原产东北地区。

习性：耐旱，耐寒，喜光也耐阴，喜湿润肥沃及深厚土壤。

繁殖：常播种、扦插繁殖。

园林应用：因其初夏开花有芳香，秋季红果缀枝头，是良好观赏灌木，孤植或丛植于林缘、草坪、水边均很合适。

同属植物：唐古特忍冬 *Lonicera tangutica* Maxim.，小枝具白色而充实的髓。

郁香忍冬 *Lonicera fragrantissima* Lindl. et Paxon　Winter Honeysuckle　忍冬科忍冬属

识别要点：半常绿灌木，高 2 m。枝髓充实，幼枝有刺刚毛；叶卵状椭圆形至卵状披针形，基部圆形，两面及边缘有硬毛；花成对腋生，苞片线状披针形，花冠唇形，粉红色或白色，芳香，先叶开放；浆果红色，两果合生过半；花期 3 ~ 4 月，果期 5 ~ 6 月。

分布：原产长江流域。

习性：性强健，耐寒，喜光也耐阴。

繁殖：播种或扦插繁殖。

园林应用：花形独特美丽，秋天红果累累，观赏期长，宜孤植或丛生于角隅、道路拐角处、草坪、凉亭旁和溪流湖边。

亚种：苦糖果 subsp. *standishii* (Carr.) Hsu et H. J. Wang，叶卵形、椭圆形或卵状披针形，少数为披针形或近卵形，常两面被刚伏毛及短腺毛或至少下面中脉被刚伏毛，有时中脉下部或基部两侧夹杂短糙毛。

苦糖果叶形

苦糖果

郁香忍冬

郁香忍冬果实

郁香忍冬叶形

郁香忍冬花

双子叶植物

蓝叶忍冬

川西忍冬花

识别要点：灌木，高 2 ～ 3 m，树形向上，紧密。单叶对生，叶卵形或椭圆形，全缘，蓝绿色；花红色，花期 4 ～ 5 月；浆果亮红色，果熟期 9 ～ 10 月。

分布：广于土耳其，美国也有栽培。

习性：喜光，稍耐阴，耐寒，适应性强。

繁殖：播种或扦插繁殖。

园林应用：叶、花、果供观赏，为优良花灌木。可作绿篱。

同属植物：川西忍冬 *Lonicera webbiana* Wall. et DC. var. *mupinensis* (Rehd.) Hsu et H. J. Wang，总花梗长 5~9 cm，花冠长 1.2~1.5 cm。

蓝叶忍冬花期

蓝叶忍冬花

川西忍冬

蓝叶忍冬果实

鞑靼忍冬　　*Lonicera tatarica* L.　　Tatarian Honeysuckle　　忍冬科忍冬属

识别要点：落叶灌木，高3m。小枝中空，老枝皮灰白色；冬芽小；叶卵形或卵状椭圆形，基部圆形或近心性，两面均无毛；花成对腋生，花冠唇形，粉红色或白色，外面光滑，里面有毛；浆果红色，常合生；花期5月，果期9月。

分布：原产欧洲及西伯利亚、中国新疆北部。

习性：适应性较强，较耐寒，以肥沃、疏松且排水良好的酸性土壤为主。

繁殖：播种或扦插法繁殖。

园林应用：花奇特，色艳，果红色，可丛植在院落中或片植于林下观赏。

鞑靼忍冬

鞑靼忍冬果实

鞑靼忍冬叶形和果实

葱皮忍冬

忍冬属植物：

葱皮忍冬（秦岭忍冬）*Lonicera ferdinandii* Franch.；
台尔曼忍冬 *Lonicera tellmanniana* Spaeth。

台尔曼忍冬花序

台尔曼忍冬

匐枝亮叶忍冬　*Lonicera nitida* Elegant 'Maigrun.'　　Nitida Honeysuckle　　忍冬科忍冬属

识别要点：矮生常绿灌木。株高 30 ～ 40 cm，小枝密集有向下匐生的趋势；单叶对生，叶片卵形，革质，亮绿色，全缘；花小，生于叶腋下，乳黄色，清香；浆果蓝紫色；花期 4 月。

分布：近年从国外引入国内。

习性：喜光照、湿润的环境；耐寒，极耐阴，耐修剪，不择土壤，抗旱性较差。

繁殖：扦插繁殖。

园林应用：可布置花境，组建道路、广场模纹色块或用于立交桥下绿化，也是林下良好的耐阴湿地被植物。

同属植物：贯月忍冬（穿叶忍冬）*Lonicera sempervirens* L. ；

匐枝亮叶忍冬

贯月忍冬

贯月忍冬花序 1

贯月忍冬花序 2

| 接骨木 | *Sambucus williamsii* Hance | Williams Elder | 忍冬科接骨木属 |

识别要点：灌木至小乔木，高 6 m。老枝有皮孔；奇数羽状复叶，小叶 5 ~ 7 枚，椭圆状披针形，基部不对称，缘具锯齿，两面光滑无毛；圆锥状聚伞花序顶生，花冠辐射状，白色至淡黄色；浆果状核果等球形，黑紫色或红色；花期 4 ~ 5 月，果熟期 9 ~ 10 月。

分布：我国南北各地广泛分布。

习性：喜光，耐寒，耐旱。

繁殖：常用扦插、分株、播种繁殖。

园林应用：因其春季白花满树，夏季红果累累，是良好的观赏灌木，宜植于草坪、林缘或水边。

品种与变型：金叶接骨木 'Aurea'，叶金黄色；金边接骨木 f. *aurea-marginata* S. X. Yan, f. nov.，叶边缘黄色。

同属植物：裂叶接骨木 *Sambucus racemosa* L.。

接骨木

接骨木果实

金边接骨木

裂叶接骨木

金叶接骨木

双子叶植物

| 接骨草（陆英） | *Sambucus chinensis* Lindl. | Chinese Elder | 忍冬科接骨木属 |

识别要点：多年生高大草本植物，茎高达 1～3 m，圆柱形，具紫褐色纵棱。叶对生，奇数羽状复叶，小叶片披针形，先端渐尖，边缘具细密的锐锯齿；复伞房花序大而疏散，顶生，花白色。果圆形，红色；花期 6～8 月，果期 8～10 月。

分布：原产中国北部、西南和华中地区。

习性：喜高温、高湿，较耐严寒，喜光，栽培以疏松肥沃、排水良好的沙壤土为佳。

繁殖：种子繁殖。

园林应用：接骨草花序大，果艳丽，可栽植于庭园角隅，园路拐角处或岩石旁。亦可自然式丛植于绿地、草坪上，配以白色的小木栅栏，自然清新。

同科植物：七子花 *Heptacodium miconioides* Rehd.；羽裂叶莛子藨 *Triosteum pinnatifidum* Maxim.。

接骨草（草本接骨木）

接骨草果序

接骨草花序

七子花

羽裂叶莛子藨

双子叶植物

海仙花   锦带花园林应用

红王子锦带

花叶海仙花   锦带花

识别要点：灌木，高 3 m。枝条开展，小枝细弱，幼时具柔毛；叶椭圆形或卵状椭圆形，缘有锯齿，表面脉上有毛，背面尤密；花 1 ~ 4 朵成聚伞花序，花冠漏斗状钟形，萼片下半部连合，花大，玫瑰红色；蒴果柱形；花期 4 ~ 5 月。

分布：原产华北、东北及华东北部。

习性：喜光，耐寒，对土壤要求不严，能耐贫瘠土壤，怕水涝；对氯化氢抗性较强。

繁殖：常用扦插、分株、压条法繁殖。

园林应用：因其花枝繁茂，花色艳丽，花期长，是华北地区春季主要花灌木之一，适于庭园角隅、湖畔群植；也可在树丛、林缘作花篱、花丛配植；也可点缀于假山、坡地。

同属植物：红王子锦带 *Weigela* × 'Red Prince'；海仙花 *Weigela coraeensis* Thunb.；花叶海仙花（花叶锦带花）*Weigela coraeensis* Thunb. 'Variegata'，Comb. nov. (*Weigela florida* (Bunge) A. DC. 'Variegata')，叶缘黄色，由于本品种的花萼深裂至基部，一般认为是锦带花的品种，实际上本品种是海仙花的品种。

| 猬实 | *Kolkwitzia amabilis* Graebn. | Beauty Bush | 忍冬科猬实属 |

识别要点：落叶灌木，高3m。多分枝，干皮薄片状剥裂，小枝幼时疏生柔毛，红褐色；叶卵形至卵状椭圆形，基部圆形，全缘，缘疏生浅齿或近全缘，两面疏生柔毛；聚伞花序生侧枝顶端，花梗无毛，花冠钟状，粉红色至紫色；果2个合生，外面有刺刚毛，冠以宿存的萼裂片；花期5～6月，果期8～9月。

分布：产于中国中部及西北部。

习性：喜充分日照，耐寒，喜排水良好、肥沃的土壤，耐干旱瘠薄。

繁殖：播种、扦插、分株繁殖。

园林应用：国内外著名观花灌木，宜丛植于草坪、角隅、径边、屋侧及假山旁。

猬实花期

猬实树干

猬实

猬实花

猬实果实

猬实叶形

红雪果叶形

红雪果

红雪果果实

红雪果花蕾

雪果园林应用

识别要点：灌木，高 0.6 ~ 1.5 m。树形开展，成熟小枝拱形下垂；单叶对生，叶卵形或卵状椭圆形，有缺刻，叶蓝绿色；穗状花序顶生或腋生，粉色下垂；核果白色，成串下垂，经冬不落；花期 6 ~ 7 月，果期 8 ~ 11 月。

分布：产于美国、加拿大。

习性：喜光，也稍耐阴，较耐干旱，较耐寒，能耐贫瘠土壤。

繁殖：扦插繁殖。

园林应用：观花、观叶又能观果的观赏灌木，枝条拱形密集柔软，深秋果实成串，极为漂亮，挂果期长，适宜在庭院、公园、住宅小区栽植。

同属植物：红雪果（小花毛核木，圆叶雪果）*Symphoricarpus orbiculatus* Moench，果实紫红色。

| 香荚蒾（香探春） | *Viburnum farreri* W. T. Stearn | Farrer Viburnum | 忍冬科荚蒾属 |

识别要点：落叶灌木，高达 3 m。单叶对生，叶椭圆形，缘有三角状锯齿，羽状脉明显，直达齿端；圆锥花序生于短枝顶，花冠高脚碟状，蕾时粉红色后变白色，端五裂；核果椭球形，成熟时紫红色；花期 4～5 月。

分布：原产中国华北和西北地区。

习性：喜湿润，喜深厚肥沃、排水良好的土壤。

繁殖：压条、扦插。

园林应用：花洁白，具芳香，是优良的早春芳香花灌木，适合草坪边、林缘或路边栽培。

同属植物：荚蒾 *Viburnum dilatatum* Thunb.，复伞式聚伞花序；果核扁，背腹沟浅；绵毛荚蒾 *Viburnum lantana* L.，核果椭球性，成熟时由红变黑色；红蕾荚蒾 *Viburnum carlesii* Hemsl.，花蕾粉红色，盛开时白色。

荚蒾

香荚蒾

绵毛荚蒾

红蕾荚蒾

绵毛荚蒾叶形

荚蒾果实

珊瑚树（法国冬青） *Viburnum awabuki* K. Koch.　　Japan Coraltree　　忍冬科荚蒾属

珊瑚树果实

识别要点：常绿灌木或小乔木，高 2 ~ 10 m。枝有小瘤状凸起的皮孔；叶长椭圆形，革质；圆锥状聚伞花序顶生，花冠辐射状，白色，芳香；核果倒卵形，先红后黑；花期 5 ~ 6 月，果期 9 ~ 10 月。

分布：产于华南、华东、西南地区；日本、印度也有分布。

习性：喜光，稍能耐阴；喜温暖，不耐寒；喜湿润肥沃土壤，喜中性土；对氯气、二氧化碳的抗性较强，对汞和氟有一定的吸收能力；耐修剪；防火力强。

繁殖：扦插或播种繁殖。

园林应用：河南城市及园林中普遍栽作绿篱或绿墙，也作基础栽植或丛植装饰墙角，也可作防火隔离带。

珊瑚树果序　　　　　　　　　　　　　　　　珊瑚树叶形

珊瑚树花序

珊瑚树秋色叶

珊瑚树园林

| 木本绣球 | *Viburnum macrocephalum* Fort. | China Arrowwood | 忍冬科荚蒾属 |

木本绣球

木本绣球叶形

识别要点：落叶或半常绿灌木，高 4 m。枝条广展，冬芽裸露，幼枝及叶背密被星状毛，老枝灰褐色或灰白色；叶卵形或椭圆形，基圆形，边缘有细齿；大型聚伞花序呈球形，几乎全由不孕花组成，花冠辐射状，纯白色，筒部甚短；花期 4 ~ 8 月。

分布：主产于长江流域，南北各地都有栽培。

习性：喜光略耐阴，颇耐寒，常生微酸性土壤，也能适应向阳而排水良好的中性土。

繁殖：常用扦插、压条、分株繁殖。

园林应用：最宜孤植于草坪及空旷地，使其四面开展，体现其个体美；也可群植一片，花开之时即有白云翻滚之效，十分壮观；亦可栽植于园路两旁，使其拱形枝条形成花廊。

变型：琼花 f. *keteleeri* (Carr.) Rehd.，花序周边为萼片发育的不孕花，中间为两性可孕花。

同属植物：烟管荚蒾 *Viburnum utile* Hemsl.，花序仅具两性花，无大型不孕花。

木本绣球花序

琼花

琼花果实

烟管荚蒾

识别要点：常绿灌木或小乔木，高达 4 m。全株均被星状茸毛；叶革质，卵状披针形，顶端稍尖或略钝，基部圆形或微心形，叶面深绿色，下面有凹起的网纹。白色复伞形花序；核果卵形，深红色，后变黑。

分布：原产于中国湖北、四川、贵州、陕西等。

习性：不耐涝，在肥沃且排水良好的沙壤土上生长良好。

繁殖：播种繁殖。

园林应用：树形美观，枝叶稠密，红果累累，是增加北方冬季植物景观多样性的良好材料。可作绿篱，也可用于林缘作为边缘点缀。

同属植物：桦叶荚蒾 *Viburnum betulifolium* Batal.，叶宽卵形、卵状长圆形或近菱形，长 4~13 cm，边缘离基 1/3~1/2 处具开展的不规则浅波状牙齿。

枇杷叶荚蒾果实

桦叶荚蒾叶形和花蕾

桦叶荚蒾花序

枇杷叶荚蒾

枇杷叶荚蒾花序

桦叶荚蒾

天目琼花（鸡树条荚蒾） *Viburnum sargentii* Koehne　Sargent Craneberrybush, Sargent Arrowwood　忍冬科荚蒾属

天目琼花

黑果荚蒾

识别要点：落叶灌木，高达3m。树皮厚，木栓质发达，小枝具明显皮孔；叶广卵形至卵圆形，通常3裂，掌状三出脉；叶柄顶端有腺点；托叶丝状，贴生于叶柄；复伞形聚伞花序，有白色大型不孕边花，花序中间花可育，白色或带粉红色；雄蕊5枚，花药紫色；核果，近球形，红色；花期5～6月，果熟期8～9月。

分布：产于我国东北、华北、华中、华东、西南等地区。

习性：喜光又耐阴，耐寒，对土壤要求不高，在微酸性、中性土上都能生长。

繁殖：播种繁殖。

园林应用：叶绿、花白、果红，是春季观花、秋季观果的优良树种，植于草坪、林缘或建筑物北面。

同属植物：黑果荚蒾 *Viburnum melanocarpum* Hsu，冬芽的鳞片分离；叶不具腺体。

天目琼花叶形

天目琼花花序

黑果荚蒾花序

天目琼花果实

识别要点：落叶灌木，高 2 ~ 4 m。枝开展，幼枝疏生星状茸毛；叶宽卵形或倒卵形，顶端尖或圆，基部宽楔或圆形，缘具锯齿，侧脉 8 ~ 14 对，表面叶脉显著凹下，背面疏生星状毛及茸毛；聚伞花序复伞状球形，全为大型白色不孕花组成；花期 4 ~ 5 月。

分布：产于陕西南部，华东、华中、华南、西南等地区。

习性：喜温暖、湿润气候，较耐寒，稍耐半阴。

繁殖：扦插、嫁接繁殖。

园林应用：春日白花聚簇，团团如球，宛如雪花压树，最宜孤植于草坪及空旷地，使其四面开展，充分体现其个体美；如丛植一片，花开之时即有白云翻滚之效，十分壮观。

变型：蝴蝶荚蒾 f. *tomentosum* (Thunb.) Rehd.（Butterfly Arrowwood），聚伞花序外围有 4 ~ 6 朵大的黄白色不孕花，中部的可孕花白色。

同属植物：蒙古荚蒾 *Viburnum mongolicum* (Pall.) Rehd.，冬芽裸露，植物体无鳞片；果实成熟时由红色转为黑色。

粉团叶形

粉团

粉团花序

蝴蝶荚蒾

蒙古荚蒾

蝴蝶荚蒾果实

日本续断叶形

华北蓝盆花

白花华北蓝盆花

川续断科植物：

华北蓝盆花 *Scabiosa tschiliensis* Grun.；
白花华北蓝盆花 f. *albiflora* S. H. Li et S. Z. Liu；
日本续断 *Dipsacus japonicus* Miq.。

日本续断花序

华北蓝盆花花序 1

华北蓝盆花花序 2

双子叶植物

斑赤瓟

南赤瓟

葫芦科植物 1：

南赤瓟 *Thladiantha nudiflora* Hemsl. ex Forbes et Hemsl.；
斑赤瓟 *Thladiantha maculata* Cogn.；
赤瓟 *Thladiantha dubia* Bunge；
鄂赤瓟 *Thladiantha oliveri* Cogn. ex Mottet；
绞股蓝 *Gynostemma pentaphyllum* (Thunb.) Makino。

鄂赤瓟

鄂赤瓟果实

赤瓟

绞股蓝

栝楼

马㼎儿

栝楼花

葫芦

葫芦科植物 2：

葫芦 *Lagenaria siceraria* (Molina) Standl.；
苦瓜 *Momordica charantia* L.；
栝楼 *Trichosanthes kirilowii* Maxim.；
马㼎儿 *Melothria indica* Lour.。

栝楼果实

苦瓜

栝楼叶形

双子叶植物

败酱

红缬草

败酱花

败酱科植物：

败酱（黄花龙牙）*Patrinia scabiosaefolia* Fisch.ex Link；
糙叶败酱 *Patrinia rupestris* (Pall.) Juss. subsp. *scabra* (Bunge) H. J. Wang；
红缬草 *Centranthus ruber* (L.) DC.；
宽裂缬草 *Valeriana officinalis* L. var. *latifolia* Miq.。

宽裂缬草基生叶

糙叶败酱

宽裂缬草

双子叶植物

桔梗　*Platycodon grandiflorus* (Jacq.) A. DC.　Balloonflower　桔梗科桔梗属

识别要点：多年生草本花卉，株高 20 ~ 120 cm。根似萝卜，皮淡黄色；叶卵状披针形至卵状椭圆形，叶面背白粉，边缘有锯齿；花冠钟形，蓝紫色；蒴果球状；花期 7 ~ 9月，果期 8 ~ 10 月。

分布：原产日本。

习性：喜光照，耐寒，生长适温 15 ~ 25 ℃，喜土层深厚、肥沃的土壤。

繁殖：分株或播种繁殖。

园林应用：可应用于疏林草地、河边缓坡，作花境使用或作丛状栽植。在庭院中也可丛植于窗前、墙角的半遮阳处。

同科植物：半边莲 *Lobelia chinensis* Lour.（China Lobelia）；六倍利（山梗菜）*Lobelia erinus* Thunb.；紫斑风铃草 *Campanula punctata* Lam.。

桔梗花

半边莲

桔梗

桔梗果期

桔梗四瓣花

桔梗六瓣花

六倍利

紫斑风铃草

石沙参

荠苨

轮叶沙参

多歧沙参

沙参属植物：

多歧沙参 *Adenophora wawreana* Zahlbr.；

轮叶沙参 *Adenophora tetraphylla* (Thunb.) Fisch.；

荠苨 *Adenophora trachelioides* Maxim.；

石沙参 *Adenophora polyantha* Nakai；

丝裂沙参 *Adenophora capillaris* Hemsl.。

荠苨花

丝裂沙参

双子叶植物

| 菊花 | *Dendranthema morifolium*（Ramat.）Tzvel. | Florists Daisy | 菊科菊属 |

识别要点：茎基部半木质化，高 60 ~ 150 cm。茎青绿色至紫褐色，被柔毛，具纵棱。叶大、互生、有柄，卵形至披针形、羽状浅裂至深裂，边缘有粗大锯齿、基部楔形，托叶有或无；头状花序单生或数个聚生茎顶。种子褐色、细小；花期 10 ~ 12 月，种子成熟期 12 月下旬至翌年 2 月。

分布：中国菊花为一高度杂交种，只见于栽培。

习性：耐旱，耐寒，喜凉爽气候，喜光照，深厚肥沃、排水良好的沙壤土，忌积涝和连作。

繁殖：扦插或分株繁殖。

园林应用：可大片种植或布置花坛、花境及岩石园等，是重要的切花之一。

根据各种菊花的品种特征对其园林应用进行分类：

（1）独本菊：为一株一花的菊花，一般花径可达 20 ~ 30 cm，供展览或品种特性鉴定用。鉴赏标准以茎秆粗壮，节间均匀，叶茂色浓，脚叶不脱，花大色艳，高度适中（40 cm）为上品。

（2）多本菊：为一株数花的菊花，栽培时摘心须注意枝条高度一致。鉴赏标准以枝叶繁茂，花枝高度、花朵大小及花期均一致，着花整齐，分布均匀为上品。

（3）大立菊：为一株有花数百朵乃至数千朵，其花朵大小整齐，花期一致，株形直径在 3 m 以上，适于作展览或厅堂、庭园布置用。通过摘心和嫁接（芽接），可达到数千朵花的造型。鉴赏标准以主干伸展，位置适中，花枝分布均匀，花朵开放一致，表扎序列整齐，气魄雄伟为上品。

（4）小立菊：绑扎的圈架直径在 1.2 ~ 1.5 m。一个植株上能开出上百朵菊花，可绑扎成多种造型。要求植株生长健壮、花朵均匀、花期一致、叶色浓绿、形态丰满、造型美观。

（5）切花菊：切花是菊花的一个重要的应用方式，需求量大，因为切花可以方便保存和利用。可以灵活地做成花篮、插花、摆放图案等。

（6）地被菊：植株低矮、株型紧凑，花色丰富、花朵繁多，而且具有抗寒、抗旱、耐盐碱、耐半阴、抗污染、抗病虫害、耐粗放管理等优点。

独本菊

多本菊

菊花

小立菊

双子叶植物

切花菊

（7）案头菊：是独本菊的另外一种形式。每盆一株一花，要求株高 20 cm 以下，植株矮壮，花朵硕大，适于室内茶几、案头摆设。多施用矮化剂，使其矮化壮实。

（8）悬崖菊：是小菊的一种整枝形式。通常选用单瓣型、分枝多、枝条细软、开花繁密的小花品种，仿效山间野生小菊悬垂的自然姿态，整枝呈下垂的悬崖状。鉴赏的标准是花枝倒垂，主干在中线上，侧枝分布均匀，前窄后宽，花朵丰满，花期一致，并以长取胜。

（9）工艺菊：用菊花扎制成各种艺术形态，工艺菊通常也以小菊类菊花来扎制，为了造型的需要，可以用竹片等材料先做成造型骨架，然后按照需要安排各种颜色的菊花，菊花盆可以放在骨架内部，将花引导出来，完成造型。为了增强表现形式，可以附加各种配件，使造型显得生动活泼。

（10）盆景菊：用菊花与山石等素材，经过艺术加工，在盆中塑造出活的艺术品。菊花盆景通常以小菊为主，选用枝条坚韧、叶小、节密、花朵稀疏、花色淡雅的品种为宜。亦有留养上年的老株，加强管理，使越冬后继续培养复壮。这样的盆景老茎苍劲，可以提高欣赏价值。

盆景菊

地被菊

大立菊

悬崖菊

案头菊

工艺菊

大滨菊	*Leucanthemum maximum* (Ramood.) DC.	Biger Whitedaisy	菊科滨菊属

识别要点：高 40 ～ 100 cm，全株无毛。基生叶簇生，匙形，具长柄，叶缘具粗齿；茎生叶较小，披针形；头状花序单生枝端，舌状花白色；花期 5 ～ 8 月。

分布：原产西欧。

习性：耐寒性强，耐干旱贫瘠，生长健壮，喜日照充足，宜排水良好的肥沃土壤。

繁殖：播种或分株繁殖，也可进行软材扦插。

园林应用：适于切花及庭园栽培，是优良的花境主景材料或植于疏林边缘作地被。

同属植物：滨菊 *Leucanthemum vulgare* Lam.，株高 15~80 cm；叶边缘有圆或钝锯齿；头状花序小，径 6 cm 以下。

同科植物：甘野菊 (岩香菊) *Dendranthema lavandulifolium* (Fisch. ex Trautv.) Ling et Shih var. *seticuspe* (Maxim.) Shih；桂圆菊 *Spilanthes oleracea* L.；太平洋亚菊 (金球亚菊) *Ajania pacifica* Bremer et Humpnhries。

太平洋亚菊叶形

甘野菊

大滨菊

桂圆菊

滨菊

太平洋亚菊

加拿大一枝黄花花序

识别要点：株高 30 ~ 60 cm。全株具毛。叶互生，长圆至长圆状倒卵形，全缘或具有不明显锯齿，基部稍抱茎；头状花序单生，长 5 cm ~ 10 cm，舌状花黄色；总苞 1 ~ 2 轮，苞片线状披针形；瘦果弯曲；花期 4 ~ 6 月，果熟期 5 ~ 7 月。

分布：原产南欧加那利群岛至伊朗一带地中海沿岸。

习性：性较耐寒，生长快，适应性强，对土壤及环境要求不严格。

繁殖：播种繁殖。

园林应用：夏季开花较早，常供花坛布置，也可供应切花或盆花。

同科植物：加拿大一枝黄花 *Solidgo canadensis* L.；佩兰 *Eupatorium fortunei* Turcz.。

加拿大一枝黄花

金盏菊

金盏菊园林应用

佩兰

百日草（步步高，节节高，对叶梅） Zinnia elegans Jacq. Common Zinnia 菊科百日草属

百日草

丰盛橙丰花百日草

识别要点：一年生草本植物，高 30 ~ 100 cm。径直立而粗壮；叶对生，无柄全缘，卵形至长椭圆形，基部抱茎，两面粗糙，下面被密的短糙毛。舌状花倒卵形，有白、黄、红、紫等颜色；管状花黄橙色，边缘 5 裂；瘦果；花期 6 ~ 9 月，果熟期 7 ~ 10 月。

分布：原产墨西哥。

习性：性强健而喜光照，耐干旱，喜温暖，不耐寒，怕酷暑，耐贫瘠，忌连作。

繁殖：种子繁殖。

园林应用：性强健，花大繁茂，是常见的庭园花卉，可用于布置花坛、花境或路边、墙垣处栽培观赏。又用于丛植和切花，切花水养持久。

同属植物：丰盛橙丰花百日草 Zinnia × hybrida 'Profusion Orange'；玫红小百日草 Zinnia angustifolia Kunth 'KYS Rose'；细叶百日草 Zinnia linearis Benth.。

同科植物：紫花藿香蓟（熊耳草，大花藿香蓟）Ageratum houstonianum Mill.。

紫花藿香蓟花序

玫红小百日草

细叶百日草

紫花藿香蓟

百日草品种 1

百日草品种 2

百日草品种 3

百日草品种 4

百日草品种 5

百日草品种 6

双子叶植物

菊苣

北山莴苣

抱茎苦荬菜

菊科植物 1：

抱茎苦荬菜 *Ixeris sonchifolia* (Bunge.) Hance；
北山莴苣 *Lactuca sibirica* (L.) Benth. ex Maxim.；
菊苣 *Cichorium intybus* L.；
苣荬菜 *Sonchus arvensis* L.；
毛莲菜 *Elephantopus mollis* H. B. K.；
山莴苣 *Lactuca indica* L.。

苣荬菜

毛莲菜

山莴苣

波斯菊（秋英，大波斯菊） *Cosmos bipinnatus* Cav.   Common Cosmos   菊科秋英属

识别要点：一年生草本植物，高达1～2m。茎具沟纹，光滑或具微毛，枝开展；叶二回羽状全裂，裂片狭线形，较稀疏；头状花序单生于长总梗上，舌状花单轮，8枚，白、粉及深红色，有托桂型，半重瓣或重瓣。

分布：原产墨西哥。

习性：喜阳，耐干旱瘠薄土壤。

繁殖：播种繁殖。

园林应用：是良好的地被花卉，也可用于花丛、花群及花境布置，或作花篱及基础栽植，并大量用于切花。

同属植物：硫华菊（黄波斯菊，硫黄菊）*Cosmos sulphureus* Cav.，叶裂片深，裂片披针形或长圆状披针形。

波斯菊品种 1

波斯菊

波斯菊品种 2

硫华菊品种 1

硫华菊品种 2

硫华菊

双子叶植物

麻花头

魁蓟

烟管蓟

菊科植物 2：

菜蓟 *Cynara scolymus* L.；
飞廉 *Carduus crispus* L.；
魁蓟 *Cirsium leo* Nakai et Kitag.；
麻花头 *Serratula centauroides* L.；
水飞蓟 *Silybum marianum* (L.) Gaertn.；
烟管蓟 *Cirsium pendulum* Fisch. ex DC.。

飞廉

菜蓟

水飞蓟

大花金鸡菊　*Coreopsis grandiflora* Hogg ex Sweet　Bigflower Coreopsis　菊科金鸡菊属

识别要点：多年生宿根草本植物，高 30 ～ 60 cm。茎多分枝；基生叶匙形，基生叶全部或有时 3 ～ 5 裂；头状花径 4 ～ 6.3 cm，具长梗，舌状花通常 8 枚，黄色；花期 6 ～ 10 月。

分布：原产北美。

习性：喜光，耐半阴，耐寒，耐旱，耐热，耐瘠薄。

繁殖：多用播种或分株繁殖，夏季也可进行扦插繁殖。

园林应用：是优良的观花地被植物，常用作花坛及花境栽植，也可用作切花应用。

同属植物：大金鸡菊（剑叶金鸡菊）*Coreopsis lanceolata* L.；蛇目菊（两色金鸡菊）*Coreopsis tinctoria* Nutt.，红花蛇目菊'Mahogany'；月光轮叶金鸡菊 *Coreopsis verticillata* L.'Moonbeam'。

月光轮叶金鸡菊

大花金鸡菊

大金鸡菊花

大金鸡菊

大金鸡菊花期

红花蛇目菊

蛇目菊

刺儿菜

兔儿伞

蓝刺头

菊科植物 3：

刺儿菜 *Cephalanoplos segetum* (Bunge) Kitam.；
兔儿伞 *Syneilesis aconitifolia* (Bunge) Maxim.；
蓝刺头 *Echinops latifolius* Tausch.；
泥胡菜 *Hemistepta lyrata* (Bunge) Bunge；
牛蒡 *Arctium lappa* L.；
红花 *Carthamus tinctorius* L.。

泥胡菜

牛蒡

红花

双子叶植物

| 黑心菊 | *Rudbeckia hirta* L. | Roughhairy Coneflower | 菊科金光菊属 |

识别要点：多年生草本植物，高 30 ~ 90 cm。全株有粗糙刚毛；上部叶互生，匙形或阔披针形，叶缘具粗齿；头状花序，伞房状着生，具短柄，舌状花中性、黄色、紫褐色或具两色条纹，管状花褐色至紫色，密集成圆球形；花期 5 ~ 9 月。

分布：原产北美。

习性：喜日照，耐寒耐旱，适栽于疏松、肥沃、湿润的壤土或沙壤土中。

繁殖：分株繁殖或播种繁殖。

园林应用：是花境、花带、树群边缘极好的绿化材料，可丛植或群植在建筑物前、绿篱旁，还可作切花。

同属植物：金光菊 *Rudbeckia laciniata* L.，管状花花冠黄色或黄绿色，叶 3 ~ 5 裂；毛叶金光菊 *Rudbeckia serotina* (Nutt.) Sweet，全株被有粗糙的刚毛。

黑心菊

黑心菊园林应用

金光菊

金光菊叶形

毛叶金光菊

皇帝菊

皇帝菊花

皇帝菊园林应用

菊科植物 4：

皇帝菊 *Melampodium paludosum* Kunth；
孔雀草 *Tagetes patula* L.；
万寿菊 *Tagetes erecta* L.。

孔雀草

孔雀草园林应用

万寿菊

万寿菊园林应用

双子叶植物

449

| 雏菊 | *Bellis perennis* L. | English Daisy | 菊科雏菊属 |

识别要点：一年生草本植物，常作二年生栽培，植株矮，高 7 ～ 15 cm。叶基生，长匙形或倒长卵形，基部渐狭，先端钝，微有齿；头状花序单生，舌状花一轮或多轮，具白、粉、紫、洒金等色；筒状花黄色；瘦果扁平；花期 4 ～ 6 月，果熟期 5 ～ 7 月。

分布：原产欧洲至西亚。

习性：性强健，喜光，较耐寒，喜冷凉气候，不耐水湿，忌炎热。

繁殖：播种、分株及扦插繁殖。

园林应用：园林中宜栽于花坛、花境的边缘，或沿小径栽植，与春季开花的球根花卉配合，也很协调。此外，也可盆栽观赏。

同科植物：堆心菊 *Helenium autumnale* L.；圆叶肿柄菊 *Tithonia rotundifolia* (Mill.) S. F. Blake。

雏菊

雏菊园林应用

圆叶肿柄菊

堆心菊品种

堆心菊

双子叶植物

| 翠菊 | *Callistephus chinensis* (L.) Nees | China Aster | 菊科翠菊属 |

识别要点：一年生草本植物，全株疏生短毛。茎直立，上部多分枝，高 30 ～ 100 cm；叶互生，叶片卵形至长椭圆形，有粗钝锯齿，下部叶有柄，上部叶无柄；头状花序单生枝顶，管状花黄色；瘦果楔形，浅褐色；花期 6 ～ 10 月。

分布：产于东北、华北、西南等地。

习性：对土壤要求不严格，但喜富含腐殖质的肥沃而排水良好的沙壤土，稍耐阴，耐高温、高湿，不耐寒、酷暑和水涝。

繁殖：种子繁殖。

园林应用：花形丰富，花色多变，宜布置于花境、林缘、疏林下或作切花，是重要的盆栽花卉之一。

同科植物：蓝目菊 *Arctotis venusta* Norl.，多年生草本植物，高 50 cm。基生叶丛生，茎生叶互生，通常羽裂，叶背面灰色。顶生头状花序单生，径 7~8 cm，总花梗长 15~30 cm，舌状花乳白色，中央为蓝紫色管状花；瘦果有棱沟，具长柔毛；蓝眼菊（南非万寿菊，非洲万寿菊）(DC.) Norl.，株高 20~50 cm，直立或匍匐状。典型的篮状花序，中间有一圆形的花盘，周围由辐射状的舌状花围绕，舌状花有时勺形，中间的花盘呈不同的颜色，有蓝、黄、紫等色。舌状花有白、乳白、黄、粉红、紫、紫红等颜色。花期 2~7 月。

翠菊

翠菊品种 1

翠菊品种 2

蓝目菊

蓝眼菊

千叶蓍（西洋蓍草，多叶蓍） *Achillea millefolium* L.   Common Yarrow   菊科蓍草属

识别要点：多年生草本植物，株高 50 ~ 70 cm，全株被长柔毛。基生叶有柄，茎生叶无柄，叶三回至多回羽状全裂，终裂片披针状线形，叶面密生腺点；头状花序多数，密集成复伞房状，边花 4 ~ 6 朵，浅粉至粉红色，稀白色；花期 6 ~ 9 月。

分布：原产欧洲、亚洲及北美地区，我国三北地区有野生。

习性：喜半阴、湿润环境，耐寒、耐热，对土壤要求不严格，适宜疏松土壤。

园林应用：适合栽植在花坛、花境中，或群植作地被使用，亦可作切花。

同属植物：高山蓍（蓍）*Achillea alpina* L. (Alpine Milfoil)；凤尾蓍草（含香蓍草）*Achillea filipendulina* Lam.。

同科植物：矮蕨叶蒿（线叶艾，银叶艾蒿，朝雾草，银雾）*Artemisia schmidtiana* Maxim. 'Nana'。

矮蕨叶蒿

高山蓍花序

高山蓍

千叶蓍

凤尾蓍草

千叶蓍花序

黄金菊

狗舌草

东风菜

菊科植物 5：

黄金菊 *Euryops pectinatus* Cass. 'Viridis' ；
狗舌草 *Tephroseris kirilowii* (Turcz. ex DC.)
Holub；
东风菜 *Doellingeria scabra* (Thunb.) Nees；
勋章菊 *Gazania rigens* (L.) Gaertn.；
菊蒿 *Tanacetum vulgare* L.；
蟛蜞菊 *Wedelia chinensis* (Osbeck) Merr.。

勋章菊

菊蒿

蟛蜞菊

双子叶植物

识别要点：多年生草本植物，茎直立，高达 80 cm。茎生叶披针形，倒卵状长圆形，边缘中部以上具 2 ~ 4 对浅齿，上部叶小，狭披针形，全缘；头状花序呈疏伞房状，总苞半球形；边花舌状，紫色；内花管状，居花中央，黄色。

分布：分布于全国各省区；亚洲南部及东部广布。

习性：喜光，不耐水湿，喜排水良好的土壤。

繁殖：播种繁殖。

园林应用：马兰花密集，清秀美丽，适宜作地被或背景植物。

同科植物：阿尔泰狗哇花 *Heteropappus altaicus* (Willd.) Novopokr.；荷兰菊 (柳叶菊，纽约紫菀，荷兰紫菀) *Aster novi-belgii* L.；三脉紫菀 *Aster ageratoides* Turcz.；一年蓬 *Erigeron annuus* (L.) Pers.。

三脉紫菀叶形

阿尔泰狗哇花

荷兰菊

马兰

三脉紫菀

一年蓬

| 紫松果菊 | *Echinacea purpurea* Moench. | Purple Coneflower | 菊科松果菊属 |

紫松果菊

识别要点：株高 60 ~ 120 cm，全株具糙毛。叶卵形至卵状披针形，边缘具疏浅锯齿；基生叶基部下垂，茎生叶叶柄基部略抱茎；头状花序单生枝顶，总苞 5 层，舌状花，淡粉、洋红至紫红色，管状花，橙黄色；花期 6 ~ 10 月。

分布：原产北美。

习性：性强健而耐寒，北京地区能露地越冬；喜光照及深厚肥沃富含腐殖质土壤，可自播繁衍。

繁殖：春秋播种或分株繁殖。

园林应用：因其生长健壮而高大，花期长，宜作花境、花坛中的材料，也是切花的好材料。

同科植物：白花鬼针草 *Bidens pilosa* L. var. *radiata* Sch. -Bip.；白松果菊 *Echinacean pallida* (Nutt.) Nutt.；牛膝菊 *Galinsoga parviflora* Cav.；甜叶菊 *Stevia rebaudiana* (Bertoni) Hemsl.。

甜叶菊

白松果菊

白花鬼针草

紫松果菊园林应用

牛膝菊

大头囊吾

毛华菊

识别要点：一年生草本植物，高达 60 ~ 160 cm。茎直立，粗壮，圆形多棱角，被白色粗硬毛；叶互生，心状卵形或卵圆形，先端锐突或渐尖，边缘具粗锯齿，两面粗糙，被毛，有长柄；头状花序，单生于茎顶或枝端，常下倾，花序边缘生黄色的舌状花，黄色；花序中部的管状花，棕色或紫色；瘦果，果皮木质化，灰色或黑色。花期 7 ~ 9 月，果期 9 ~ 10 月。

分布：原产北美洲。

习性：喜光，性喜温暖，耐旱。

繁殖：播种繁殖。

园林应用：可绿地丛植、群植、园路两侧列植或植于花坛、花境。

同科植物：大头囊吾 *Ligularia japonica* (Thunb.) Less.；毛华菊 *Dendranthema vestitum* (Hemsl.) Ling；蚂蚱腿子 *Myripnois dioica* Bunge；腺梗豨莶（毛豨莶）*Siegesbeckia pubescen*s (Makino) Makino。

蚂蚱腿子

腺梗豨莶

向日葵

| 菊芋 | *Helianthus tuberosus* L. | Jerusalem Artichoke | 菊科向日葵属 |

识别要点：多年生草本植物，高 100 ~ 300 cm。具块状地下茎；茎直立；基部叶对生，上部叶互生，有叶柄，叶柄上部有狭翅，叶片卵形，先端急尖或渐尖，基部宽楔形，边缘有锯齿，上面粗糙，下面被柔毛；头状花序数个，生于枝端；舌状花，淡黄色；管状花两性，花冠黄色、棕色或紫色；瘦果楔形；花期 8 ~ 10 月。

分布：原产北美洲。

习性：耐寒，耐旱，抗逆性强，再生性极强。

繁殖：播种繁殖。

园林应用：枝叶清新浓郁，繁花可爱，可植于花坛、花径、花境或疏林下。

同科植物：串叶松香草 *Silpnium perfoliatum* L.；蒲儿根 *Senecio oldhamianus* Maxim.；赛菊芋 *Heliopsis helianthoides* Sweet。

菊芋

串叶松香草

菊芋花和叶形

蒲儿根

赛菊芋

旋覆花	*Inula japonica* Thunb.	Inula	菊科旋覆花属

识别要点：多年生草本植物，高 30 ~ 80 m。根状茎短，横走或斜升；茎单生，直立，基部茎有细沟，上部有上升或开展的分枝；中上部叶呈线状披针形，基部叶常较小，在花期枯萎；头状花序，排列成疏散的伞房花序，舌状花黄色，管状花黄色，花序梗细长；瘦果圆柱形；花期 6 ~ 10 月，果期 9 ~ 11 月。

分布：广布于我国东北、华北和华中等地区。

习性：喜光亦耐半阴，耐寒，适宜疏松土壤。

繁殖：播种繁殖。

园林应用：可片植或丛植于花境、草坪边缘、路边或疏林下。

茼蒿属植物：白晶菊 *Chrysanthemum paludosum* Poir.；花环菊（小茼蒿）*Chrysanthemum carinatum* Schousb.；黄晶菊（春俏菊）*Chrysanthemum multicaule* Ramat.；茼蒿菊（木香菊，蓬蒿菊，木茼蒿）*Chrysanthemum frutescens* L.。

白晶菊

黄晶菊

花环菊

茼蒿菊

旋覆花

| 瓜叶菊（千日莲） | *Cineraria cruenta* Masson | Florists Cineraria | 菊科瓜叶菊属 |

识别要点：多年生草本植物，多作一二年生花卉栽培。全株密被柔毛；茎直立，草质；叶大，心脏状卵形，掌状脉，叶缘具波状或多角状齿，形似黄瓜叶，叶面浓绿色，叶背浅紫色；茎生叶叶柄有翼，基部耳状，根出叶叶柄无翼；头状花序簇生成伞房状，花紫红色，具天鹅绒状光泽；花期11月至翌年5月。

分布：原产非洲北部大西洋上的加纳列群岛。

习性：冷凉气候，冬惧严寒，夏忌高温、高湿。

繁殖：以播种繁殖为主，也可扦插。

园林应用：花色艳丽，且有一般室内花卉少见的蓝色花，花期长，是最常见的冬春代表性盆花，是元旦、春节、五一等节日花卉布置的主要花卉。

同科植物：芙蓉菊 *Crossostephium chinense* (L.) Makino；银叶菊 *Senecio cineraria* DC.，卷云银叶菊 'Cirrus'，细裂银叶菊（银粉银叶菊）'Silver Dust'。

瓜叶菊叶形

银叶菊

瓜叶菊

卷云银叶菊

细裂银叶菊

芙蓉菊

蒲公英

华蒲公英

识别要点：多年生草本植物，高 10 ~ 25 cm。根深长，外皮黄棕色；叶根生，排成莲座状，狭倒披针形，大头羽裂，裂片三角形，先端稍钝或尖，基部渐狭成柄，尖部紫黑色；头状花序，总苞钟状片草质，绿色；舌状花鲜黄色，背面紫红色条纹，瘦果倒披针形，暗褐色，顶生白色冠毛；花期 4 ~ 9 月，果期 5 ~ 10 月。

分布：我国的东北、华北、华东、华中、西北、西南各地均有分布。

习性：生命力强，抗病虫害能力强。

繁殖：分株或播种繁殖。

园林应用：株形优美，成熟的头状花序如白色小绒球，随风飞舞，可爱有趣，可配植于花境、假山旁，点缀园林。

同属植物：华蒲公英 *Taraxacum sinica* Kitag.，瘦果全部具小刺，植株较小，头状花序小型，舌状花少；药用蒲公英 *Taraxacum officinale* Wigg.，总苞片先端无小角，外层部苞片较狭，披针形或线状披针形；瘦果下部具小瘤，喙长而纤细。

同科植物：鸦葱 *Scorzonera austriaca* Willd.，多年生草本植物，高 10~20 cm，植株无毛。茎单生或数个丛生，直立或外倾；基生叶多数，椭圆状披针形或长圆状披针形，长 5~12 cm，宽 2~8 mm，顶端渐尖，全缘，叶柄基部渐宽成鞘状，白色，抱茎，茎生叶苞片状，1~3 枚，卵状三角形或披针形；头状花序单生于茎顶，舌状花黄色，干时淡紫红色，深色脉纹清楚；瘦果。

蒲公英果序

蒲公英花序

鸦葱

药用蒲公英

识别要点：多年生直立草本植物，高 1.5 ～ 2 cm。地下部分具粗大纺锤状肉质块根，茎中空，直立或横卧；叶对生，1 ～ 3 回羽状分裂，裂片卵形或椭圆形，边缘具粗钝锯齿，总柄微带翅状；头状花序具总长梗，顶生，外周为舌状花，中央为筒状花；花期 6 ～ 12 月，果期 9 ～ 10 月。

分布：原产墨西哥及危地马拉。

习性：既不耐寒又畏酷暑而喜高燥凉爽、阳光充足、通风良好的环境，忌积水。

繁殖：一般以扦插及分根繁殖为主，亦可播种繁殖。

园林应用：宜作花坛、花境及庭前丛栽；矮生品种最宜盆栽观赏，高型品种宜作切花，作为花篮、花圈和花束制作的理想材料。

变型：紫叶大丽花 f. *purpurea* S. X. Yan, f. nov. 叶深紫褐色。

同属植物：小丽花 *Dahlia hybrida* Hort. 一年生草本植物，高 30 ～ 40 cm，头状花序较大丽花小，原产墨西哥。

同科植物：两似蟹甲草 *Parasenecio ambiguus* (Ling) Y. L. Chen；太白山蟹甲草 *Parasenecio pilgerianus* (Diels) Y. L. Chen。

大丽花

两似蟹甲草

太白山蟹甲草

紫叶大丽花

小丽花

矢车天人菊　　　　　　　　　　　　　宿根天人菊品种 1

宿根天人菊品种 2　　　　　　　　　　　　天人菊品种 1

天人菊　　　　　　　　　　　　　　　天人菊品种 2

双子叶植物

| 枫香 | *Liquidambar formosana* Hance | Beautiful Sweetgum | 金缕梅科枫香属 |

枫香雄花

枫香春色叶

枫香雌花

黄时钟花

识别要点：落叶乔木，高达40 m。树皮灰色，树冠广卵形；叶常为掌状3裂，基部心形至截形，裂片先端尖，缘有锯齿；果序较大，种子多数，褐色多角形或有窄翅；花期4～5月，果熟期9～10月。

分布：原产中国长江流域及其以南地区。

习性：喜温暖、湿润气候，性喜光，抗风，幼树稍耐阴，耐干旱瘠薄土壤，不耐水涝，不耐寒。

繁殖：播种繁殖。

园林应用：可在园林中栽作庭阴树，秋季日夜温差变大后叶变红、紫、橙红等色，增添园中秋色，也可植于草地孤植、丛植，或于山坡、池畔与其他树木混植。

同属植物：北美枫香 *Liquidambar styraciflua* L.，叶5裂；原产美国，我国引种栽培。

时钟花科植物：黄时钟花 *Turnera ulmifolia* L.，常绿藤蔓植物。叶的排列像时钟上的文字盘，花开花谢有规律，朝开暮闭，几乎所有的花同时开同时谢。

北美枫香

枫香

枫香果序

识别要点：落叶小乔木，高达 8 m。芽被星状茸毛。叶互生，纸质或膜质，倒卵形，先端急尖，基部圆或微心形，边缘密生小突齿，表面沿脉稍被毛，背面被柔毛；花单性；蒴果；花期 4～5 月，果熟期 8～9 月。

分布：产于湖北、四川、陕西、甘肃等地。

习性：喜生于山谷河岸、土壤湿润而通气良好、阳光散射的环境中。

繁殖：种子和扦插繁殖。

园林应用：树形整齐，可片植、群植于园林绿地，亦是良好的行道树。

同科植物：小叶蚊母 *Distylium buxifolium* (Hance) Merr.。

山白树果实

小叶蚊母

山白树花序

山白树叶形

山白树

蚊母　*Distylium racemosum* Sieb. et Zucc.　Racemose Mosquitomam　金缕梅科蚊母属

识别要点：常绿乔木，高达 25 m，栽培时常呈灌木状。树冠开展，呈球形；小枝略呈"之"字形曲折；叶倒卵状长椭圆形，先端钝或稍圆，全缘厚革质；总状花序，雌雄花同序；蒴果卵形；花期 4 ~ 5 月，果熟期 8 ~ 10 月。

分布：产于广东、福建、台湾、浙江等地。

习性：喜光，稍耐阴，喜温暖、湿润气候，耐寒性不强，对土壤要求不严格。

繁殖：播种和扦插繁殖。

园林应用：可成丛、成片栽植作为分隔空间，或作为其他花木的背景效果亦佳。若修剪成球形，宜于门旁对植或作基础种植材料，亦可栽作绿篱和防护林带。

蚊母园林应用

蚊母

蚊母雌花

蚊母两性花

蚊母果实

蚊母叶形

| 檵木 | *Loropetalum chinense* (R. Br.) Oliv. | Chinese Loropetalum | 金缕梅科檵木属 |

识别要点：灌木或小乔木。树皮暗灰色或浅灰褐色。多分枝；嫩枝密被星状毛；叶革质互生，卵圆形或椭圆形，先端短尖，基部圆而偏斜，不对称，两面均有星状毛，全缘；花白色；花期 4 ~ 5 月。

分布：主产于长江中下游及以南地区；印度北部也有分布。

习性：喜光，稍耐阴，耐旱；喜温暖，耐寒冷；萌芽力和发枝力强，耐修剪；耐瘠薄。

繁殖：嫁接繁殖。

园林应用：作观赏灌木栽培。

变种：红檵木 var. *rubrum* Yieh，嫩枝红褐色，叶暗红色。

同科植物：牛鼻栓 *Fortunearia sinensis* Rehd. et Wils.，落叶灌木或小乔木。小枝和叶柄均有星状毛；叶互生，具柄，纸质，倒卵形至倒卵状长椭圆形，顶端渐尖，基部圆形或截形，边缘有不规则波状齿，叶脉伸入齿尖呈刺芒状，背面只在脉上有较密的长毛；两性花和雄花同株；蒴果木质，圆形，无毛，密布白色皮孔，室间及室背开裂。花期 3~4 月，果期 7~8 月。

红檵木花色 1

红檵木花色 2

红檵木花期

红檵木

红檵木园林应用 1

红檵木园林应用 2

双子叶植物

檵木花

牛鼻栓

檵木叶形

牛鼻栓雄花序

牛鼻栓雌花序

檵木

双子叶植物

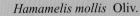

金缕梅 *Hamamelis mollis* Oliv. Chinese Witchhazel 金缕梅科金缕梅属

蜡瓣花

识别要点：落叶灌木或小乔木，高达9 m。细枝密生星状茸毛，老枝无毛；叶纸质或薄革质，阔倒卵圆形，先端急尖，基部歪心形，边缘有波状齿；花序腋生，有花数朵，叶前开花；花瓣带状，淡黄色，基部常带红色；雄蕊4枚；蒴果卵球形。花期4～5月，果期6～8月。

分布：产于长江流域。

习性：适应性强。喜光，喜温暖至冷凉的气候，耐寒；耐干旱和瘠薄；抗风，抗大气污染。

繁殖：播种或扦插繁殖。

园林应用：花形奇特，芳香浓郁，早春先叶开放，黄色，细长的花瓣宛如金缕，缀满枝头，十分惹人喜爱，是优良的观花植物。

同科植物：蜡瓣花 *Corylopsis sinensis* Hemsl. （Chinese Winterhazel）

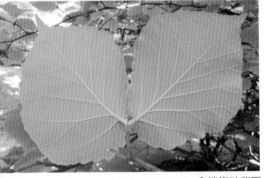

金缕梅叶背面

金缕梅

蜡瓣花叶形

蜡瓣花花序

金脉爵床

金苞花

九头狮子草

爵床科植物：

金脉爵床 *Sanchezia speciosa* J. Léonard；
金苞花 *Pachystachys lutea* Nees；
九头狮子草 *Peristrophe japonica* (Thunb.) Yamazaki；
白接骨 *Asystasiella chinensis* (S. Moore) E. Hossain；
金脉单药花 *Aphelandra squarrosa* Nees 'Dania'；
虾衣花 *Calliaspidia guttata* (Brandegee) Bremek.。

白接骨

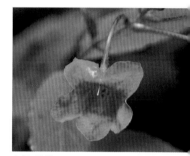

白接骨花

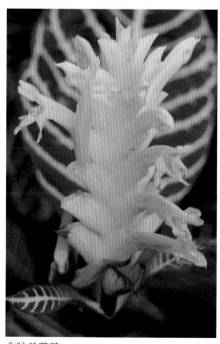

金脉单药花

虾衣花

双子叶植物

东方香蒲　　*Typha orientalis* Presl.　　Oriental Cattail　　香蒲科香蒲属

识别要点：多年沼生草本植物，高达 1.5 ~ 3.5 m。地下根茎粗壮，有节，茎直立，细长圆柱状，不分枝；叶由茎基部抽出，二列状着生，狭长带形，基部鞘状抱茎，灰绿色，叶鞘圆筒形，具白色膜质边缘；穗状花序呈蜡烛状，浅褐色，有的位于花轴上部，有的在下部；坚果，花果期 5 ~ 8 月。

分布：广布于东北、西北和华北地区。

习性：适应性较强，喜光，喜温暖，宜水湿环境，耐寒，不耐干旱。

繁殖：播种或分株繁殖。

园林应用：叶细长如剑，色泽光洁淡雅，为常见的水边观叶植物，最宜作岸边或水面绿化材料，也可盆栽观赏。

同属植物：小香蒲 *Typha minima* Funk.，株高 80 cm。通常基部只有鞘状叶；雌花序与雄花序距离远，从不连接，雌花具小苞片。水烛 (香蒲，狭叶香蒲) *Typha angustifolia* L.，株高 100 cm 以上。基部无鞘状叶；雌花序与雄花序距离远，从不连接，雌花具小苞片。宽叶香蒲 *Typha latifolia* L.，株高 100 cm 以上。雌花柱头披针形，白色丝状毛明显短于花柱。基部无鞘状叶；雌花序与雄花序距离远，从不连接，雌花具小苞片。

东方香蒲

宽叶香蒲

水烛

水烛雌雄花序

小香蒲

单子叶植物

识别要点：多年生挺水草本植物。株高达 100 cm，块茎近球形；叶基生，长椭圆形至广卵形，基部近圆形或浅心形，叶脉 5 ~ 7 条；大型圆锥聚伞花序，花小，内轮花被片白色，边缘波状；花期 6 ~ 8 月。

分布：我国南北各地均有分布；日本、朝鲜、蒙古、印度也有分布。

习性：喜温暖、阳光充足的环境。

繁殖：播种或分株繁殖。

园林应用：叶片浓绿，小花稠密，为观叶挺水植物，常作浅水区布景植物，整体观赏效果好。

同属植物：泽泻 *Alisma namum plantago-aquatica* L.，花柱长 0.7 ~ 1.5 mm，内轮花被片边缘具粗齿。瘦果排列整齐，果期花托平凸，不呈凹形。

同科植物：长喙毛茛泽泻 *Ranalisma rostratum* Stapf.。

黑藻科植物：黑藻 *Hydrilla verticillata* (L. f.) Royle。

眼子菜科植物：菹草 *Potamogeton crispus* L.。

泽泻

长喙毛茛泽泻

东方泽泻花

东方泽泻

黑藻

菹草

大慈姑　　　　　　　　　　　　　　　　　　　欧洲慈姑

识别要点：多年生挺水植物，高达 1.2 m。地下部分具根状茎；叶基生，出水叶戟形，先端钝圆，卵形至卵圆形，基部具二长裂片，全缘，叶柄特长，肥大而中空；花茎直立，花小，白色，花瓣基部具紫斑；花期 7～9 月，果期 8～9 月。

分布：原产我国。

习性：适应性强，喜气候温暖、阳光充足的环境，有一定耐寒性，喜生浅水但不宜连作。

繁殖：播种或分株繁殖。

园林应用：叶形奇特，适应性强，可种植于池塘以净化水面、点缀水景，可与睡莲、浮萍、芦苇、千屈菜等布置成水景园或沼泽园，亦可盆栽观赏。

同属植物：大慈姑 *Sagittaria montevidensis* Cham. et Schlecht ，叶先端圆钝，原产美洲；野慈姑 *Sagittaria trifolia* L.，花瓣为纯白色，除西藏外，我国各地有分布；剪刀草（慈姑）*Sagittaria trifolia* L. f. *longiloba* (Turcz.) Makino，植株细弱，叶片明显窄小，呈飞燕状，花序多总状。

剪刀草

野慈姑

欧洲慈姑花

大花皇冠 *Echinodorus grandiflorus* (Cham. et Schltdl.) Micheli　Large-flower Eehinodorus　泽泻科皇冠草属

识别要点：多年生挺水或沼生草本植物。叶椭圆形，长 20～30 cm，基部截形或心形，背面叶脉带红色。花莛长而弯曲，花白色，轮生于节上，花径约 3 cm；花果期 6～9 月。

分布：原产圭亚那、巴西西部到阿根廷。

繁殖：分株或种子繁殖。

园林应用：常作浅水区域布景植物。

同属植物：皇冠草 *Echinodorus amazonicus* Rataj，总状花序，花小，径 10 mm。

同科植物：浮叶慈姑 *Sargittaria natans* Pall.，多年生水生浮叶草本植物。根状茎匍匐；沉水叶披针形，或叶柄状；浮水叶呈长椭圆状披针形，叶端钝而具短尖头或渐尖，基部叉开呈箭形，全缘，5～7 条平行脉直贯叶端，叶柄长短视水的深度而定，基部扩大成鞘；聚伞式小圆锥花序挺出水面，花白色，花瓣倒卵形；花单性，稀两性；瘦果两侧压扁，背翅边缘不整齐。

大花皇冠花

大花皇冠

浮叶慈姑

大花皇冠园林应用

皇冠草

皇冠草叶形

观音竹

慈竹

识别要点：秆高 5 ~ 10 m，径 4 ~ 8 cm，顶梢细长、弧形下垂。箨鞘革质，背部密被棕黑色刺毛，箨耳缺，箨舌流苏状，箨叶先端尖，向外反倒，基部收缩略呈圆形，正面多脉，密生白色刺毛，边缘粗糙内卷；叶片数枚至 10 多枚着生在小枝先端，叶片薄，长 10 ~ 30 cm，表面暗绿色，背面灰绿色；笋期 6 ~ 7 月或 12 月至翌年 3 月。

分布：产于我国西南及华中地区。

习性：喜温暖、湿润气候及肥沃、疏松土壤。

繁殖：一般采用母竹移栽法。

园林应用：秆丛生，枝叶茂盛秀丽，适宜于庭院内池旁、窗前、宅后栽植。

同科植物：观音竹 *Bambusa multiplex* (Lour.) Raeuschel ex Schultes et J. H. Schultes var. *riviereorum* (R. Maire) Chia et H. L. Fung；大油芒 *Spodiopogon sibiricus* Trin.。

慈竹叶形

大油芒

观音竹叶形

刚竹 *Phyllostachys viridis* (Young.) McClure Green-sulphur Bamboo 禾本科刚竹属

识别要点：秆高 10 m。每小枝有 2 ~ 6 枚叶，有发达的叶耳与硬毛，老时可脱落；叶片披针形；笋期 5 ~ 7 月。

分布：原产中国。

习性：抗性强，耐低温，微耐盐碱。

园林应用：常植于庭园曲径、池畔、溪涧、山坡，与松、梅共植，誉为"岁寒三友"，点缀园林。高大的刚竹可作绿色背景，合理栽植还可划分园林空间，使境界更显自然、和谐；竹林中有小径穿越，曲折、幽静、深邃，形成"一径万竿绿参天"的美感。

同科植物：蒲苇 *Cortaderia selloana* (Schult.) Aschers. et Graebn. ；矮蒲苇 'Pumila'；菲黄竹 *Sasa auricoma* E. G. Camus；菲白竹 *Sasa fortunei* (Van Houtte) Fiori。

菲白竹

菲黄竹

矮蒲苇

蒲苇

刚竹

阔叶箬竹　*Indocalamus latifolius* (Keng) McClure　Broad-leaved Indocalamus　禾本科箬竹属

花叶拂子茅

识别要点：灌木状竹，秆高约 1 m，每节一分枝，微有毛。秆箨宿存，质坚硬，背部常有粗糙的棕紫色小刺毛；箨舌截平，鞘口顶端有流苏状缘毛；每小枝具 1 ~ 3 枚叶，叶片巨大，长椭圆形，表面无毛，背面灰白色，略生微毛，叶缘粗糙。

分布：原产中国华东、华中地区等地。

习性：适应性强，较耐寒，喜湿，耐十旱，对土壤要求不严格，喜光，耐半阴。

园林应用：作地被栽植的观赏竹类，常植于疏林下或与山石配置，也可植于在园林中观赏，也可植于河边护岸。

同科植物：毛竹 *Phyllostachys heterocycla* (Carr.) Mitford 'Pubescens'；花叶拂子茅 *Deyeuxia arundinacea* (L.) Beauv. 'Variegata'；花叶芒 *Miscanthus sinensis* Anderss. 'Variegatus'。

阔叶箬竹

花叶芒

毛竹笋

毛竹

单子叶植物

龟甲竹

蓝羊茅

早园竹

识别要点：秆高 3 ~ 8 m，径不及 5 cm。新秆具白粉，秆环与箨环均略隆起；箨鞘淡黄红褐色，被白粉，具褐色斑点和条纹，无箨耳，箨舌弧形，箨叶带状披针形，紫褐色，平直反曲；小枝具 2 ~ 5 片叶，叶舌弧形隆起；笋期 4 ~ 6 月。

分布：主产于华东地区。

习性：抗寒性强，能耐 -20 ℃低温；适应性强，稍耐盐碱，在低洼地、沙土中均能生长。

繁殖：分株繁殖。

园林应用：秆高叶茂，是华北园林中栽培观赏的主要竹种之一。

同科植物：龟甲竹（佛面竹）*Phyllostachys heterocycla* (Carr.) Mitford 'Heterocycla'；蓝羊茅 *Festuca glauca* Lam.；细茎针茅 *Stipa tenuissima* Trin.。

细茎针茅

早园竹园林应用

龟甲竹叶形

淡竹叶

紫竹

识别要点：秆高 3 ~ 10 m，径 2 ~ 4 cm。新秆有细毛茸，绿色，老秆变为棕紫色至紫黑色；箨叶三角状披针形，绿色至淡绿色；叶片 3 ~ 5 枚生于小枝顶端，披针形，长 4 ~ 10 cm，质地较薄；笋期 4 ~ 5 月。

分布：原产我国，广布于华北经长江流域至西南各省。

习性：喜光，耐寒性强，可耐 −18 ℃低温。

繁殖：分株繁殖。

园林应用：竹秆呈紫黑色，叶四季常绿，颇具观赏特色，多丛植于庭园观赏。

同科植物：牛筋草 *Eleusine indica* (L.) Gaertn.，一年生草本植物。高 15 ~ 90 cm。叶舌长约 1 mm；叶片条形，宽 3 ~ 7 mm；穗状花序 2 ~ 7 枚生于秆顶；小穗密集于穗轴的一侧成两行排列，含 3 ~ 6 朵小花。淡竹叶 *Lophatherum gracile* Brougn.，多年生草本植物，高 40 ~ 90 cm。叶互生，广披针形，全缘，基部近圆形或渐狭缩成柄状或无柄；叶鞘边缘光滑或具纤毛；叶舌短小，质硬，长 0.5 ~ 1 mm，有缘毛。

紫竹茎秆和竹笋

牛筋草

紫竹园林应用

斑竹 *Phyllostachys bambusoides* Sieb. et Zucc. f. *lacrima-deae* Keng f. et Wen　Giant Timber Bamboo　禾本科刚竹属

识别要点：为桂竹的变型，其区别在于斑竹的绿秆上布有大小不等的紫褐斑块与小点，分枝也有紫褐斑点，故名斑竹。

分布：产于长江流域各省区。

园林应用：常作庭园观赏。

同科植物：狼尾草 *Pennisetum alopecuroides* (L.) Spreng. ；紫叶绒毛狼尾草 *Pennisetum setaceum* (Forssk.) Chiov. 'Rubrum' ；紫御谷（观赏谷子）*Pennisetum glaucum* (L.) R. Br. 'Purple Majesty'。

狼尾草花序

斑竹

狼尾草

狼尾草秋景

紫叶绒毛狼尾草

紫御谷

| 芦竹 | *Arundo donax* L. | Giantreed | 禾本科芦竹属 |

花叶芦竹

识别要点：多年生草本植物，高 3 ～ 6 m。具发达根状茎。形似芦苇，秆直立挺拔似竹；叶鞘较节间长，无毛或其颈部具长柔毛，叶舌膜质，截平，长约 1.5 mm，先端具短细毛；叶片扁平，嫩时表面及边缘微粗糙；圆锥花序，较紧密，分枝稠密，斜向上伸展，小穗含 2 ～ 4 朵花；颖果细小，黑色；花期 9 ～ 12 月。

分布：产于长江以南各省区。

习性：阳性，喜温暖，喜水湿，耐寒性不强。

繁殖：播种或分株繁殖。

园林应用：株形美丽，可供庭园观赏，丛植或片植于河堤湖岸，可营造非常壮观的景象。

品种：花叶芦竹 'Variegata'，叶具白色条纹。

花叶芦竹园林应用 1

花叶芦竹花序

芦竹

花叶芦竹园林应用 2

单子叶植物

芦苇

血草

识别要点：多年生高大草本植物。地下有发达的匍匐根状茎。节间中空，节下常生白粉。茎秆直立，秆高 1 ~ 3 m。叶鞘圆筒形，无毛或有细毛；叶舌有毛，叶片长线形或长披针形，排列成两行；圆锥花序顶生，分枝稠密，向斜伸展，花序长 10 ~ 40 cm；花果期为 8 ~ 9 月。

分布：产于中国各地。

习性：耐水涝，耐干旱，耐盐碱。

繁殖：播种或分株繁殖。

园林应用：可种植于公园湖边，开花季节特别美观；在欧洲国家的公园，经常可见到芦苇优雅的身影，花可作为切花材料。

同科植物：横斑芒 *Miscanthus sinensis* Anderss. 'Strictus'；薏苡 *Coix lacryma-jobi* L.；血草 (红叶白茅) *Imperata cylindrica* (L.) Beauv. 'Rubra'。

横斑芒

薏苡

芦苇园林应用

狗尾草

菰

花叶草原看麦娘

禾本科植物：

狗尾草 *Setaria viridis* (L.) Beauv.；
菰(茭白)*Zizania caduciflora* (Turcz. ex Trin.)
Hand.-Mazz.；
虎尾草 *Chloris virgata* Swartz；
花叶草原看麦娘 *Alopecurus pratensis* L.
'Variegatus'；
棕叶狗尾草 *Setaria palmifolia* (J. König)
Stapf.。

虎尾草

棕叶狗尾草

单子叶植物

鸭跖草 *Commelina communis* L. Dayflower 鸭跖草科鸭跖草属

识别要点：一年生草本植物，高 20～60 cm。茎直立或斜伸，圆柱形，具匍匐根；叶互生，无柄，披针形至卵状披针形；佛焰苞片有柄，心状卵形、蚌壳状，基部不相连，有毛；花小，蓝色；蒴果椭圆形；花果期 6～10 月。

分布：分布于中国大部分地区。

习性：喜温暖、半阴、湿润的环境，不耐寒。

繁殖：扦插或播种繁殖。

园林应用：鸭跖草繁殖快，易成活，叶子鲜绿浓郁，花形娇小可爱，可丛植或片植于林下草坪或溪畔、湖边。也可盆栽观赏或植于花台作垂吊观赏。

同科植物：杜若 *Pollia japonica* Thunb.，多年生草本植物，根状茎长而横走。叶鞘无毛；叶无柄或叶基渐狭而延成带翅的柄；叶片长椭圆形，长 10~30 cm，宽 3~7 cm，基部楔形，顶端长渐尖，近无毛，上面粗糙。疣草 *Murdannia keisak* (Hassk.) Hand. -Mazz.。

鸭跖草

鸭跖草花

杜若

杜若花

疣草

识别要点：一年生草本植物，高 20 ~ 50 cm。茎多分枝，紫红色，下部匍匐状，上部近于直立；叶互生，披针形，全缘，基部抱茎而成鞘，上面暗绿色或紫色，下面紫红色；花密生在二叉状的花序柄上，蓝紫色；花期夏秋。

分布：原产墨西哥等地。

习性：喜温暖、湿润，不耐寒，喜半阴，对干旱有较强的适应能力。

繁殖：扦插繁殖。

园林应用：枝叶茂密，易生根，可绿化花坛、树池、乔灌木树丛之间的空地或大草坪中点缀几团，亦可作树丛间的缓坡地被或作盆栽摆设。

同科植物：吊竹梅 *Zebrina pendnla* Schnizl.，植物体不为紫色或不全为紫色；花瓣合生成为一长管。

浮萍科植物：浮萍 *Lemna minor* L.

吊竹梅叶形

吊竹梅

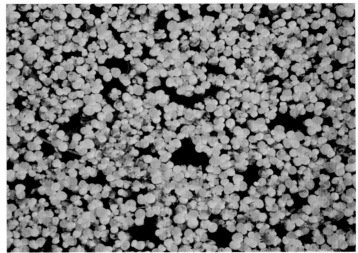

浮萍

紫竹梅

紫竹梅花

紫竹梅园林应用

紫露草	*Tradescantia reflexa* Rafin	Spiderwort	鸭跖草科紫露草属

白花紫露草

白雪姬

紫露草

识别要点：宿根草本植物，高 30 ~ 50 cm。茎圆锥形，直立，苍绿色，光滑；叶广线形，苍绿色，稍被白粉，多弯曲，叶面内折，基部鞘状；花多朵簇生枝顶；花蓝紫色，萼片 3 枚，绿色；花期 5 ~ 7 月。

分布：原产南美。

习性：性强健而耐寒，喜阳光充足，但也耐半阴，不择土壤。

繁殖：常用分株或播种繁殖。

园林应用：可布置花坛、花境或丛植于道路两侧，亦可点缀于岩石园。

同科植物：白花紫露草 *Tradescantia fluminensis* Vell. ；白雪姬 *Tradescantia sillamontana* Matuda. ；蚌花 (紫背万年青) *Rhoeo discolor* (L' Hér.) Hance。

白雪姬花

紫露草花

蚌花

蚌花之花

识别要点：多年生挺水或湿生草本植物，株高 70 ~ 100 cm。地上茎丛生；叶卵形或箭头形；叶基心形，端部渐尖。花葶直立，通常高出叶面；穗状花序顶生，花小，花瓣筒状，蓝紫色。花果期 6 ~ 9 月。

分布：原产美洲热带。

习性：喜温暖、湿润、光照充足的环境，怕风不耐寒，喜水湿环境。

繁殖：分株繁殖。

园林应用：梭鱼草叶色翠绿，花色迷人，花期较长，可用于家庭盆栽、池栽，也可广泛用于园林美化，栽植于河道两侧、池塘四周、人工湿地，与千屈菜、花叶芦竹、水葱、再力花等相间种植。

品种：白花梭鱼草 'White Flower'，花白色。

同属植物：箭叶梭鱼草 *Pontederia lanceolata* Nutt.，叶卵形至卵状披针形，基部楔形，常渐尖而略抱茎。

箭叶梭鱼草

梭鱼草叶形

白花梭鱼草

梭鱼草花序

梭鱼草与白花梭鱼草

雨久花花序

凤眼莲

识别要点：多年生漂浮草本植物，常作一年生栽培。浅水处根生于泥中，须根发达；具匍匐茎，茎端发出新植株；叶丛生成莲座状，叶柄中部膨大成葫芦状气囊；穗状花序有花 6 ~ 12 朵，花被 6 裂，蓝紫色，上方一枚具周围深蓝色、中央鲜黄色的斑块；雄蕊 3 长 3 短。花期 7 ~ 9 月。

分布：原产南美洲热带和亚热带，我国长江流域、黄河流域及华南各地有栽培或逸生。

习性：喜生长在温暖向阳、富含有机质的静水中。

繁殖：分株繁殖。

园林应用：叶柄奇特，花朵艳丽，花期长，是美丽的漂浮植物。繁殖力极强，应慎重应用。

同科植物：雨久花（水白菜，蓝鸟花）*Monochoria korsakowii* Regel et Maack.，叶状枝常每 10 ~ 13 枚成簇，呈刚毛状，略具三棱，长 4 ~ 5 mm；叶呈鳞片状，基部有短小的刺状距或距不明显。

雨久花园林应用

凤眼莲花

凤眼莲园林应用

雨久花

百部

假叶树

木立芦荟

对叶百部

百部科植物：
百部 *Stemona japonica* (Bl.) Miq.；
对叶百部 *Stemona tuberosa* Lour.。

假叶树科植物：
假叶树 *Ruscus aculeata* L.。

百合科植物：
木立芦荟 *Aloe arborescens* Mill.；
蜘蛛抱蛋（一叶兰）*Aspidistra elatior* Bl.，
洒金蜘蛛抱蛋 var. *punctata* Hort.。

蜘蛛抱蛋

洒金蜘蛛抱蛋

单子叶植物

郁金香　*Tulipa gesneriana* L.　　Late Tulip　　百合科郁金香属

识别要点：多年生草本植物，株高 20 ~ 40 cm。鳞茎扁圆锥形，皮纸质。茎叶光滑，被白粉；叶 3 ~ 5 枚，披针形或卵形，全缘并呈波状；花单生，杯状，花色丰富，紫色、黑色或黄色；蒴果背裂；花期 4 ~ 5 月。

分布：原产欧洲。

习性：喜冬季温暖湿润，夏季凉爽，稍干燥向阳或半阴的环境，耐寒性强，忌暑热，喜富含腐殖质、排水良好的沙土或沙壤土，忌黏重土壤。

繁殖：分株繁殖。

园林应用：园林中常作春季花境、花坛的布置或草坪边缘呈自然带状栽植。

郁金香

郁金香品种 1

郁金香品种 2

郁金香品种 3

郁金香花期

郁金香品种 4

郁金香园林应用

单子叶植物

| 紫萼 | *Hosta ventricosa* (Salisb.) Stearn | Blue Plantainlily | 百合科玉簪属 |

识别要点：多年生宿根草本植物，根茎粗壮。叶基生成丛，卵形至心状卵形，先端渐尖，基部楔形或浅心形，具长柄，叶面亮绿色，背面稍淡，背面隆起；花单生，管状漏斗形，较小，淡紫色；蒴果圆柱形；花期6～7月，果熟期7～9月。

分布：原产河北、陕西、华东、中南、西南各地。

习性：喜阴湿，忌阳光直射，较耐寒，喜肥沃、湿润、排水良好的沙壤土。

繁殖：分株或播种繁殖。

园林应用：适宜配植于花坛、花境和岩石园，可成片种植在林下、建筑物背阴处或其他裸露的蔽荫处。

同属植物：东北玉簪 *Hosta ensata* F. Maekawa，银边东北玉簪 f. *albo-marginata* S. X. Yan，f. nov.。

东北玉簪花

东北玉簪

银边东北玉簪

紫萼

紫萼花

| 玉簪 | *Hosta plantaginea* (Lam.) Aschers. | Fragrant Plantainlily | 百合科玉簪属 |

识别要点：多年生宿根草本植物。根茎粗壮。叶基生，卵形至心状卵形，叶柄长；花葶高 45 ~ 75 cm，花白色，管状漏斗形；蒴果圆柱形；花期 8 ~ 9 月，果期 9 ~ 10 月。

分布：原产我国广东、湖南、福建、浙江等地。

习性：喜阴湿环境，忌阳光暴晒，喜肥沃的沙壤土，较耐寒。

繁殖：分株或播种繁殖。

园林应用：叶片碧绿，花瓣洁白，是很好的观花、观叶地被植物，园林中可成片栽植在树林中或建筑物北侧，还可作切花材料，装饰成洁白素雅的瓶花，别具风格。

品种：花叶玉簪 'Fairy Variegata'，叶具有黄白色条斑或边缘。

花叶玉簪

玉簪花序

花叶玉簪园林应用

玉簪

玉簪花

玉簪果实

沿阶草（麦冬，细叶麦冬） *Ophiopogon japonicus* (L. f.) Ker-Gawl. Dwarf Lilyturf 百合科沿阶草属

识别要点：多年生常绿宿根草本植物。地下根茎粗短。叶丛生，禾叶状，边缘具细锯齿；花葶比叶短，顶生总状花序，花下垂，单生或成对着生于苞片腋内，淡紫色至白色；浆果球形，碧蓝色；花期 5 ~ 8 月，果熟期 8 ~ 9 月。

分布：原产我国陕西、河北及华东、华南、华中及西南各地。

习性：喜温暖、湿润、半阴及通风良好的环境，宜肥沃疏松、排水良好的土壤。

繁殖：分株繁殖。

园林应用：由于四季常绿，株丛低矮，故宜作园林地被，可大片栽植，亦可种于路旁、阶旁，或与假山、岩石相配。

同属植物：花叶狭叶沿阶草 *Ophiopogon stenophyllus* (Merr.) Rodrig. 'Variegata'；银纹沿阶草 *Ophiopogon intermedius* D. Don 'Argenteo-marginatus'。

银纹沿阶草

花叶狭叶沿阶草

花叶狭叶沿阶草叶色

沿阶草花序

沿阶草果序

沿阶草果实

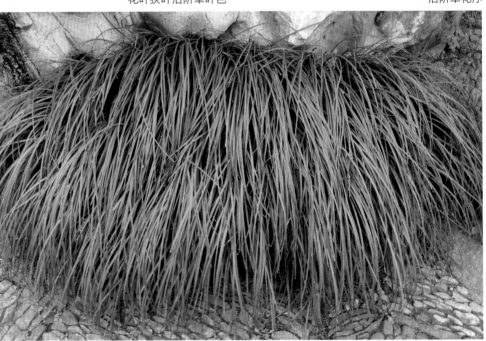

沿阶草

山麦冬　*Liriope spicata* (Thunb.) Lour.　Liriope　百合科山麦冬属

识别要点：多年生草本植物，根状茎粗短。叶丛生，叶柄有膜质鞘，叶片革质，条形，长 15～30 cm，宽 4～7 mm；花茎直立，高 15～30 cm，总状花序顶生，花直立，花被淡紫色或浅蓝色，长圆形或披针形；浆果球形，成熟时蓝黑色；花期 5～7 月，果期 8～10 月。

分布：原产中国及日本。

习性：喜阴湿，忌阳光直射，对土壤要求不严格，喜湿润肥沃土壤。

园林应用：宜作花坛、花境的镶边材料，可林下种植。

同科植物：矮生沿阶草 *Ophiopogon japonicus* (L. f.) Ker -Gawl. 'Nanus'。

矮生沿阶草

山麦冬果实

山麦冬花序

山麦冬

山麦冬花

山麦冬园林应用

单子叶植物

阔叶山麦冬花

金边阔叶麦冬

阔叶山麦冬　　　　　　　　　　阔叶山麦冬花序

金边阔叶麦冬花期

阔叶山麦冬果期

金边阔叶麦冬园林应用

| 吉祥草 | *Reineckia carnea* (Andr.) Kunth | Pink Reineckea | 百合科吉祥草属 |

吉祥草

吉祥草花序

紫黑扁莛沿阶草

紫黑扁莛沿阶草园林应用

识别要点：多年生常绿宿根草本植物，高 20 ~ 30 cm。地下根茎，地上匍匐茎；叶簇生于根状茎顶端，条形至线状披针形，基部渐狭成柄，具叶鞘，深绿色；顶生紫红色穗状花序，小花无柄，芳香；浆果球形，鲜红色，经久不落；花期 5 ~ 8 月，果期 8 ~ 10 月。

分布：原产我国西南地区。

习性：喜温暖、湿润或半阴湿润环境，稍耐寒忌阳光直射，对土壤要求不严格。

繁殖：以分株繁殖为主，也可春季播种繁殖。

园林应用：在长江流域多作林下地被，是优良的耐阴地被植物；北方多盆栽观叶、观果。

品种：银边吉祥草 'Variegata'，叶缘白色或有白色条纹。

同科植物：紫黑扁莛沿阶草（黑叶沿阶草）*Ophiopogon planiscapus* Nakai 'Nigrescens'，叶紫黑色。

银边吉祥草

玉竹 *Polygonatum odoratum* (Mill.) Druce   Fragrant Solomonseal   百合科黄精属

识别要点：多年生草本植物，茎高 20 ～ 50 cm。根状茎圆柱形。具 7 ～ 12 枚小叶，叶互生，椭圆形至卵状矩圆形，长 5 ～ 12 cm、宽 3 ～ 16 cm，先端尖，叶面绿色，背面灰白色；花黄绿色至白色，合生成管状；浆果球形蓝黑色；花期 5 ～ 6 月，果期 7 ～ 9 月。

分布：原产我国西北、东北、华中及南部地区。

习性：喜潮湿的环境，较耐寒，也耐阴忌积水，适合生长在富含腐殖质的疏松壤土中。

繁殖：分株或播种繁殖。

园林应用：宜植于林下或建筑物遮阴处及林缘作为观赏地被种植，也可盆栽观赏。

同科植物：管花鹿药 *Smilacina henryi* (Baker) Wang et Tang；湖北贝母 *Fritillaria hupehensis* Hsiao et K. C. Hsia。

管花鹿药

玉竹

湖北贝母

玉竹花

玉竹秋色叶

天门冬（武竹） *Asparagus cochinchinensis* (Lour.) Merr.　　Cochinchinese Asparagus　　百合科天门冬属

识别要点：攀援植物。茎平滑，常弯曲或扭曲，分枝具棱或狭翅，茎在近末端处膨大成纺锤形。叶状枝通常 3 条成簇，扁平或三棱状镰刀形；叶退化后呈鳞状，基部具刺；花多，白色；浆果球形；花期 6 ~ 8 月，果期 8 ~ 10 月。

分布：我国华北、西北、华东、华南至西南各省区。

习性：喜温暖湿润、半阴环境，耐干旱和瘠薄，耐寒，耐旱，冬季须保持 6 ℃以上温度。

繁殖：播种或分株繁殖。

园林应用：枝叶纤细嫩绿，悬垂自然洒脱，是广为栽培的室内观叶植物，亦可用于布置会场、花坛边缘镶边，也是切花瓶插的理想材料。

同属植物：文竹 *Asparagus plumosus* Baker，叶状枝常每 10 ~ 13 枚成簇，呈刚毛状，略具三棱，长 4 ~ 5 mm；叶呈鳞片状，基部有短小的刺状距或距不明显。羊齿天门冬 *Asparagus filicinus* Buch. Ham. ex D. Don，叶状枝每 5 ~ 8 枚成簇，扁平，镰刀状，长 3 ~ 15 mm，宽 0.8 ~ 2 mm，顶端渐尖，具中脉；叶鳞片状，基部无刺。

文竹

天门冬

天门冬果实

文竹果实

羊齿天门冬

石刁柏	*Asparagus officinalis* L.	Common Asparagus	百合科天门冬属

识别要点：多年生宿根草本植物，株高 1 m。茎平滑直立，上部后期常俯垂，分枝较柔软；叶状枝每 3 ~ 6 枚成簇，近扁圆柱形，略有钝棱，纤细，常稍有弧曲；鳞片状叶基部有刺状短距或近无距；花单性，1 ~ 4 朵腋生，绿黄色。浆果球形，肉质，成熟时红色；花期 5 ~ 6 月，果熟期 9 ~ 10 月。

分布：原产欧洲及亚洲西部。

习性：喜温凉、湿润的环境，耐阴，耐寒，喜排水良好且疏松肥沃的沙壤土。

繁殖：播种繁殖。

园林应用：姿态优美，是园林绿化中良好的观叶植物，宜盆栽或园圃地植，枝叶也常作切花配叶。

同属植物：狐尾天门冬 *Asparagus densiflorus* (Kunth) Jessop 'Meyrs'；龙须菜 *Asparagus schoberioides* Kunth，叶状枝扁平，明显具中脉；蓬莱松（松叶武竹）*Asparagus myriocladus* Baker，小枝纤细，叶呈短松针状，簇生成团，极似五针松叶. 新叶翠绿色，老叶深绿色。

石刁柏

龙须菜

蓬莱松

石刁柏果期

石刁柏花期

狐尾天门冬

单子叶植物

| 萱草 | *Hemerocallis fulva* (L.) L. | Orange Daylily | 百合科萱草属 |

萱草

萱草品种 1

识别要点：多年生宿根草本植物。根先端膨大成纺锤形。叶基生，条形，对排成两列，宽 2 ~ 3 cm，长可达 50 cm 以上，背面有龙骨突起，嫩绿色；螺旋状聚伞花序，橘黄色，花冠漏斗形；蒴果；花期 6 ~ 8 月，果期 8 ~ 9 月。

分布：产于中国。

习性：耐寒，喜湿润也耐旱，喜阳光又耐半阴，喜排水良好且湿润肥沃的沙壤土。

繁殖：分株或播种繁殖。

园林应用：花大艳丽，花期长，是优良的庭园花卉，适于花坛、花境、林间草地和坡地丛植，也可作切花材料。

变种：重瓣萱草 var. *kwanso* Regel，花重瓣。

萱草品种 2

萱草园林应用

萱草品种 3

重瓣萱草

单子叶植物

藜芦

风信子

牛尾菜

百合科植物 1：

风信子 *Hyacinthus orientalis* L.；
葡萄风信子 *Muscari botryoides* Mill.；
藜芦 *Veratrum nigrum* L.；

菝葜科植物：

牛尾菜 *Smilax riparia* A. DC.；
鞘柄菝葜 *Smilax stans* Maxim.。

藜芦花

鞘柄菝葜

葡萄风信子

绿花百合 1

亚洲百合

绿花百合 2

百合科植物 2：

东方百合 *Lilium* 'Oriental Hybrids'；
亚洲百合 *Lilium* 'Asiatic Hybrids'；
绿花百合 *Lilium fargesii* Franch.；
渥丹 *Lilium concolor* Salisb.；
荞麦叶大百合 *Cardiocrinum cathayanum* (Wilson) Stearn。

东方百合

渥丹

荞麦叶大百合

单子叶植物

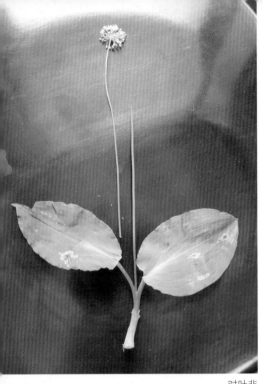

对叶韭

山韭花序

山韭

百合科植物 3：

对叶韭 *Allium victorialis* L. var. *listera* (Stearn) J. M. Xu；

砂韭（砂葱）*Allium bidentatum* Fisch. ex Prokh.；

山韭（山葱，岩葱）*Allium senescens* L.；

野韭 *Allium ramosum* L.；

虎眼万年青 *Ornithogalum caudatum* Ait.。

砂韭

野韭

虎眼万年青

金边吊兰

金心吊兰

百合科植物 4：

宝铎草 *Disporum sessile* D. Don；
金边吊兰 *Chlorophytum comosum* (Thunb.)
Baker 'Variegatum'；
金心吊兰 *Chlorophytum comosum* (Thunb.)
Baker 'Medio-pictum'；
山菅兰 *Dianella ensifolia* (L.) DC.；
万寿竹 *Disporum cantoniense* (Lour.) Merr.。

宝铎草

万寿竹

山菅兰果实

山菅兰

山菅兰花序

虎纹凤梨

白缘唇凤梨

莺哥凤梨

凤梨科植物:

三色彩叶凤梨 *Neoregelia carolinae* (Beer) L. B. Sm. 'Tricolor';
白缘唇凤梨 *Neoregelia carolinae* (Beer) L. B. Sm. 'Flanaria';
虎纹凤梨 *Vriesea splendens* (Brongn.) Lem.;
莺哥凤梨 *Vriesea carinata* Wawra;
紫花凤梨(铁兰) *Tillandsia cyanea* Linden ex K. Koch;
擎天凤梨(星花凤梨,果子蔓) *Guzmania lingulata* (L.) Mez。

三色彩叶凤梨

擎天凤梨

紫花凤梨

凤尾兰 *Yucca gloriosa* L.　　Spanish Dagger, Moundlily yucca　　龙舌兰科丝兰属

识别要点：常绿直立灌木，高达 5 m。干短，有时分枝。叶密集，螺旋排列茎端，质坚硬，有白粉，剑形，顶端硬尖，边缘光滑，老叶有时具疏丝；圆锥花序，花大而下垂，乳白色，常带红晕；蒴果干质，下垂，椭圆状卵形，不开裂；花期 5 ~ 11 月，二次开花。

分布：原产北美东部及东南部。

习性：耐水湿，性强健，耐寒，耐旱，对土壤的酸碱度适应广。

繁殖：扦插或分株繁殖。

园林应用：常植于花坛中央、建筑前、草坪中、路旁及用作绿篱。

同科植物：红叶朱蕉 (彩红朱蕉) *Cordyline fruticosa* (L.) Goepp. ‘Rubra’；红边朱蕉 *Cordyline fruticosa* (L.) Goepp. ‘Red Edge’；剑麻 (菠萝麻) *Agave sisalana* Perr. ex Engelm.；狐尾龙舌兰 *Agave attenuata* Salm-Dyck；金边毛里求斯麻 *Furcraea foetida* (L.) Haw. ‘Mediopicta’。

凤尾兰

红叶朱蕉

红边朱蕉

狐尾龙舌兰

剑麻

金边毛里求斯麻

棒叶虎尾兰

龙舌兰科植物：

虎尾兰 *Sansevieria trifasciata* Prain，
金边虎尾兰 'Laurentii'，
短叶虎尾兰 'Hahnii'，
金边短叶虎尾兰 'Golden Hahnii'；
棒叶虎尾兰（柱叶虎尾兰，圆叶虎尾兰，葱叶虎尾兰）*Sansevieria canaliculata* Carr.；
三色铁（三色千年木）*Dracaena marginata* Lam. 'Tricolor'；
也门铁（巴西铁，巴西千年木）*Dracaena arborea* (Willdo) Link.，
金心也门铁 'Aureo-variegata'。

短叶虎尾兰

虎尾兰

金边虎尾兰

三色铁

金心也门铁

也门铁

金边短叶虎尾兰

单子叶植物

葱莲（葱兰，玉帘）*Zephyranthes candida* (Lindl.) Herb.   Autumn Zephyrlily   石蒜科葱莲属

识别要点：多年生常绿草本植物，株高 15 ~ 20 cm，暗绿色；花梗短，花茎中空，单生，顶生 1 花，白色，花瓣长椭圆形至披针形；蒴果近球形，种子黑色，扁平；花期 7 ~ 9 月，果期秋季。

分布：原产南美。

习性：喜湿润，喜排水良好、肥沃而疏松的土壤。

繁殖：分株、播种繁殖。

园林应用：花洁白素雅，适合公园或庭院的花坛、花径和草地中成丛栽植或盆栽。

同属植物：韭莲(韭兰) *Zephyranthes grandiflora* Lindl. (Rosepink Zephyrlily)。

葱莲花

葱莲

葱莲园林应用

韭莲园林应用

韭莲花

单子叶植物

朱顶红（柱顶红） *Hippeastrum rutilum* (Ker-Gawl.) Herb. Common Knight's Star 石蒜科朱顶红属

识别要点：多年生草本植物。有肥大的球形鳞茎。叶2列对生，叶片宽带状，与花茎同时或花后抽出，较厚，花莛自鳞茎中央抽出，粗壮而中空，高出叶丛；伞形花序，花大，漏斗状；蒴果球形。

分布：原产南美巴西。

习性：喜温暖、湿润环境，不耐旱，怕水涝；喜富含腐殖质、排水良好的沙壤土。

繁殖：播种或分球繁殖。

园林应用：花大色艳，叶片鲜绿洁净，宜于盆栽观赏，也可配植于露地庭院中，如花坛、花径和林下自然片植，也可作盆栽或切花用。

同科植物：石蒜 *Lycoris radiata* (L'Hér.) Herb.，多年生草本植物。叶带状较窄，色深绿，自基部抽生，发于秋末，落于夏初；花茎长30~60 cm，常4~6朵排成伞形，着生在花茎顶端，花瓣倒披针形，花被红色（亦有白花品种），向后展开卷曲，边缘呈皱波状。花期7~9月。

重瓣朱顶红

石蒜

石蒜园林应用

朱顶红

朱顶红品种1

朱顶红品种2

垂笑君子兰花序

垂笑君子兰

石蒜科植物 1：

忽地笑 *Lycoris aurea* (L'Hér.) Herb.；
垂笑君子兰 *Clivia nobilis* Lindl.；
君子兰 *Clivia miniata* Regel，
花叶君子兰 'Variegata'。

君子兰

花叶君子兰

忽地笑

单子叶植物

白线文殊兰

红花文殊兰花序

红花文殊兰

石蒜科植物 2：

文殊兰 *Crinum asiaticum* L. var. *sinicum* (Roxb. ex Herb.) Baker,
白线文殊兰 'Silver-stripe'；
红花文殊兰 *Crinum amabile* Donn；
美丽水鬼蕉（美洲蜘蛛兰）*Hymenocallis speciosa* (L. f. ex Salisb.) Salisb.。

文殊兰

美丽水鬼蕉花

文殊兰果实

美丽水鬼蕉

红口水仙

秋水仙

石蒜科植物 3：

红口水仙 *Narcissus poeticus* L.；
洋水仙（黄水仙，喇叭水仙）*Narcissus pseudonarcissus* L.，
重瓣洋水仙 var. *plenus* Hort.；
秋水仙 *Colchicum autumnale* L.；
南美水仙 *Eucharis × gradiflora*；
水仙 *Narcissus tazetta* L. var. *chinensis* M. Roener。

水仙

南美水仙

洋水仙

重瓣洋水仙

| 薯蓣 | *Dioscorea opposita* Thunb | Common Yam | 薯蓣科薯蓣属 |

识别要点：多年生草质藤本植物。有肥厚的肉质球根。茎四棱，具缠绕性。单叶下部互生，中部对生，常带紫色，叶片形状变化较大，三角状卵形、广卵形或耳状三浅裂至深裂，中间裂片椭圆形或披针形，两侧裂片矩圆形或圆耳形；花序生于叶腋，雄花序穗状，花小；蒴果三棱状圆形。花期 6 ~ 9 月，果期 7 ~ 11 月。

分布：产于我国华北、东北、华东、华中、西南各地。

习性：喜光，耐寒性，喜温暖、湿润的环境，宜在排水良好、疏松肥沃的壤土中生长。忌水涝。

繁殖：分株繁殖。

园林应用：在园林中可作为攀援栅栏的垂直绿化材料。

同属植物：穿龙薯蓣 *Dioscorea nipponica* Makino，地下部分为根状茎；日本薯蓣 *Dioscorea japonica* Thunb.，叶常为三角状披针形、长椭圆状狭三角形至长卵形，叶缘无明显 3 裂。

薯蓣

薯蓣果实

薯蓣秋色叶

薯蓣园林应用

薯蓣叶形

薯蓣花序

穿龙薯蓣叶形

日本薯蓣

日本薯蓣叶形

穿龙薯蓣

日本薯蓣秋色叶

薯蓣珠芽

日本鸢尾（蝴蝶花） *Iris japonica* Thunb. Fringed Iris 鸢尾科鸢尾属

识别要点：多年生草本。根茎匍匐状，有长分枝。叶多自根生，2列，剑形，扁平，先端渐尖，下部折合，上面深绿色，背面淡绿色，全缘，叶脉平行，中脉不显著，无叶柄。春季叶腋抽花茎；花多数，淡兰紫色，排列成稀疏的总状花序；小花基部有苞片，剑形，绿色；花被6枚，外轮倒卵形，先端微凹，边缘有细齿裂，近中央处隆起呈鸡冠状；内轮稍小，狭倒卵形，先端2裂，边缘有齿裂，斜上开放。花期4月–5月。蒴果长椭圆形，有6线棱；种子多数，圆形，黑色。

分布：原产我国长江以南广大地区，日本也有。

习性：耐荫，耐寒。

繁殖：播种或分株繁殖。

园林应用：花大艳丽，叶丛美观，可栽植于花坛、花境、地被等，也可片植或丛植于溪边、湖畔等地作水边绿化。

变型：白花日本鸢尾（白蝴蝶花）f. *pallescens* P. L. Chiu et Y. T. Zhao，花白色。

同属植物：小花鸢尾 *Iris speculatrix* Hance；野鸢尾 *Iris dichotoma* Pall.。

白花日本鸢尾

日本鸢尾

日本鸢尾花

小花鸢尾

野鸢尾

黄花鸢尾（黄菖蒲） *Iris pseudacorus* L. Yellow Swordflag 鸢尾科鸢尾属

黄花鸢尾

黄花鸢尾果实

识别要点：宿根花卉。植株高大而健壮，叶长剑形，中肋明显；花茎与叶等长；垂瓣上部长椭圆形，基部近等宽，具褐色斑纹，旗瓣淡黄色，还有大花型深黄色、白色、斑叶及重瓣品种。

分布：原产南欧、西亚等地。

习性：适应性强，喜阳光充足的环境，耐旱也耐湿，沙壤土及黏土都能生长，在水边栽植生长更好。

繁殖：分株繁殖。

园林应用：花大美丽，鲜黄色，观赏价值较高，可大片种植于水湿地、湖畔、池边，也适宜于水葱、三白草等以多丛小片栽植于池岸。

黄花鸢尾园林应用 1

黄花鸢尾园林应用 2

黄花鸢尾园林应用 3

| 马蔺 | *Iris lactea* Pall. var. *chinensis* (Fisch.) Koidz. | Chinense Iris | 鸢尾科鸢尾属 |

蓝花喜盐鸢尾花期

识别要点：多年生宿根花卉，株高 30 ~ 60 cm。根茎粗短。叶丛生、狭线形，基部具纤维状老叶鞘，叶下部带紫色，质地较硬；花茎与叶等高，花堇蓝色；蒴果长椭圆状柱形；花期 5 ~ 6 月，果熟期 6 ~ 9 月。

分布：产于我国东北、华北、西北及西藏等地。

习性：喜冷凉、湿润的气候，耐寒，不耐干旱，耐水渍。

繁殖：分株繁殖，亦可秋季播种，采后即播。

园林作用：可用于水土保持，盐碱地、工业废弃地改造，园林绿化的地被、镶边或孤植等，也栽植于城市开放绿地、道路两侧绿化隔离带和缀花草地等。

同属植物：喜盐鸢尾 *Iris halophila* Pall.，外花被裂片提琴形；蓝花喜盐鸢尾 var. *sogdiana* (Bunge) Grubov，花蓝色。

马蔺花

马蔺

马蔺园林应用

喜盐鸢尾

喜盐鸢尾园林应用

单子叶植物

鸢尾

蓝花喜盐鸢尾

花菖蒲

鸢尾属植物：

德国鸢尾 *Iris germanica* L.；
花菖蒲 *Iris ensata* Thunb. var. *hortensis* Makino et Nemoto；
蓝花喜盐鸢尾 *Iris halophila* Pall. var. *sogdiana* (Bunge) Grubov；
燕子花 *Iris laevigata* Fisch.；
鸢尾 *Iris tectorum* Maxim.。

德国鸢尾

燕子花

鸢尾园林应用

唐菖蒲

巴西鸢尾

香雪兰

鸢尾科植物：

唐菖蒲 *Gladiolus gandavensis* Van Houtte；
香雪兰 *Freesia refracta* Klatt；
雄黄兰 *Crocosmia crocosmiflora* (Nichols.) N. E. Br.；
巴西鸢尾 *Neomarica gracilis* (Herb.) Sprague。

雄黄兰花

雄黄兰

唐菖蒲花

单子叶植物

识别要点：宿根草本植物，株高 50 ~ 100 cm。具根状茎，叶 2 列互生，宽剑形，被白粉；二歧状伞房花序顶生，花被片 6 枚，橘黄色，有深紫红色斑点；花期 7 ~ 8 月。

分布：广布于全国各省区。

习性：性强健，喜干燥气候，耐寒性强。

繁殖：播种或分株繁殖。

园林应用：生长健壮，适应性强，适合于配植多年生长花带和丛植于庭园边角，亦可作花坛、花境等配植，还用作切花材料。

同科植物：条纹庭菖蒲 *Sisyrinchium striatum* Smith.，条纹庭菖蒲：多年生草本植物，高 30~60 cm。叶披针形；小花淡黄色，花心色深；花被片有纵脉纹，背面脉纹紫色。花期 5~6 月。

芭蕉科植物：芭蕉 *Musa basjoo* Sieb. et Zucc.。

芭蕉果实

射干

芭蕉

射干花

射干花序

条纹庭菖蒲

条纹庭菖蒲花

单子叶植物

芭蕉 *Musa basjoo* Sieb. et Zucc. | Japanese Banana | 芭蕉科芭蕉属

紫苞芭蕉

识别要点：多年生草本植物，高 2.5 ~ 4 m。茎单生不分枝；叶螺旋状排列，有厚的中肋和多数羽状平行脉，长 2 ~ 3 m；花通常为单性，偶有两性；花序直立，下垂或半下垂；雄花着生于上部的苞片内，雌花着生于下部的苞片内；浆果肉质，一年结果一次或多次。花果期夏秋季节。

分布：原产日本。

习性：喜温暖、潮湿的环境，喜肥沃的土壤。

繁殖：分蔸移栽。

园林应用：形态优美，颇具热带风情，栽植于庭园、溪边、河滩，营造"雨打芭蕉"的景观，颇具诗情画意。

同科植物：紫苞芭蕉 *Musa ornate* W. Roxb. ；地涌金莲 *Musella lasiocarpa* (Fr.) C. Y. Wu ex H. W. Li。

芭蕉 | 芭蕉花

地涌金莲

芭蕉园林应用

| 姜 | *Zingiber officinale* Roscoe | Common Ginger | 姜科姜属 |

花叶艳山姜花

识别要点：根茎肉质，扁平。叶披针形至条状披针形，长15～30 cm，宽约2 cm，先端渐尖基部渐狭，平滑无毛，有抱茎的叶鞘，无柄；花茎直立，被以覆鳞片，穗状花序卵形至椭圆形，长约5 cm，苞片卵形，淡绿色；花稠密，黄色；蒴果长圆；花期6～8月。

分布：我国中部、东南部至西南部。

习性：不耐寒，也不耐热，夏季应遮阴，抗旱力不强。

繁殖：播种繁殖。

园林应用：可自然式丛植或大片种植作为地被。

同科植物：艳山姜 *Alpinia zerumbet* (Pers.) Burtt et Smith，叶不具黄色条纹；花叶艳山姜 'Variegata'。

花叶艳山姜花序

花叶艳山姜

姜

艳山姜

黄姜花园林应用

姜科植物：

黄姜花 *Hedychium flavum* Roxb.；
姜荷花 *Curcuma alismatifolia* Gagnep.；
郁金 *Curcuma aromatica* Salisb.。

黄姜花

郁金花序

姜荷花

姜荷花叶形和花

郁金

单子叶植物

大鹤望兰

棒叶鹤望兰花

棒叶鹤望兰

大鹤望兰花

旅人蕉科鹤望兰属植物:

棒叶鹤望兰 *Strelitzia juncea* (Ker Gawl.) Link;

大鹤望兰 *Strelitzia nicolai* Regel et Koern.;

鹤望兰 *Strelitzia reginae* Aiton;

尼古拉鹤望兰 *Strelitzia nicolai* Begel et Koern.。

鹤望兰

尼古拉鹤望兰

| 美人蕉 | *Canna indica* L. | India Canna | 美人蕉科美人蕉属 |

识别要点：多年生草本植物，株高 100 ~ 130 cm。茎叶绿而光滑；叶长椭圆形；花序总状，花小稀疏，常 2 朵簇生，鲜红色，唇瓣橙黄色，上有红色斑点。

分布：产于印度以及中国大陆的南北各地。

习性：性强健，适应性强，几乎不择土壤，具一定耐寒力，喜温暖炎热气候和阳光充足及湿润肥沃的深厚土壤。

繁殖：播种或分株繁殖。

园林应用：茎叶茂盛，花大色艳，花期长，适合大片栽植，或花坛、花境以及基础栽培。

同属植物：紫叶美人蕉 *Canna warscewiezii* A. Dietr.，叶紫色。

美人蕉花色 1

美人蕉

美人蕉花色 2

紫叶美人蕉

紫叶美人蕉果序

大花美人蕉（水生美人蕉） *Canna generalis* Bailey　　Largeflower Canna　　美人蕉科美人蕉属

金脉美人蕉

大花美人蕉品种 1

识别要点：多年生草本植物，株高约 1.5 m。一般茎、叶均被白粉；叶大，互生，抱茎而生，阔椭圆形；花序总状，有长梗；花大，有深红、橙红、黄、乳白等色，基部不呈筒状，花萼、花瓣亦被白粉，雄蕊特化成花瓣状，圆形，直立而不反卷；花期 8 ~ 10 月。

分布：原产于美洲热带。

习性：喜光，性强健，适应性强，不择土壤，耐寒。

繁殖：分株繁殖。

园林应用：宜作花境背景或在花坛中心栽植，也可成丛或成带状种植在林缘、草地边缘。

品种：金脉美人蕉（花叶美人蕉）'Striatus'（Gold Veins Canna），叶片宽大，革质，叶脉金黄色，叶缘具红边，全缘。

大花美人蕉品种 2

金脉美人蕉园林应用

大花美人蕉品种 3

金脉美人蕉叶色

白粉水竹芋（再力花，水莲蕉）　*Thalia dealbata* Fraser.　Powered Thalia　竹芋科塔利亚属

识别要点：多年生挺水草本植物，株高2 m左右。叶基生，叶鞘抱茎，叶片披针状椭圆形，浅灰蓝色，边缘紫色，先端突出，近叶基处暗红色，叶柄极长；穗状圆锥花序顶生，小花紫色，全株附有白粉；夏至秋季开花。

分布：原产北美和墨西哥。

习性：喜温暖水湿、阳光充足的气候，不耐寒，也喜高温的气候；不耐干旱，在微碱性的土壤中生长良好。

繁殖：播种或根茎分株繁殖。

园林应用：适于水池、湿地种植美化，3～5株点缀公园水面，株形美观洒脱，叶色翠绿可爱，是水景绿化的上品花卉。

同属植物：垂花水竹芋 *Thalia geniculata* L. 穗状花序下垂。

白粉水竹芋果实

白粉水竹芋

白粉水竹芋花序

垂花水竹芋

垂花水竹芋花

垂花水竹芋园林应用

白及（双肾草，紫兰） *Bletilla striata* (Thunb. ex A. Murray) Rchb. f.　Common Bletilla　兰科白及属

白及

白及花 1

白及叶形

白及花 2

跳舞兰

跳舞兰花

识别要点：多年生草本植物，高达 60 cm。叶 4 ~ 6 枚，狭长圆形或披针形，先端渐尖，基部收狭成鞘并抱茎；总状花序顶生，花紫红色或粉红色，蒴果；花期 4 ~ 5 月，果期 6 ~ 9 月。

分布：产于我国华东、华中、华南、西南，河北、陕西、甘肃均有分布。

习性：喜湿润，喜疏松、肥沃及排水良好的土壤。

繁殖：分株、播种繁殖。

园林应用：花美丽，适合公园、风景区或庭院等植于路边或林缘下观赏。

同科植物：跳舞兰（文心兰）*Oncidium hybrida* Hort.，叶 1~3 枚；总状花序，花形因似飞翔的金蝶，又似翩翩起舞的舞女得名。

蝴蝶兰品种 1

蝴蝶兰品种 2

蝴蝶兰品种 7

蝴蝶兰品种 8

蝴蝶兰品种 9

蝴蝶兰品种 3

蝴蝶兰品种 4

蝴蝶兰品种 10

蝴蝶兰品种 5

蝴蝶兰品种 6

蝴蝶兰属植物：
蝴蝶兰 *Phalaenopsis hybrida* Hort.。

蝴蝶兰品种 11

蝴蝶兰品种 12

单子叶植物

卡特兰

蝴蝶兰品种 13

卡特兰属植物：

卡特兰 *Cattleya hybrida*；
史蒂芬森卡特兰 *Cattleya* Wmpress Belis 'Stephenson'。

卡特兰品种 1

卡特兰品种 2

史蒂芬森卡特兰

单子叶植物

大花蕙兰品种 1

大花蕙兰品种 2

大花蕙兰品种 3

大花蕙兰品种 4

兰属植物： 大花蕙兰 *Cimbidium hybrida*。

大花蕙兰品种 5

大花蕙兰品种 6

单子叶植物

长苏石斛

玫瑰石斛

莫莫佐公主石斛

鼓槌石斛花

石斛属植物：

玫瑰石斛 *Dendrobium crepidatum* Lindl. ex Paxt.；
长距石斛 *Dendrobium longicornu* Lindl.；
长苏石斛 *Dendrobium brymerianum* Rchb. f.；
莫莫佐公主石斛 *Dendrobium* 'Momozono Princess'；
鼓槌石斛 *Dendrobium chrysotoxum* Lindl.。

鼓槌石斛

长距石斛

秋石斛

喉红石斛

滇桂石斛

尖刀唇石斛

兰科植物：

喉红石斛 *Dendrobium christyanum* Rchb. f.；
尖刀唇石斛 *Dendrobium heterocarpum* Lindl.；
秋石斛 *Dendrobium hybrida*；
滇桂石斛 *Dendrobium guangxiense* S. J. Cheng et C. Z. Tang；
独花兰 *Changnienia amoena* Chien；
建兰 *Cymbidium ensifolium* (L.) Sw.。

独花兰

建兰

单子叶植物

大藻	*Pistia stratiotes* L.	Water Lettuce	天南星科大藻属

识别要点：多年生漂浮草本植物。白色须根发达、长而悬垂；具匍匐茎，茎端发出新植株；叶簇生呈莲座状，叶片倒卵状楔形，长 2 ~ 8 cm，两面被茸毛，顶端钝圆而呈微波状，叶脉扇状伸展；肉穗花序腋生，佛焰苞白色，小花单性同序；浆果；花期 6 ~ 7 月。

分布：我国长江以南各地均有。

习性：生于池塘、沟渠等水质肥沃的静水面；喜高温多湿，不耐寒。

繁殖：分株繁殖，将匍匐茎先端长出的新植物另行栽种。

园林应用：叶形奇特，叶色翠绿，秋叶变黄，有一定的观赏价值，宜布置小水面。

同科植物：菖蒲 *Acorus calamus* L.；龟背竹 *Monstera deliciosa* Liebm；花烛（红掌） *Anthurium andraeanum* Linden ex Andre；水晶花烛 *Anthurium crystallinum* Linden ex Andre；独角莲 *Typhonium giganteum* Engl.。

菖蒲花序

菖蒲

独角莲

水晶花烛

龟背竹

大藻

单子叶植物

海芋花序

识别要点：多年生湿生草本植物。块茎卵形。叶盾状簇生，叶身阔大，卵状椭圆形，先端短尖或短渐尖，全缘，叶面绿色，平滑；佛焰苞较长，淡黄色；肉穗花序较短，具附属体；花期夏秋季。

分布：原产亚洲南部热带地区。

习性：性喜高温、高湿的气候，喜阴，在生长期中要求有较高的温度和湿度。

繁殖：分株或球茎繁殖。

园林应用：叶片巨大美观，主要作为水缘观叶植物，可片植于湖泊、河堤、河滨等，配置以福禄考、鸢尾或唐菖蒲或美人蕉等，形成丰富的色彩和层次，也可丛植、片植于庭园或盆栽观赏。

同属植物：象耳芋 *Colocasia gigantea* (Bl.) Hook. f.；紫芋 *Colocasia tonoimo* Nakai。

同科植物：海芋（滴水观音）*Alocasia macrorrhiza* (L.) Schott；魔芋 *Amorphophallus rivieri* Durieu ex Carriere。

海芋

魔芋

象耳芋

芋

紫芋

掌叶半夏（虎掌） *Pinellia pedatisecta* Schott   Tigerpalm   天南星科半夏属

识别要点：多年生草本植物。株高 30～40 cm。叶柄纤细柔弱，淡绿色，叶片掌状分裂，小叶 9～11 枚；肉穗花序顶生，佛焰苞淡绿色，披针形，下部筒状，长圆形，先端锐尖；浆果卵圆形，绿色；花期 6～7 月。

分布：分布河南、河北、长江流域及西南等地。

习性：喜温暖湿润，耐寒，怕强光，不耐旱，宜在疏松肥沃的沙质壤土内栽植，黏土地不宜栽植。

繁殖：块茎和种子繁殖。

园林应用：叶形独特，葱郁可爱，适栽植于疏林下草坪，片植于野趣园或点缀于岩石园、建筑旁、墙隅等。

同科植物：异柄白鹤芋 *Spathiphyllum kochii* Engl. et Krause；彩色马蹄莲 *Zantedeschia hybrida*；绿巨人白鹤芋 *Spathiphyllum candicans* Poepp.；马蹄莲 *Zantedeschia aethiopica* (L.) Spreng。

异柄白鹤芋

绿巨人白鹤芋

异柄白鹤芋花序

掌叶半夏

彩色马蹄莲

马蹄莲

双喜草

天南星

天南星科植物：

刺柄南星 *Arisaema asperatum* N. E. Brown；

双喜草（灯台莲）*Arisaema sikokianum* Franch. et Sav. var. *serratum* (Makino) Hand. -Mazz.；

天南星（一把伞南星）*Arisaema erubescens* (Wall.) Schott，
宽叶天南星 f. *latisectum* Engler；

细齿南星 *Arisaema serratum* (Thunb.) Schott；

象南星 *Arisaema elephas* S. Buchet。

刺柄南星

细齿南星

天南星与宽叶天南星

象南星

单子叶植物

| 水葱 | *Scirpus validus* Vahl. | Softstem Bulrush, Great Bulrush | 莎草科藨草属 |

识别要点：多年生草本植物，高1～2m。具粗壮匍匐根状茎，基部有管状叶鞘，叶片生长在上端，呈细线形；长侧枝聚伞花序有许多辐射枝，枝上具数小穗，小穗卵形或矩圆形，淡黄褐色，坚果倒卵形或椭圆形；花期6～8月，果熟期7～9月。

分布：产于东北、华北、江苏、西南、陕西、甘肃、新疆等地。

习性：喜温暖、潮湿气候，喜光，耐阴，喜凉爽，耐寒。

繁殖：播种或分株繁殖。

园林应用：水葱生长葱郁，淡雅洁净，可与睡莲、荷花等配植做水坛，亦可丛植于池隅、岸边等，作为水景布置中的障景、背景等。

品种：花叶水葱 'Zebrinus'，叶具斑化条纹，此条纹在高温季节常绿化。

同属植物：扁秆藨草 *Scirpus planiculmis* Fr. Schmidt。

水葱花序

水葱

扁秆藨草

花叶水葱

扁秆藨草花序

葱状灯芯草花序

旱伞草

葱状灯芯草

莎草科植物：

旱伞草（水竹，风车草）*Cyperus alternifolius* L.；
纸莎草 *Cyperus papyrus* L.；
香附子 *Cyperus rotundus* L.；
宽叶苔草 *Carex siderosticta* Hance。

灯芯草科植物：

葱状灯芯草 *Juncus allioides* Franch.。

香附子

宽叶苔草

纸莎草

单子叶植物

| 棕榈 | *Trachycarpus fortunei* (Hook. f.) H. Wendl. | Palm, Fortune Palm | 棕榈科棕榈属 |

识别要点：常绿乔木，高 10 m。叶簇生竖于干顶，近圆形，掌状叶深达中下部，叶片坚硬直立，叶柄两侧细齿明显；圆锥状肉穗花序腋生，花小，黄色；核果肾状球形，蓝褐色，被白粉；花期 4～5 月，果熟期 10～11 月。

分布：原产我国。

习性：耐寒，喜温暖、湿润的气候；喜黏质土壤，耐轻盐碱；耐烟尘，有很强的吸毒能力。

繁殖：播种繁殖，以随采随播最好。

园林应用：可列植、丛植或成片栽植，河南常用棕榈和芭蕉营造南国的环境情调。

同科植物：贝叶棕 *Corypha umbraculifera* L.；糖棕 *Borassus flabellifer* L.；油棕 *Elaeis guineensis* Jacq.。

棕榈果序

贝叶棕

棕榈

糖棕

油棕

多裂棕竹

散尾葵果实

蒲葵

棕榈科植物：

短穗鱼尾葵 *Caryota mitis* Lour.；
多裂棕竹 *Rhapis multifida* Burret；
棕竹 *Rhapis excelsa* (Thunb.) Henry
 ex Rehd.；
蒲葵 *Livistona chinensis* (Jacq.) R. Br.；
散尾葵 *Chrysalidocarpus lutescens* H.
Wendl.。

棕竹

短穗鱼尾葵

散尾葵

中文名称索引

A

阿尔泰狗哇花 454
阿拉伯婆婆纳 400
阿玛红色鸡冠花 081
阿穆尔小檗 115
埃及蓝睡莲 104
矮蕨叶蒿 452
矮蒲苇 475
矮牵牛 393
矮生绣球 150
矮生沿阶草 493
矮紫杉 032
凹叶厚朴 125
凹叶景天 145

B

八宝景天 144
八角枫 322
八角金盘 327
八角莲 113
八仙花 150
巴东泡花树 276
巴西千年木 506
巴西铁 506
巴西鸢尾 518
芭蕉 519，520
白背叶 237
白刺花 223，224
白丁香 350
白粉水竹芋 526
白蝴蝶花 514
白花碧桃 195
白花车轴草 222
白花重瓣麦李 201
白花重瓣木槿 292
白花酢浆草 225
白花鬼针草 455
白花华北蓝盆花 431
白花刻叶紫堇 139
白花龙面花 402
白花泡桐 397

白花日本鸢尾 514
白花山桃 198
白花鼠尾草 384
白花鼠掌老鹳草 299
白花四季秋海棠 310
白花梭鱼草 486
白花桃 195
白花紫荆 210
白花紫露草 485
白花紫藤 216
白花朱唇 384
白桦 051
白及 527
白接骨 469
白晶菊 458
白鹃梅 159
白蜡树 346
白兰花 118
白梨 177
白栎 055
白马骨 411
白楠 134
白皮松 010
白杆 005
白屈菜 140
白松果菊 455
白首乌 370
白睡莲 103
白檀 344
白头翁 108
白透骨消 387
白线文殊兰 510
白香草木樨 217
白雪姬 485
白英 394
白榆 056
白玉兰 117
白玉堂 189
白缘唇凤梨 504
白纸扇 412
百部 488

百脉根 217
百日草 441，442
柏木 025
败酱 434
斑赤飓 432
斑叶大叶黄杨 248，249
斑叶凤梨薄荷 386
斑叶堇菜 306
斑竹 479
板蓝根 143
板栗 055
半边莲 435
半支莲 089
半枝莲 389
膀胱果 262
蚌花 485
棒叶鹤望兰 523
棒叶虎尾兰 506
宝铎草 503
宝盖草 388
宝华玉兰 123
抱茎苦荬菜 443
抱头毛白杨 036
暴马丁香 351
北柴胡 331
北非雪松 007
北京丁香 351
北京堇菜 306
北美鹅掌楸 127
北美枫香 463
北美香柏 025
北美圆柏 029
北山莴苣 443
北乌头 108
贝叶棕 539
比利时杜鹃 337
碧桃 194
薜荔 064
蝙蝠葛 116
扁担杆 290
扁秆藨草 537

萹蓄	067	朝鲜黄杨	238	刺柄南星	536
萹竹蓼	067	朝鲜老鹳草	299	刺儿菜	447
滨菊	439	车轮菊	462	刺桂	348
冰岛罂粟	140	车前	409	刺果卫矛	260
冰岛虞美人	140	柽柳	304	刺槐	218
冰纹常春藤	325	赪桐	381	刺梨	188
波斯丁香	353	城堡橘黄鸡冠花	081	刺葡萄	284
波斯菊	444	秤锤树	343	刺楸	326
玻璃翠	310	池杉	021	刺五加	328
菠萝麻	505	齿叶溲疏	152	葱兰	507
博落回	137	赤飚	432	葱莲	507
薄荷	386	赤胫散	067	葱皮忍冬	419
薄叶鼠李	280	赤麻	072	葱叶虎尾兰	506
步步高	441	赤松	017	葱状灯心草	538
		翅荚决明	208	楤木	325
C		翅枔	301	重瓣白花夹竹桃	365
彩红朱蕉	505	稠李	206	重瓣长寿花	148, 149
彩色马蹄莲	535	臭常山	227	重瓣齿叶溲疏	152
彩叶柳	041	臭椿	230	重瓣大花栀子	410
彩云阁	233	臭冷杉	004	重瓣棣棠	179
菜豆树	405	臭牡丹	381	重瓣肥皂草	096
菜蓟	445	臭枇杷	337	重瓣凤仙花	277
糙苏	392	臭松	004	重瓣扶桑	293
糙叶败酱	434	樗叶花椒	230	重瓣黄木香	185
草本接骨木	421	雏菊	450	重瓣夹竹桃	365
草芙蓉	294	川桂	131	重瓣六月雪	411
草麻黄	034	川楝	231	重瓣木芙蓉	295
草莓	183, 184	川楝子	231	重瓣松叶牡丹	089
草乌	108	川西忍冬	417	重瓣贴梗海棠	172
侧柏	026	川榛	052	重瓣萱草	499
权叶槭	268	穿龙薯蓣	512, 513	重瓣洋水仙	511
叉子圆柏	025	穿叶忍冬	419	重瓣榆叶榆	199
茶条槭	268	串叶松香草	457	重瓣紫玫瑰	186
檫木	132	垂花水竹芋	526	重瓣紫叶桃	196
柴胡	331	垂柳	043	重阳木	233
菖蒲	533	垂盆草	146	粗齿冷水花	071
长柄绣球	152	垂丝海棠	175	粗榧	031
长寿冠海棠	172	垂丝卫矛	256	粗糠树	376
长春花	367	垂笑君子兰	509	酢浆草	225
长寿乐木瓜	172	垂枝碧桃	197	翠菊	451
长喙毛茛泽泻	471	垂枝黄花柳	044	翠雀	108
长距石斛	531	垂枝桑	066	翠薇	315
长寿花	149	垂枝榆	056		
长苏石斛	531	垂枝雪松	007	**D**	
长叶车前	409	春俏菊	458	达尔文婆婆纳	400
长柱小檗	115	慈姑	472	达呼里胡枝子	215
常山	227	慈竹	474	达乌里黄芪	212
常夏石竹	096	刺柏	025	鞑靼忍冬	418
朝雾草	452	刺苞南蛇藤	260	打碗花	374

大滨菊	439	丹参	384	短柄枹栎	055
大波斯菊	444	丹桂	349	短角淫羊藿	115
大车前	409	单瓣白木香	185	短毛独活	331
大慈姑	472	单瓣黄刺玫	187	短穗鱼尾葵	540
大颠茄	395	单瓣笑靥花	160	短尾铁线莲	107
大果榉	060	单叶蔓荆	378	短叶虎尾兰	506
大果卫矛	255	弹刀子菜	401	堆心菊	450
大果榆	058	淡竹叶	478	对节白蜡	346
大鹤望兰	523	倒挂金钟	323	对叶百部	488
大红芒毛苣苔	408	德国报春	339	对叶韭	502
大花皇冠	473	德国鸢尾	517	对叶梅	441
大花蕙兰	530	灯台莲	536	钝萼附地菜	376
大花藿香蓟	441	灯台树	334	多花白杜	253
大花金鸡菊	446	滴水观音	534	多花勾儿茶	282
大花六道木	413	地肤	075	多花木蓝	219
大花马齿苋	089	地黄	399	多花泡花树	276
大花曼陀罗	393	地笋	388	多花丝棉木	253
大花美人蕉	525	地涌金莲	520	多花紫藤	216
大花秋葵	294	地榆	182	多茎委陵菜	178
大花溲疏	152	棣棠	179	多裂棕竹	540
大花卫矛	259	滇桂石斛	532	多脉四照花	335
大花紫薇	316	滇楸	404	多歧沙参	436
大花栀子	410	颠茄	395	多穗金粟兰	035
大火草	106	点地梅	338	多叶薯	452
大金鸡菊	446	电灯花	401	多叶羽扇豆	219
大丽花	461	吊竹梅	484		
大丽菊	461	掉皮榆	058	**E**	
大罗伞	339	顶花螯麻	073	鹅耳枥	052
大麻	065	东北玉簪	490	鹅绒藤	370
大马齿苋	088	东方百合	501	鹅掌楸	127
大藻	533	东方草莓	183	鄂赤飑	432
大婆婆纳	400	东北红豆杉	032	鄂椴	289
大头橐吾	456	东方堇菜	306	二乔玉兰	121
大岩桐	408	东方香蒲	470	二球悬铃木	158
大叶白蜡	347	东方罂粟	135	二月蓝	141
大叶垂榆	056	东方泽泻	471		
大叶冬青	247	东风菜	453	**F**	
大叶黄杨	248，250	冬红果	173	法国冬青	426
大叶朴	062	冬青	247	返顾马先蒿	403
大叶七叶树	273	冻绿	280	反曲景天	144
大叶丝棉木	253	豆梨	177	防风	331
大叶铁线莲	107	独花兰	532	防己	116
大叶小檗	115	独角莲	533	飞蛾槭	268
大叶苎麻	072	杜鹃	336	飞黄玉兰	118
大叶醉鱼草	364	杜梨	177	飞廉	445
大银莲花	106	杜若	483	非洲凤仙	278
大银脉虾蟆草	071	杜松	025	非洲堇	408
大油芒	474	杜仲	157	非洲蓝睡莲	104
袋鼠花	408	短柄稠李	203	非洲万寿菊	451

非洲紫罗兰	408	甘草	212	**H**	
绯桃	195	甘葛藤	214	海拉尔松	017
菲白竹	475	甘野菊	439	海棠花	174
菲黄竹	475	柑橘	228	海桐	156
肥皂草	096	刚竹	475	海仙花	422
肥皂荚	213	杠板归	067	海芋	534
榧树	034	杠柳	369	海州常山	377
费菜	148	高粱泡	191	含香薷草	452
粉白晚樱	204	高山积雪	234	含笑	118
粉柏	028	高山薷	452	含羞草	209
粉椴	289	哥兰叶	260	韩信草	389
粉花重瓣碧桃	196	葛萝槭	268	旱金莲	227
粉绿狐尾藻	323	葛藤	214	旱柳	040
粉团蔷薇	189，190	宫粉红山茶	302	旱伞草	538
粉团	430	宫粉羊蹄甲	209	莸子梢	215
粉紫重瓣木槿	292	珙桐	320	合欢	207
丰盛橙丰花百日草	441	狗舌草	453	合萌	212
风车草	538	狗尾草	482	何首乌	070
风轮菜	391	枸骨	245	河北杨	039
风信子	500	枸杞	393	河柳	042
枫香	463	构树	063	荷包花	402
枫杨	049	菰	482	荷包牡丹	137
凤尾柏	027	古代稀	323	荷花	097，098
凤尾鸡冠花	081，082，083	鼓槌石斛	531	荷花蔷薇	189，190
凤尾兰	505	瓜栗	261	荷花玉兰	122
凤尾薷草	452	瓜木	322	荷兰菊	454
凤仙花	277	瓜叶菊	459	荷兰紫菀	454
凤眼莲	487	拐枣	282	荷青花	138
佛甲草	147	观赏谷子	479	鹤望兰	523
佛面竹	477	观音竹	474	黑果荚蒾	429
佛手	229	管花鹿药	496	黑壳楠	134
弗吉尼亚稠李	206	贯月忍冬	419	黑松	015
伏牛海棠	174	光皮树	332	黑心菊	448
扶芳藤	251	光叶灰楸	404	黑叶沿阶草	495
扶桑	293	光叶榉	060	黑榆	057
芙蓉菊	459	光叶石楠	169	黑藻	471
芙蓉葵	294	广玉兰	122	黑竹	478
浮萍	484	龟背竹	533	横斑芒	481
浮叶慈姑	473	龟甲冬青	245，246	红斑蟆叶秋海棠	310，311
福建茶	376	龟甲竹	477	红碧桃	196
福建紫薇	316	鬼见愁	254	红边朱蕉	505
福拉威睡莲	103	鬼灯擎	154	红柄甜菜	076
附地菜	376	鬼羽箭	254	红彩云阁	233
复瓣碧桃	195	桂花	349	红淡比	302
复叶槭	264	桂香柳	313	红豆杉	033
复羽叶栾树	275	桂圆菊	439	红豆树	221
		国槐	223	红萼苘麻	296
G		果子蔓	504	红枫	266
伽蓝菜	148			红麸杨	241

红果钓樟	134	胡桃楸	046	花叶美人蕉	525
红旱莲	303	胡颓子	314	花叶木薯	237
红花	447	湖北贝母	496	花叶欧亚活血丹	387
红花车轴草	222	湖北枫杨	050	花叶杞柳	041
红花刺槐	218	湖北海棠	173	花叶三角梅	086
红花酢浆草	226	湖北山楂	165，166	花叶水葱	537
红花锦鸡儿	220	葫芦	433	花叶细辛	074
红花蛇目菊	446	槲栎	053	花叶狭叶沿阶草	492
红花鼠尾草	384	槲树	054	花叶香薄荷	386
红花四季秋海棠	310	蝴蝶花	514	花叶亚洲络石	367
红花文殊兰	510	蝴蝶槐	223	花叶艳山姜	521
红桦	051	蝴蝶荚蒾	430	花叶印度橡皮树	066
红檵木	466	蝴蝶兰	528	花叶鱼腥草	035
红口水仙	511	蝴蝶叶银杏	002	花叶玉簪	491
红蕾荚蒾	425	虎耳草	153	花烛	533
红丽海棠	175	虎皮菊	462	华北丁香	350
红龙船花	410	虎尾草	482	华北蓝盆花	431
红脉白玉兰	117	虎尾兰	506	华北耧斗菜	109
红皮云杉	006	虎纹凤梨	504	华北落叶松	009
红千层	322	虎眼万年青	502	华北葡萄	284
红瑞木	333	虎掌	535	华北五角枫	271
红山茶	302	虎杖	069	华北珍珠梅	164
红升麻	154	忽地笑	509	华茶藨子	155
红睡莲	103	互叶醉鱼草	364	华东椴	289
红王子锦带	422	花菖蒲	517	华空木	164
红卫兵挪威槭	269	花环菊	458	华蔓茶藨子	155
红薇	315	花椒	229	华蒲公英	460
红缬草	434	花脸细辛	074	华山松	011
红苋草	077	花菱草	136	华榛	052
红雪果	424	花楸木	221	华中五味子	129
红苋	084	花蔓草	408	化香	046
红叶白茅	481	花蔓花	091	桦叶荚蒾	428
红叶臭椿	230	花毛茛	106	皇帝菊	449
红叶锦绣苋	077	花楸树	176	黄檗	230
红叶李	193	花杨	50	黄波斯菊	444
红叶石楠	169	花叶薄荷	386	黄蝉	365
红叶甜菜	076	花叶草原看麦娘	482	黄菖蒲	515
红叶小檗	111	花叶拂子茅	476	黄刺玫	187
红叶朱蕉	505	花叶复叶槭	264	黄丹木姜子	132
红羽毛枫	267	花叶甘薯	371	黄杜鹃	336
红掌	533	花叶海仙花	422	黄海棠	303
红蓼	067	花叶假连翘	380	黄花胡麻	408
喉红石斛	532	花叶锦带花	422	黄花夹竹桃	365
厚壳树	375	花叶君子兰	509	黄花金凤花	209
厚皮香	301	花叶冷水花	071	黄花龙牙	434
厚朴	124	花叶连翘	359，360	黄花鸢尾	515
狐尾龙舌兰	505	花叶芦竹	480	黄姜花	522
狐尾天门冬	498	花叶蔓长春花	366	黄金菊	453
胡桃	045	花叶芒	476	黄金树	406

黄荆	378	加拿大美女樱	379	金边卵叶女贞	355
黄晶菊	458	加拿大杨	038	金边毛里求斯麻	505
黄连木	242	加拿大一枝黄花	440	金边瑞香	312
黄龙船花	410	加拿大紫荆	211	金疮小草	385
黄栌	243	美国黑核桃	047	金光菊	448
黄栌木	115	夹竹桃	365	金桂	349
黄牡丹	109	荚蒾	425	金蝴蝶	255
黄芩	389	假连翘	380	金花忍冬	414
黄秋葵	296	假龙头花	388	金橘	228
黄色头状鸡冠花	081	假酸浆	395	金莲花	109
黄色映山红	336	假香野豌豆	217	金铃子	231
黄山栾	275	假叶树	488	金露梅	178
黄山木兰	125	尖刀唇石斛	532	金缕梅	468
黄山紫荆	210	坚桦	051	金脉单药花	469
黄时钟花	463	剪刀草	472	金脉爵床	469
黄水仙	511	建兰	532	金脉连翘	359，360
黄水枝	154	建始槭	270	金脉美人蕉	525
黄檀	221	剑麻	505	金钱莲	330
黄香草木樨	217	剑叶金鸡菊	446	金钱槭	270
黄杨	238	箭叶梭鱼草	486	金钱树	283
皇冠草	473	江浙钓樟	134	金钱松	008
灰楸	404	姜	521	金荞麦	068
回回苏	392	姜荷花	522	金球侧柏	026
活血丹	387	茳芒决明	208	金球亚菊	439
火棘	165	茳芒香豌豆	217	金雀儿	220
火炬树	240	橿子栎	054	金森女贞	357
火炬松	018	降龙草	408	金山绣线菊	163
火焰南天竹	113	茭白	482	金丝吊蝴蝶	255
藿香	383	胶东卫矛	252	金丝梅	303
		角翅卫矛	256	金丝桃	303
		角蒿	406	金线草	070
J		角堇	305	金线吊乌龟	116
鸡蛋花	368	绞股蓝	432	金线蓼	070
鸡蛋黄	179	接骨草	421	金心大叶黄杨	248，249
鸡蛋黄花	138	接骨木	420	金心吊兰	503
鸡公柳	044	节节高	441	金心也门铁	506
鸡冠刺桐	214	结香	312	金焰绣线菊	163
鸡冠花	081，082	金苞花	469	金叶刺槐	218
鸡麻	180	金边常春藤	325	金叶大花六道木	413
鸡桑	066	金边大叶黄杨 248，249，250		金叶大叶黄杨	248，249
鸡矢藤	412	金边吊兰	503	金叶佛甲草	147
鸡树条荚蒾	429	金边短叶虎尾兰	506	金叶甘薯	371
鸡头米	101	金边扶芳藤	251	金叶过路黄	338
鸡腿堇菜	306	金边红叶小檗	111	金叶红瑞木	333
鸡爪槭	265	金边胡颓子	314	金叶槐	223
鸡爪三七	148	金边虎尾兰	506	金叶鸡爪槭	265
吉祥草	495	金边接骨木	420	金叶接骨木	420
戟叶堇菜	307	金边阔叶麦冬	494	金叶锦熟黄杨	238
戟叶蓼	069	金边六月雪	411	金叶连翘	359，360
檵木	466，467				

金叶蔓长春花	366	康藏何首乌	068	蓝眼菊	451
金叶女贞	358	康乃馨	095	蓝羊茅	477
金叶小檗	111	糠椴	289	蓝叶忍冬	417
金叶银杏	002	克鲁兹王莲	099	蓝猪耳	390
金叶菰	382	刻叶紫堇	139	狼尾草	479
金叶皂荚	213	空心菜	372	榔榆	058
金叶紫薇	315	空心莲子草	078	老鹳草	299
金银花	414	孔雀草	449	老虎皮菊	462
金银木	415	苦参	223，224	老鸦糊	381
金樱子	188	苦瓜	433	老鸦柿	342
金鱼草	398	苦木	230	涝峪小檗	114
金鱼花	408	苦皮藤	260	乐东拟单性木兰	126
金枝槐	223	苦荞麦	068	篱打碗花	374
金盏菊	440	苦糖果	416	藜芦	500
金钟花	359，360	苦藏	393	李叶绣线菊	160
金爪儿	338	宽裂缬草	434	丽格秋海棠	310，311
筋骨草	385	宽叶苔草	538	荔枝草	383
锦带花	422	宽叶天南星	536	连翘	359
锦鸡儿	220	宽叶香蒲	470	连香树	105
锦葵	291	魁蓟	445	楝树	231
锦屏藤	287	昆明小檗	115	两色金鸡菊	446
锦熟黄杨	238	栝楼	433	两似蟹甲草	461
锦绣苋	077	阔叶半支莲	088	辽东丁香	353
京大戟	233	阔叶箬竹	476	辽东冷杉	004
荆条	378	阔叶山麦冬	494	辽椴	289
镜面草	071	阔叶十大功劳	112	裂叶丁香	352
九头狮子草	469			裂叶接骨木	420
韭兰	507	**L**		裂叶堇菜	307
韭莲	507	喇叭水仙	511	裂叶落地生根	148
酒杯叶银杏	002	腊莲绣球	150	裂叶荨麻	073
桔梗	435	蜡莲绣球	150	裂叶榆	057
菊蒿	453	蜡瓣花	468	鳞叶龙胆	368
菊花	437	蜡梅	130	凌霄	407
菊花桃	197	腊梅	130	菱	322
菊苣	443	蜡子树	357	菱叶绣线菊	161
菊芋	457	兰考泡桐	397	领春木	105
榉树	060	兰屿肉桂	131	刘寄奴	401
巨紫荆	211	蓝刺头	447	流苏树	353
苣荬菜	443	蓝丁香	352	硫华菊	444
聚合草	376	蓝萼香茶菜	387	硫黄菊	444
卷云银叶菊	459	蓝粉云杉	006	柳穿鱼	402
绢毛绣线菊	160	蓝果树	320	柳杉	020
决明	208	蓝花棘豆	212	柳叶菊	454
君迁子	341	蓝花鼠尾草	384	柳叶蜡梅	130
君子兰	509	蓝花喜盐鸢尾	516，517	柳叶马鞭草	382
		蓝目菊	451	六倍利	435
K		蓝鸟花	487	六道木	413
卡特尔阳光粉红山茶	302	蓝杉	006	六角莲	113
卡特兰	529	蓝亚麻	227	六月雪假龙头	388

龙柏	029	马齿苋	088	玫瑰石斛	531
龙葵	394	马兜铃	074	玫红小百日草	441
龙面花	402	马瓟儿	433	莓叶委陵菜	181
龙桑	066	马甲子	283	梅花	192
龙吐珠	381	马兰	454	玫瑰	186
龙须菜	498	马利筋	369	美国薄荷	386
龙牙草	178	马蔺	516	美国地锦	287
龙牙花	214	马氏槭	268	美国黑核桃	047
龙爪刺槐	218	马蹄金	374	美国红栌	243
龙爪槐	223，224	马蹄莲	535	美国凌霄	407
龙爪柳	041	马尾松	016	美国山核桃	048
龙爪枣	281	马缨丹	382	美国商陆	087
楼梯草	074	玛瑙石榴	318	美丽茶藨子	155
鲁冰花	219	蚂蚱腿子	456	美丽水鬼蕉	510
露草	091	麦吊云杉	006	美丽月见草	324
露珠草	323	麦冬	492	美女樱	379
陆英	421	麦仁珠	411	美人蕉	524
庐山楼梯草	074	馒头柳	040	美人梅	205
芦苇	481	满天星	095	美桐	158
芦竹	480	蔓长春花	366	美洲蜘蛛兰	510
鹿蹄草	339	蔓剪草	370	蒙椴	288
鹿角海棠	091	蔓茎堇菜	307	蒙古荚蒾	430
绿花百合	501	蔓柳穿鱼	402	蒙桑	065
绿巨人白鹤芋	535	蔓生连翘	359，360	迷迭香	390
绿叶甘橿	133	蔓生天竺葵	298	米饭花	337
葎草	065	猫尾红	235	米口袋	212
葎叶蛇葡萄	286	猫眼	233	米兰	231
栾树	276	毛白杨	036	米面蓊	063
卵叶猫乳	281	毛刺槐	219	米仔兰	231
卵叶女贞	355	毛地黄	399	密蒙花	364
卵叶日本绣线菊	162	毛地黄叶钓钟柳	401	绵毛荚蒾	425
轮叶沙参	436	毛萼口红花	408	绵毛马兜铃	074
罗布麻	366	毛核木	424	绵毛水苏	389
罗汉松	030	毛茛	106	棉槐	215
罗勒	385	毛红椿	232	魔芋	534
萝藦	370	毛鸡矢藤	412	茉莉	363
椤木石楠	169	毛金腰	154	莫莫佐公主石斛	531
络石	367	毛梾	332	牡丹	109
落葵	092	毛莲菜	443	牡丹晚樱	204
落叶松	009	毛泡桐	396	牡荆	378
落羽杉	022	毛葡萄	284	木半夏	313
落羽松	022	毛蕊花	403	木本香薷	383
		毛稀莶	456	木本绣球	427
M		毛叶厚壳树	376	木芙蓉	295
麻花	227	毛叶金光菊	448	木瓜	171
麻花头	445	毛叶山桐子	309	木荷	302
麻栎	053	毛樱桃	200	木槿	292
麻叶绣线菊	160	毛竹	476	木立芦荟	488
马鞭草	382	茅栗	055	木棉	261

木藤蓼 068
木通 110
木蒿蒿 458
木犀 349
木犀榄 348
木香 185
木香菊 458
木贼麻黄 034

N

耐寒睡莲 102
南赤飑 432
南方红豆杉 033
南非万寿菊 451
南京椴 289
南美水仙 511
南美天胡荽 330
南蛇藤 260
南酸枣 244
南天竹 113
南五味子 129
南洋杉 003
南洋樱花 236
南迎春 363
南紫薇 316
闹羊花 336
尼古拉鹤望兰 523
泥胡菜 447
鸟不宿 283
茑萝 373
柠檬 229
柠条锦鸡儿 220
牛蒡 447
牛鼻栓 466, 467
牛扁 108
牛迭肚 191
牛叠肚 191
牛繁缕 095
牛筋草 478
牛奶子 313
牛茄子 395
牛尾菜 500
牛膝菊 455
牛心柿 340
纽约紫菀 454
女贞 354
挪威槭 269
糯米椴 288
糯米条 413

糯米团 073

O

欧丁香 350
欧耧斗菜 109
欧洲报春 339
欧洲慈姑 472
欧洲丁香 350
欧洲红豆杉 032
欧洲红花七叶树 273
欧洲七叶树 273
爬山虎 285

P

爬藤榕 064
爬岩红 403
攀援扶芳藤 252
盘腺樱桃 202
蟠桃 197
佩兰 440
喷雪花 161
喷雪绣线菊 161
蓬蒿菊 458
蓬莱松 498
蓬藁 191
蟛蜞菊 453
披针叶茴香 128
枇杷 168
枇杷叶荚蒾 428
啤酒花 065
平车前 409
平头赤松 017
平榛 052
平枝枸子 165, 166
苹果 173
瓶兰花 342
萍蓬草 100
婆婆纳 400
铺地柏 025
铺地扶芳藤 251
匍枝亮叶忍冬 418
葡萄 284
葡萄风信子 500
葡萄叶秋海棠 310, 311
蒲苞花 402
蒲儿根 457
蒲公英 460
蒲葵 540
蒲苇 475

朴树 061

Q

七叶树 272
七子花 421
七姊妹 189, 190
桤木 052
槭叶茑萝 373
漆树 239
齐墩果 348
奇异堇菜 307
荠苨 436
千瓣白花石榴 318
千瓣橙红石榴 318
千瓣红花石榴 318
千金藤 116
千金榆 051
千屈菜 317
千日红 079
千日莲 459
千穗谷 080
千头柏 026
千叶兰 070
千叶蓍 452
牵牛 371
荨麻 073
浅裂剪秋罗 095
芡 101
芡实 101
茜草 411
墙草 073
乔松 012
荞麦三七 068
荞麦叶大百合 501
鞘柄菝葜 500
窃衣 331
芹叶铁线莲 107
秦岭白蜡树 346
秦岭槭 268
秦岭忍冬 419
秦岭小檗 114
琴叶珊瑚 236
青城细辛 074
青麸杨 241
青冈栎 055
青杆 005
青檀 059
青葙 084
清风藤 276

擎天凤梨	504
苘麻	296
琼花	427
秋石斛	532
秋水仙	511
秋英	444
秋榆	058
秋紫美国白蜡	347
楸树	404
楸叶泡桐	396
楸子	173
球果堇菜	307
球茎虎耳草	153
曲花紫堇	139
曲枝刺槐	218
全缘枸骨	245，246
雀舌黄杨	238
雀舌栀子	410

R

人参	325
人参花	136
忍冬	414
日本扁柏	028
日本常山	227
日本赤松	017
日本花柏	027
日本活血丹	387
日本冷杉	004
日本柳杉	020
日本落叶松	009
日本木瓜	171
日本女贞	357
日本七叶树	273
日本薯蓣	512，513
日本晚樱	204
日本五针松	013
日本小檗	111
日本绣线菊	162
日本续断	431
日本鸢尾	514
日本苎麻	072
绒柏	028
绒毛白蜡树	346
绒毛皂荚	213
柔毛齿叶睡莲	104
肉花卫矛	259
乳浆大戟	233
乳茄	395

软枣猕猴桃	300
锐齿槲栎	053

S

洒金碧桃洒红桃	196
洒金东瀛珊瑚	334
洒金青木	334
洒金圆柏	029
洒金云片柏	028
洒金蜘蛛抱蛋	488
洒红桃	196
赛菊芋	457
三白草	035
三花莸	382
三尖杉	031
三角霸王鞭	233
三角枫	264
三角梅	086
三角叶堇菜	308
三裂绣线菊	161
三裂叶海棠	175
三脉紫菀	454
三色彩叶凤梨	504
三色堇	305
三色铁	506
三色千年木	506
三色苋	084
三桠乌药	133
三叶木通	110
三叶萎陵菜	181
三叶五加	329
伞花胡颓子	313
散尾葵	540
桑树	066
缫丝花	188
沙棘	332
沙漠玫瑰	366
沙枣	313
砂葱	502
砂地柏	025
砂韭	502
山白树	464
山葱	502
山矾	344
山梗菜	435
山合欢	207
山胡椒	133
山槐	207
山菅兰	503

山橿	133
山荆子	173
山韭	502
山里红	167
山柳树	50
山萝花	403
山麻杆	234
山麦冬	493
山莓	191
山梅花	151
山葡萄	284
山荞麦	068
山桃	198
山桃草	324
山铁线莲	107
山桐子	309
山莴苣	443
山西报春	339
山绣球	150
山杨	038
山樱花	203
山楂	167
山楂叶悬钩子	191
山茱萸	334
杉木	019
杉松	004
珊瑚朴	061
珊瑚树	426
陕甘长尾槭	264
陕甘花楸	176
陕西卫矛	255
扇骨森	169
商陆	087
芍药	109
少脉椴	288
蛇莓	181
蛇目菊	446
蛇葡萄	286
射干	519
深蓝鼠尾草	383
深裂鸡爪槭	265
深山含笑	126
省沽油	262
湿地松	018
薯	452
十大功劳	112
石蚕叶绣线菊	161
石刁柏	498
石灰花楸	176

石碱花	096	四季桂	349	田麻	290
石榴	318，319	四季海棠	310	田旋花	374
石楠	170	四季蓝丁香	352	田皂角	212
石沙参	436	四季秋海棠	310	甜叶菊	455
石生蝇子草	095	四照花	335	条纹庭菖蒲	519
石蒜	508	松蒿	403	跳舞兰	527
石血	367	松叶牡丹	089，090	贴梗海棠	172
石竹	093，094	松叶武竹	498	铁筷子	106
矢车天人菊	462	菘蓝	143	铁兰	504
史蒂芬森卡特兰	529	苏铁	001	铁十字秋海棠	310
柿树	340	素心蜡梅	130	铁树	001
野柿	341	宿根天人菊	462	铁苋菜	235
寿星桃	197	宿根亚麻	227	通脱木	328
疏头过路黄	338	酸模叶蓼	070	茼蒿菊	458
鼠李	280	酸枣	281	铜钱草	330
鼠掌老鹳草	299	算盘子	236	铜钱树	283
蜀柏	029	随意草	388	透骨草	409
蜀桧	029	穗花翠雀	108	透茎冷水花	071
蜀葵	297	梭鱼草	486	秃疮花	140
薯蓣	512，513			土人参	091
栓翅卫矛	257	**T**		土元胡	139
栓皮栎	054	塔枝圆柏	029	土庄绣线菊	161
双荚决明	208	台尔曼忍冬	419	兔儿伞	447
双肾草	527	太白杜鹃	337	菟丝子	373，374
双喜草	536	太白山蟹甲草	461	脱皮榆	057
水白菜	487	太平花	151		
水葱	537	太平洋亚菊	439	**W**	
水飞蓟	445	太行铁线莲	107	瓦松	148
水金凤	279	探春	362	歪头菜	212
水金钱	330	唐菖蒲	518	碗莲	097，098
水晶花烛	533	唐古特忍冬	415	万寿菊	449
水蜡树	354	糖芥	142	万寿竹	503
水莲蕉	526	糖棕	539	王族海棠	175
水蔓菁	400	绦柳	40	望春玉兰	119
水曲柳	347	桃红宫粉梅	192	望江南	208
水杉	024	桃树	194	尾穗苋	080
水生美人蕉	525	藤蔓连翘	360	委陵菜	183，184
水松	023	藤五加	329	卫矛	254
水团花	412	蹄纹天竺葵	299	猬实	423
水仙	511	嚏根草	106	文冠果	274
水枸子	165，166	天胡荽	330	文光果	188
水榆花楸	176	天门冬	497	文殊兰	510
水栀子	410	天目木姜子	132	文心兰	527
水竹	538	天目木兰	123	文竹	497
水烛	470	天目琼花	429	蚊母	465
睡菜	368	天南星	536	蕹菜	372
丝裂沙参	436	天人菊	462	渥丹	501
丝棉木	253	天师栗	273	乌桕	235
丝石竹	095	天竺葵	298	乌蔹莓	286

乌头叶蛇葡萄	286	狭叶地榆	182	小卫矛	257
乌药	133	狭叶香蒲	470	小香蒲	470
无刺枸骨	245，246	狭叶荨麻	073	小叶扶芳藤	252
无梗五加	329	夏季金鱼草	398	小叶女贞	355
无花果	064	夏堇	390	小叶朴	062
无患子	274	夏枯草	390	小叶蚊	464
无毛风箱果	159	夏至草	390	小叶杨	036
无腺稠李	203	仙客来	339	小叶榆	058
吴茱萸	227	纤齿卫矛	259	心叶堇菜	308
梧桐	261	线叶艾	452	新几内亚凤仙	279
五加	329	腺梗豨莶	456	新疆杨	037
五角枫	267	香彩雀	398	星花凤梨	504
五色草	077	香椿	232	杏树	203
五色梅	382	香榧	034	荇菜	368
五味子	129	香附子	538	莕菜	368
五星花	412	香菇草	330	雄黄兰	518
五叶地锦	287	香菇草	071	熊耳草	441
五叶槐	223，224	香果树	412	熊掌木	327
武竹	497	香荚蒾	425	秀雅杜鹃	337
		香蒲	470	绣球	150
		香青兰	392	绣球藤	107
X		香石竹	095	绣线梅	162
西北枸子	167	香睡莲	103	须苞石竹	095
西府海棠	174	香探春	425	萱草	499
西南红豆杉	032	香雪兰	518	悬铃木叶秋海棠	310
西南卫矛	256	香雪球	142	悬铃木叶苎麻	072
西洋杜鹃	337	香叶树	133	旋覆花	458
西洋耧斗菜	109	香叶天竺葵	299	雪白睡莲	103
西洋蓍草	452	湘楠	134	雪果	424
西洋樱草	339	响叶杨	038	雪柳	345
喜树	321	向日葵	456	雪球荚蒾	430
喜盐鸢尾	516	象耳芋	534	雪松	007
细齿南星	536	象南星	536	血草	481
细茎针茅	477	象牙红	214	血皮槭	270
细裂银叶菊	459	小檗	111	血水草	138
细辛	074	小构树	063	勋章菊	453
细野麻	072	小果卫矛	260		
细叶百日草	441	小花毛核木	424		
细叶萼距花	316	小花鸢尾	514	**Y**	
细叶鸡爪槭	266	小黄紫堇	139	鸦葱	460
细叶景天	145	小茴香	330	鸭儿芹	330
细叶麦冬	492	小鸡爪槭	267	鸭跖草	483
细叶美女樱	380	小蜡树	356	亚麻花	227
细叶婆婆纳	400	小椴木	332	亚马孙王莲	099
细叶千日红	079	小丽花	461	亚洲百合	501
细叶益母草	391	小米团花	381	烟管蓟	445
细枝茶藨子	155	小球玫瑰	146	烟管荚蒾	427
细柱五加	329	小通泉草	401	胭脂红景天	146
虾蟆草	071	小茼蒿	458	延胡索	139
虾衣花	469			芫花	312

芫荽	330	一叶萩	236	游龙草	373
岩葱	502	饴糖矾根	153	鱼胆	381
岩香菊	439	异柄白鹤芋	535	鱼腥草	035
沿阶草	492	异叶南洋杉	003	榆树	056
盐肤木	239	异叶爬山虎	285	榆叶梅	199
雁来红	084	异叶榕	064	虞美人	135
燕子花	517	异叶柊树	348	羽裂叶莲子藨	421
羊齿天门冬	497	益母草	391	羽毛枫	266
羊蹄躅	336	薏苡	481	羽扇豆	219
杨梅	044	翼萼蔓	368	羽叶丁香	352
洋白蜡	347	阴行草	401	羽叶茑萝	373
洋丁香	350	荫生鼠尾草	384	羽衣甘蓝	142
洋马齿苋	088，089	银白杨	037	雨久花	487
洋水仙	511	银边八仙花	150	玉蝶梅	192
洋绣球	150	银边翠	234	玉荷花	410
洋玉兰	122	银边大叶黄杨	248，249	玉帘	507
药蜀葵	297	银边东北玉簪	490	玉叶金花	412
药用蒲公英	460	银边吉祥草	495	玉簪	491
也门铁	506	银边卵叶女贞	355	玉竹	496
野慈姑	472	银粉银叶菊	459	芋	534
野海茄	394	银桂	349	郁伞	522
野核桃	045	银鹊树	263	郁金香	489
野韭	502	银薇	315	郁李	201
野茉莉	344	银纹沿阶草	492	郁香忍冬	416
野漆	239	银雾	452	鸢尾	517
野蔷薇	189	银线草	035	元宝枫	271
野荞麦	068	银杏	002	圆柏	029
野柿	341	银叶艾蒿	452	圆绒鸡冠花	081
野桐	237	银叶菊	459	圆叶虎尾兰	506
野西瓜苗	296	银芽柳	044	圆叶锦葵	291
野鸦椿	262	印度薄荷	386	圆叶景天	147
野鸢尾	514	英桐	158	圆叶牵牛	372
野皂荚	213	莺哥凤梨	504	圆叶鼠李	280
野芝麻	388	樱桃	202	圆叶雪果	424
野珠兰	164	樱桃番茄	395	圆叶肿柄菊	450
野苎麻	072	迎春	361	圆锥绣球	151
叶底珠	236	迎夏	362	月光轮叶金鸡菊	446
叶上花	335	瘿椒树	263	月桂	132
叶子花	086	映山红杜鹃	336	月季	187
一把伞南星	536	硬骨凌霄	407	月见草	324
一串白	383	疣草	483	月面冷水花	071
一串红	383	油茶	302	云南红豆杉	032
一串蓝	384	油橄榄	348	云南黄馨	363
一年蓬	454	油柿	341	云杉	006
一摸香	386	油松	014	云实	209
一品白	233	油桃	197	芸香	228
一品红	233	油桐	237		
一球悬铃木	158	油棕	539	**Z**	
一叶兰	488	柚	229	杂交鹅掌楸	127

再力花	526	猪殃殃	411	紫叶酢浆草	225
鳘菜	391	竹柏	030	紫叶大丽花	461
早开堇菜	308	竹节蓼	067	紫叶合欢	207
早园竹	477	竹节秋海棠	310，311	紫叶黄栌	243
枣树	281	竹灵消	370	紫叶加拿大紫荆	211
皂荚	213	竹叶椒	229	紫叶李	193
泽泻	471	苎麻	072	紫叶美人蕉	524
獐子松	017	柱顶红	508	紫叶女贞	355
樟树	131	柱叶虎尾兰	506	紫叶挪威槭	269
樟子松	017	梓木草	375	紫叶绒毛狼尾草	479
掌叶半夏	535	梓树	405	紫叶山酢浆草	226
沼生栎	055	紫斑风铃草	435	紫叶山桃草	324
照山白	337	紫斑牡丹	109	紫叶桃	195，196
柘桑	063	紫苞芭蕉	520	紫叶无毛风箱果	159
柘树	063	紫背金盘	385	紫叶小檗	111
浙江柿	342	紫背万年青	485	紫玉兰	120
珍珠菜	338	紫草	375	紫芋	534
珍珠花	161	紫弹树	062	紫御谷	479
珍珠莲	064	紫丁香	350	紫珠	381
珍珠梅	164	紫堇	490	紫竹	478
珍珠绣球	162	紫芳草	366	紫竹梅	484
珍珠绣线菊	162	紫黑扁莎沿阶草	495	智利南洋杉	003
芝麻	408	紫红鸡爪槭	266	棕榈	539
芝麻花	388	紫花地丁	308	棕叶狗尾草	482
栀子	410	紫花凤梨	504	棕竹	540
蜘蛛抱蛋	488	紫花藿香蓟	441	菹草	471
直穗小檗	114	紫花堇菜	308	钻天杨	039
纸莎草	538	紫花苜蓿	213	醉蝶花	143
枳	228	紫花前胡	331		
枳椇	282	紫花碎米荠	141		
中国旌节花	309	紫花卫矛	258		
中国绣球	151	紫金牛	339		
中华常春藤	325	紫茎	301		
中华金叶榆	056	紫荆	210		
中华猕猴桃	300	紫兰	527		
中华萍蓬草	100	紫露草	485		
中华石楠	169	紫罗兰	141		
中华绣线菊	163	紫罗勒	385		
柊树	348	紫脉金银花	414		
皱叶荚蒾	428	紫茉莉	085		
皱叶冷水花	071	紫楠	132		
皱叶留兰香	386	紫松果菊	455		
皱叶绣线菊	163	紫苏	392		
朱唇	384	紫穗槐	215		
朱顶红	508	紫藤	216		
朱蕉	505	紫薇	315		
朱砂根	339	紫阳花	150		
珠芽艾麻	073	紫叶矮樱	205		
诸葛菜	141	紫叶稠李	206		

拉丁文名称索引

A

Abelia grandiflora (André) Rehd.   413

Abelia grandiflora (André) Rehd. 'Francis Masson'   413

Abelia biflora Turcz.   413

Abelia chinensis R. Br.   413

Abies firma Siebold et Zucc.   004

Abies holophylla Maxim.   004

Abies nephrolepis (Trautv.) Maxim.(khingan Fir)   004

Abutilon megapotamicum (A. Spreng.) A. St. Hil et Naudin.   296

Abutilon theophrasti Medic.   296

Acalypha australis L.   235

Acalypha reptans Sweet.   235

Acanthopanax gracilistylus W. W. Smith   329

Acanthopanax leucorrhizus (Oliv.) Harms   329

Acanthopanax sessiliflorus (Rupr. et Maxim.) Seem.   329

Acanthopanax senticosus (Rupr. et Maxim.) Harms   328

Acanthopanax trifoliatus (L.) Merr.   329

Acer buergerianum Miq.   264

Acer caudatum Wall. var. multiserratum (Maxim.) Rehd.   264

Acer ginnala Maxim.   268

Acer griseum (Franch.) Pax   270

Acer grosseri Pax   268

Acer henryi Pax   270

Acer maximowiczii Pax   268

Acer mono Maxim.   267

Acer negundo L.   264

Acer negundo L. 'Flamingo'   264

Acer oblongum Wall. ex DC.   268

Acer palmatum Thunb.   265

Acer palmatum Thunb. 'Atropurpureum'   266

Acer palmatum Thunb. 'Aureum'   265

Acer palmatum Thunb. 'Dissectum Ornatum'   267

Acer palmatum Thunb. 'Dissectum'   266

Acer palmatum Thunb. 'Matsumurae'   265

Acer palmatum Thunb. 'Roueo-margininatum'   267

Acer palmatum Thunb. var. thunbergii Pax   267

Acer platanoides L.   269

Acer platanoides L. 'Crimson Sentry'   269

Acer robustum Pax   268

Acer truncatum Bunge   271

Acer tsinglingense Fang et Hsieh   268

Achillea alpina L.   452

Achillea filipendulina Lam.   452

Achillea millefolium L.   452

Aconitum ochranthum C. A. Mey.   108

Acorus calamus L.   533

Actinidia arguta (Sieb. et Zucc.) Planch. ex Miq.   300

Actinidia chinensis Planch.   300

Adenium obesum (Forssk) Balf ex Roem. et Schult.   366

Adenophora capillaris Hemsl.   436

Adenophora polyantha Nakai   436

Adenophora tetraphylla (Thunb.) Fisch.   436

Adenophora trachelioides Maxim.   436

Adenophora wawreana Zahlbr.   436

Adina pilulifera (Lam.) Franch. ex Drake   412

Aeschynanthus radicans Jack   408

Aeschynomene indica L.   212

Aesculus × carnea Zeyh.   273

Aesculus chinensis Bunge   272

Aesculus hippocastanum L.   273

Aesculus megaphylla Hu et Fang   273

Aesculus turbinata Bl.   273

Aesculus wilsonii Rehd.   273

Agastache rugosa(Fisch. et Mey.) O. Ktze.   383

Agave attenuata Salm-Dyck   505

Agave sisalana Perr. ex Engelm.   505

Ageratum houstonianum Mill.   441

Aglaia odorata Lour.   231

Agrimonia pilosa Ledeb.   178

Ailanthus altissima (Mill.) Swingle   230

Ailanthus altissima (Mill.) Swingle 'Purpurata'   230

Ajania pacifica Bremer et Humpnhries   439

Ajuga ciliata Bunge.   385

Ajuga decumbens Thunb.   385

Ajuga nipponensis Makino   385

Akebia quinata (Thunb.) Decne.   110

Akebia trifoliata (Thunb.) Koidz.   110

Alangium chinense (Lour.) Harms 322

Alangium platanifolium (Sieb. et Zucc.) Harms 322

Albizzia julibrissin Durazz. 'Ziye' 207

Albizzia julibrissin Durazz. 207

Albizzia kalkora (Roxb.) Prain 207

Alchornea davidii Franch. 234

Aleurites fordii Hemsl. 237

Alisma plantago-aquatica L. 471

Alisma orientale (Sam.) Juzepcz. 471

Allemanda neriifolia Hook. 365

Allium bidentatum Fisch. ex Prokh. 502

Allium ramosum L. 502

Allium senescens L. 502

Allium victorialis L. var. listera (Stearn) J. M. Xu 502

Alnus cremastogyne Burkill 052

Alocasia macrorrhiza(L.) Schott 534

Aloe arborescens Mill. 488

Alopecurus pratensis L. 'Variegatus' 482

Alpinia zerumbet (Pers.) Burtt. et Smith 'Variegata' 521

Alternanthera philoxeroides (Mart.) Griseb. 078

Alternantkera bettzichiana (Regel) Nichols. 077

Alternantkera bettzichiana (Regel) Nichols. 'Picta' 077

Althaea officinalis L. 297

Althaea rosea (L.) Cav. 297

Amaranthus caudatus L. 080

Amaranthus hypochondriacus L. 080

Amaranthus tricolor L. 084

Amorpha fruticosa L. 215

Amorphophallus rivieri Durieu ex Carriere 534

Ampelopsis aconitifolia Bunge 286

Ampelopsis humulifolia Bunge 286

Ampelopsis sinica (Miq.) W. T. Wang 286

Androsace umbellata (Lour.) Merr. 338

Anemone narcissiflora L. var. major W. T. Wang 106

Anemone tomentosa (Maxim.) Péi 106

Angelonia angustifolia Benth. 398

Antenoron filiforme (Thunb.) Rob. et Vaut. 070

Anthurium andraeanum Linden ex Andre 533

Anthurium crystallinum Linden ex Andre 533

Antirrhinum majus L. 398

Aphelandra squarrosa Nees 'Dania' 469

Apocynum venetum L. 366

Aptenia cordifolia (L. f.) Schwantes 091

Aquilegia vulgaris L. 109

Aquilegia yabeana Kitag. 109

Aralia chinensis L. 325

Araucaria araucana (Molina) K. Koch 003

Araucaria cunninghamii Sweet 003

Araucaria heterophylla (Salisb.) Franco 003

Arctium lappa L. 447

Arctotis venusta Norl. 451

Ardisia crenata Sims 339

Ardisia japonica (Thunb.) Blume 339

Arisaema asperatum N. E. Brown 536

Arisaema elephas S. Buchet 536

Arisaema erubescens (Wall.) Schott f. latisectum Engler 536

Arisaema erubescens (Wall.) Schott 536

Arisaema serratum (Thunb.) Schott 536

Arisaema sikokianum Franch. et Sav. var. serratum
 (Makino) Hand. -Mazz. 536

Aristolochia debilis Sieb. et Zucc. 074

Aristolochia mollissima Hance 074

Artemisia schmidtiana Maxim. 'Nana' 452

Arundo donax L. 480

Arundo donax L. 'Variegata' 480

Asarum sieboldii Miq. 074

Asarum splendens (Maekawa) C. Y. Cheng et C. S. Yang 074

Asclepias curassavica L. 369

Asparagus cochinchinensis (Lour.) Merr. 497

Asparagus densiflorus (Kunth) Jessop 'Myers' 498

Asparagus filicinus Buch. -Ham. ex D. Don 497

Asparagus myriocladus Baker 498

Asparagus officinalis L. 498

Asparagus plumosus Baker 497

Asparagus schoberioides Kunth 498

Aspidistra elatior Bl. 488

Aspidistra elatior Bl. var. punctata Hort. 488

Aster ageratoides Turcz. 454

Aster novi-belgii L. 454

Astilbe chinensis (Maxim.) Franch. et Sav. 154

Astragalus dahuricus (Pall.) DC. 212

Astridaia velutina (L. Bolus) Dinter 091

Asystasiella chinensis (S. Moore) E. Hossain 469

Atropa belladonna L. 395

Aucuba japonica Thunb. 'Variegata' 334

B

Bambusa multiplex (Lour.) Raeuschel ex Schultes et J.
 H. Schultes var. riviereorum (R. Maire) Chia et H. L. Fung 474

Basella alba L. 092

Bauhinia variegata L. 209

Begonia edulis Lévl. 310

Begonia elatior 310

Begonia maculate Raddi 310

Begonia masoniana Irmsch. 310

Begonia platanifolia Franch. et Sav. 310

Begonia rex Putz. 'Yuletide'	310
Begonia semperflorens Link. et Otto.	310
Begonia semperflorens Link. et Otto. 'Scandinavian Red'	310
Begonia semperflorens Link. et Otto. 'Scandinavian White'	310
Belamcanda chinensis (L.) DC.	519
Bellis perennis L.	450
Berberis amurensis Rupr.	115
Berberis circumserrata (Schneid.) Schneid.	114
Berberis dasystachya Maxim.	114
Berberis gilgiana Fedde	114
Berberis kunmingensis C. Y. Wu ex S. Y. Bao	115
Berberis lempergiana Ahrendt	115
Berberis thunbergii DC.	111
Berberis thunbergii DC. 'Aurea'	111
Berberis thunbergii DC. 'Golden Ring'	111
Berberis thunbergii DC. f. *atropurpurea* Rehd.	111
Berchemia floribunda (Wall.) Brongn.	282
Beta vulgaris L. var. *cicla* L.	076
Beta vulgaris L. var. *cicla* L. 'Dracaenifolia'	076
Betula albo-sinensis Burk.	051
Betula chinensis Maxim.	051
Betula platyphylla Suk.	051
Bidens pilosa L. var. *radiata* Sch. -Bip.	455
Bischofia polycarpa (Lévl.) Airy-Shaw	233
Bletilla striata (Thunb. ex A. Murray) Rchb. f.	527
Boehmeria gracilis C. H. Wright	072
Boehmeria japonica Miq.	072
Boehmeria longispica Steud.	072
Boehmeria nivea (L.) Gaudich.	072
Boehmeria platanifolia Franch. et Sav.	072
Boehmeria silvestrii (Pamp.) W. T. Wang	072
Bombax malabaricum DC.	261
Borassus flabellifer L.	539
Bothrocaryum controversum (Hemsl.) Pojark.	334
Bougainvillea spectabilis Willd.	086
Bougainvillea spectabilis Willd. 'Variegata'	086
Brassica oleracea L. var. *acephala* L. f. *tricolor* Hort.	142
Broussonetia kazinoki Sieb. et Zucc.	063
Broussonetia papyrifera (L.) Vent	063
Brugmansia suaveolens (Humb. et Bonpl. ex Willd.) Bercht. et J. Presl	393
Buckleya henryi Diels	063
Buddleja alternifolia Maxim.	364
Buddleja davidii Franch.	364
Buddleja officinalis Maxim.	364
Bupleurum chinensis DC.	331
Buxus bodinieri Lévl.	238
Buxus microphylla Sieb. et Zucc. var. *koreana* Nakai	238
Buxus sempervirens L.	238
Buxus sempervirens L. 'Aurea'	238
Buxus sinica (Rehd. et Wils.) Cheng ex M. Cheng	238

C

Caesalpinia pulcherrima (L.) Sweet 'Flava'	209
Caesalpinia sepiaria Roxb.	209
Calceolaria herbeohybrida Voss.	402
Calendula officinalis L.	440
Calliaspidia guttata (Brandegee) Bremek.	469
Callicarpa bodinieri Lévl.	381
Callicarpa giraldii Hesse ex Rehd.	381
Callistemon rigidus R. Br.	322
Callistephus chinensis (L.) Nees	451
Calystegia hederacea Wall.	374
Calystegia sepium (L.) R. Br.	374
Camellia japonica L.	302
Camellia japonica L. 'Carter's Sunburst Pink'	302
Camellia japonica L. 'Pink Perfection'	302
Camellia oleifera Abel.	302
Campanula punctata Lam.	435
Campsis grandiflora (Thunb.) Loisel.	407
Campsis radicans (L.) Seem.	407
Camptotheca acuminata Decne	321
Campylotropis macrocarpa (Bunge) Rehd.	215
Canna generalis Bailey	525
Canna generalis Bailey 'Striatus'	525
Canna indica L.	524
Canna warscewiezii A. Dietr.	524
Cannabis sativa L.	065
Caragana korshinskii Kom.	220
Caragana rasea Turcz. et Maxim.	220
Caragana sinica (Buc'hoz) Rehd.	220
Cardamine macrophylla Willd.	141
Cardiocrinum cathayanum (Wilson) Stearn	501
Carduus crispus L.	445
Carex siderosticta Hance	538
Carmona microphylla (Lam.) Don.	376
Carpinus cordata Blume	051
Carpinus turczaninowii Hance	052
Carthamus tinctorius L.	447
Carya illinoensis (Wangh.) K. Koch	048
Caryopteris clandonensis 'Worcester Gold'	382
Caryopteris terniflora Maxim.	382
Caryota mitis Lour.	540
Cassia alata L.	208
Cassia bicapsularis L.	208
Cassia occidentalis L.	208

Cassia sophera L. 208

Cassia tora L. 208

Castanea mollissima Bl. 055

Castanea seguinii Dode 055

Catalpa bungei C. A. Mey. 404

Catalpa fargesii Bur. 404

Catalpa fargesii Bur. f. duclouxii (Dode) Gilmour 404

Catalpa ovata G. Don 405

Catalpa speciosa Ward. 406

Catharanthus roseus (L.) G. Don 367

Cattleya Empress Bells 'Stephenson' 529

Cattleya hybrida 529

Cayratia japonica (Thunb.) Gagnep. 286

Cedrus atlantica Manetti 007

Cedrus deodara (Roxb.) G. Don 007

Cedrus deodara (Roxb.) G. Don 'Pendula' 007

Celastrus angulatus Maxim. 260

Celastrus flagellaris Rupr. 260

Celastrus gemmatus Loes. 260

Celastrus orbiculatus Thunb. 260

Celosia argentea L. 084

Celosia cristata L. 081

Celosia cristata L. 'Amar Red' 081

Celosia cristata L. 'Castle Orange' 081

Celosia cristata L. 'KYS Yellow' 081

Celosia cristata L. 'Pyramidalis' 081

Celosia cristata L. 'Childsii' 081

Celtis biondii Pamp. 062

Celtis bungeana Bl. 062

Celtis julianae Schneid. 061

Celtis koraiensis Nakai 062

Celtis sinensis Pers. 061

Centranthus ruber (L.) DC. 434

Cephalotaxus fortunei Hook. f. 031

Cephalotaxus sinensis (Rehd. et Wils.) Li 031

Cephalanoplos segetum (Bunge) Kitam. 447

Cercidiphyllum japonicum Sieb. et Zucc. 105

Cercis canadensis L. 211

Cercis canadensis L. 'Forest Pansy' 211

Cercis chinensis Bunge 210

Cercis chinensis Bunge f. alba Hsu 210

Cercis chingii Chun 211

Cercis gigantea Cheng et Keng f. 211

Chaenomeles japonica (Thunb.) Lindl. ex Spach 171

Chaenomeles sinensis (Thouin) Koehne 171

Chaenomeles speciosa (Sweet) Nakai 172

Chaenomeles speciosa (Sweet) Nakai 'Chojuroka Plena' 172

Chamaecyparis obtusa (Sieb. et Zucc.) Endl. 028

Chamaecyparis obtusa (Sieb. et Zucc.) Endl.
'Aurea Breviramea' 028

Chamaecyparis pisifera (Sieb. et Zucc.) Endl. 027

Chamaecyparis pisifera (Sieb. et Zucc.) Endl.
'Plumosa' 027

Chamaecyparis pisifera (Sieb. et Zucc.) Endl.
'Squarrosa' 028

Changnienia amoena Chien 532

Chelidonium majus L. 140

Chimonanthus praecox (L.) Link 130

Chimonanthus praecox (L.) Link 'Luteus' 130

Chimonanthus salicifolius S. Y. Hu 130

Chionanthus retusus Lindl. et Paxt. 353

Chioranthus multistachys Pei 035

Chloranthus japonicus Sieb. 035

Chloris virgata Swartz 482

Chlorophytum comosum (Thunb.) Baker 'Medio-pictum' 503

Chlorophytum comosum (Thunb.) Baker 'Variegatum' 503

Choerospondias axillaris (Roxb.) Burtt et Hill 244

Chrysalidocarpus lutescens H. Wendl. 540

Chrysanthemum carinatum Schousb. 458

Chrysanthemum frutescens L. 458

Chrysanthemum multicaule Ramat. 458

Chrysanthemum paludosum Poir. 458

Chrysosplenium pilosum Maxim.var. valdepilosum Ohwi 154

Cichorium intybus L. 443

Cimbidium hybrida 530

Cineraria cruenta Masson 459

Cinnamomum camphora (L.) Presl 131

Cinnamomum kotoense Kanchira et Sasaki 131

Cinnamomum wilsonii Gamble 131

Circaea cordata Royle 323

Cirsium leo Nakai et Kitag. 445

Cirsium pendulum Fisch. ex DC. 445

Cissus sicyoides L. 287

Citrus grandis (L.) Osbeckv 229

Citrus limon (L.) Burm. f. 229

Citrus medica L. var. sarcodactylis (Noot.) Swingle 229

Citrus reticulata Blanco 228

Clematis aethusifolia Turcz. 107

Clematis brevicaudata DC. 107

Clematis heracleifolia DC. 107

Clematis kirilowii Maxim. 107

Clematis montana Buch. -Ham. ex DC. 107

Cleome spinosa L. 143

Clerodendrum bungei Steud. 381

Clerodendrum japonicum (Thunb.) Sweet 381

Clerodendrum thomsonae Balf. 381

Clerodendrum trichotomum Thunb.	377	
Cleyera japonica Thunb.	302	
Clinopodium chinense (Benth.) O. Ktze.	391	
Clivia miniata Regel	509	
Clivia miniata Regel 'Variegata'	509	
Clivia nobilis Lindl.	509	
Coix lacryma-jobi L.	481	
Colchicum autumnale L.	511	
Coleus amboinicus Lour.	386	
Colocasia esculenta (L.) Schott	534	
Colocasia gigantea (Bl.) Hook. f.	534	
Colocasia tonoimo Nakai	534	
Columnea gloriosa Sprague	408	
Commelina communis L.	483	
Convolvulus arvensis L.	374	
Corchoropsis tomentosa (Thunb.) Makino	290	
Cordyline fruticosa (L.) Goepp. 'Red Edge'	505	
Cordyline fruticosa (L.) Goepp. 'Rubra'	505	
Coreopsis grandiflora Hogg ex Sweet	446	
Coreopsis lanceolata L.	446	
Coreopsis tinctoria Nutt.	446	
Coreopsis tinctoria Nutt. 'Mahogany'	446	
Coreopsis verticillata L. 'Moonbeam'	446	
Coriandrum sativum L.	330	
Cortaderia selloana (Schult.) Aschers. et Graebn.	475	
Cortaderia selloana (Schult.) Aschers. et Graebn. 'Pumila'	475	
Corydalis curviflora Maxim.	139	
Corydalis humosa Migo	139	
Corydalis incisa (Thunb.) Pers.	139	
Corydalis incisa (Thunb.) Pers. var. *alba* S. Y. Wang	139	
Corydalis raddeana Regel	139	
Corydalis yanhusuo W. T. Wang	139	
Corylopsis sinensis Hemsl.	468	
Corylus chinensis Franch.	052	
Corylus heterophylla Fisch. ex Trautv.	052	
Corylus heterophylla Fisch. ex Trautv. var. *sutchuensis* Franch.	052	
Corypha umbraculifera L.	539	
Cosmos bipinnatus Cav.	444	
Cosmos sulphureus Cav.	444	
Cotinus coggygria Scop.var. *cinerea* Engl.	243	
Cotinus coggygria Scop. var. *purpureus* Rehd.	243	
Cotoneaster multiflorus Bunge	165	
Cotoneaster horizontalis Decne.	165	
Cotoneaster zabelii Schneider	167	
Crataegus hupehensis Sarg.	165	
Crataegus pinnatifida Bunge	167	
Crataegus pinnatifida Bunge var. *major* N. E. Brown	167	
Crinum amabile Donn	510	
Crinum asiaticum L. 'Silver-stripe'	510	
Crinum asiaticum L. var. *sinicum* (Roxb.) Baker	510	
Crixa japonica Thunb.	227	
Crocosmia crocosmiflora (Nichols.) N. E. Br.	518	
Crossostephium chinense (L.) Makino	459	
Cryptomeria japonica (L. f.) D. Don	020	
Cryptomeria fortunei Hooibrenk ex Otto et Dietr.	020	
Cryptotaenia japonica Hassk.	330	
Cudrania tricuspidata (Carr.) Bur. ex Lavallee	063	
Cunninghamia lanceolata (Lamb.) Hook.	019	
Cuphea hyssopifolia H. B. K	316	
Cupressus funebris Endl.	025	
Curcuma alismatifolia Gagnep.	522	
Curcuma aromatica Salisb.	522	
Cuscuta chinensis Lam.	373,374	
Cycas revoluta Thunb.	001	
Cyclamen persicum Mill.	339	
Cyclobalanopsis glauca (Thunb.) Oerst.	055	
Cymbalaria muralis G. Gaertn., B. Mey. et Schreb.	402	
Cymbidium ensifolium (L.) Sw.	532	
Cynanchum bungei Decne.	370	
Cynanchum chekiangense M. Cheng ex Tsiang et P. T. Li	370	
Cynanchum chinense R. Br.	370	
Cynanchum inamoenum (Maxim.) Loes.	370	
Cynara scolymus L.	445	
Cyperus alternifolius L.	538	
Cyperus papyrus L.	538	
Cyperus rotundus L.	538	
Cytisus scoparius(L.) Link	220	

D

Dahlia hybrida Hort.	461	
Dahlia pinnata Cav.	461	
Dahlia pinnata Cav. f. *purpurea* S. X. Yan	461	
Dalbergia hupeana Hance.	221	
Daphne genkwa Sieb. et Zucc.	312	
Daphne odora Thunb. 'Aureo-marginata'	312	
Davidia involucrata Baill.	320	
Delphinium elatum L.	108	
Delphinium grandiflorum L.	108	
Dendranthema lavandulifolium (Fisch. ex Trautv.) Ling et Shih var. *seticuspe* (Maxim.) Shih	439	
Dendranthema morifolium (Ramat.) Tzvel.	437	
Dendrobenthamia japonica (DC.) Fang var. *chinensis* (Osborn) Fang	335	
Dendranthema vestitum (Hemsl.)Ling	456	
Dendrobenthamia multinervosa (Pojark.) Fang	335	

Dendrobium 'Momozono Princess'	531	*Dysosma pleiantha* (Hance) Woodson	113
Dendrobium brymerianum Rchb. f.	531	*Dysosma versipellis* (Hance) M.Cheng	113
Dendrobium christyanum Rchb. f.	532		
Dendrobium chrysotoxum Lindl.	531	**E**	
Dendrobium crepidatum Lindl. ex Paxt.	531	*Echinacea purpurea* Moench.	455
Dendrobium guangxiense S. J. Cheng et C. Z. Tang	532	*Echinacea pallida* (Nutt.) Nutt.	455
Dendrobium heterocarpum Lindl.	532	*Echinodorus amazonicus* Rataj	473
Dendrobium hybrida	532	*Echinodorus grandiflorus* (Cham. et Schltdl.) Micheli	473
Dendrobium longicornu Lindl.	531	*Echinops latifolius* Tausch.	447
Deutzia crenata Sieb. et Zucc.	152	*Edgeworthia chrysantha* Lindl.	312
Deutzia crenata Sieb. et Zucc. var. *candidissima*		*Ehretia macrophylla* Wall.	376
(Maxim.) Rehd.	152	*Ehretia thyrsiflora* (Sieb. et Zucc.) Nakai	375
Deutzia grandiflora Bunge	152	*Eichhornia crassipes* Solms.-Laub.	487
Deyeuxia arundinacea (L.) Beauv. 'Variegata'	476	*Elaeagnus angustifolia* L.	313
Dianella ensifolia (L.)DC.	503	*Elaeagnus multiflora* Thunb.	313
Dianthus barbatus L.	095	*Elaeagnus pungens* Thunb.	314
Dianthus caryophyllus L.	095	*Elaeagnus pungens* Thunb. 'Gilt Edge '	314
Dianthus chinensis L.	093	*Elaeagnus umbellata* Thunb.	313
Dianthus plumarius L.	096	*Elaeis guineensis* Jacq.	539
Dicentra spectabilis (L.) Lem.	137	*Elatostema involucratum* Franch. et Sav.	074
Dichondra repens G.Forst.	374	*Elatostema stewardii* Merr.	074
Dicranostigma leptopodum (Maxim.) Fedde	140	*Elephantopus mollis* H. B. K.	443
Digitalis purpurea L.	399	*Eleusine indica* (L.) Gaertn.	478
Dioscorea japonica Thunb.	512	*Elsholtzia stauntoni* Benth.	383
Dioscorea nipponica Makino	512	*Emmenopterys henryi* Oliv.	412
Dioscorea opposita Thunb.	512	*Eomecon chionantha* Hance	138
Diospyros armata Hemsl.	342	*Ephedra equisetina* Bunge	034
Diospyros glaucifolia Metcalf	342	*Ephedra sinica* Stapf.	034
Diospyros kaki Thunb.	340	*Epimedium brevicornu* Maxim.	115
Diospyros kaki Thunb. 'Niuxin'	340	*Erigeron annuus* (L.) Pers.	454
Diospyros kaki Thunb. var. *silvestris* Makino	341	*Eriobotrya japonica* (Thunb.) Lindl.	168
Diospyros lotus L.	341	*Erysimum aurantiacum* (Bunge) Maxim.	142
Diospyros rhombifolia Hemsl.	342	*Erythrina corallodendron* L.	214
Dipsacus japonicus Miq.	431	*Erythrina crista-galli* L.	214
Dipteronia sinensis Oliv.	270	*Eschscholzia californica* Cham.	136
Disporum cantoniense (Lour.) Merr.	503	*Eucharis* × *grandiflora*	511
Disporum sessile D. Don	503	*Eucommia ulmoi* des Oliv.	157
Distylium racemosum Sieb. et Zucc.	465	*Euonymus acanthocarpa* Franch.	260
Distylium buxifolium (Hance) Merr.	464	*Euonymus alata* (Thunb.) Sieb.	254
Doellingeria scabra (Thunb.) Nees	453	*Euonymus bungeana* Maxim.	253
Dracaena marginata Lam. 'Tricolor'	506	*Euonymus bungeana* Maxim. f. *macrophylla* S. X. Yan	253
Draceana arborea (Willdo) Link.	506	*Euonymus bungeana* Maxim. var. *multiflora* S. X. Yan	253
Draceana arborea (Willdo) Link. 'Aureo-varieagta'	506	*Euonymus carnosa* Hemsl.	259
Dracocephalum moldavica L.	392	*Euonymus cornuta* Hemsl .	256
Duchesnea indica (Andrew.) Focke	181	*Euonymus fortunei* (Turcz.) Hand. -Mazz.	251
Duranta repens L.	380	*Euonymus fortunei* (Turcz.) Hand. -Mazz.	
Duranta repens L. 'Variegata'	380	'Aureo-marginata'	251
		Euonymus fortunei (Turcz.) Hand. -Mazz. var.	

microphyllus Sieb. 252

Euonymus fortunei (Turcz.) Hand. -Mazz. var. *radicans* (Sieb. ex Miq.) Rehd. 252

Euonymus giraldii Loes. 259

Euonymus grandiflora Wall. 259

Euonymus hamiltoniana Wall. 256

Euonymus japonica Thunb. 248

Euonymus japonica Thunb. var. *albo-marginata* T. Moore 248

Euonymus japonica Thunb. var. *aurea* 248

Euonymus japonica Thunb. var. *aureo-marginata* Nichols 248

Euonymus japonica Thunb. var. *aureo-picta* 248

Euonymus japonica Thunb. var. *viridi-variegata* Rehd. 248

Euonymus kiautschovicus Loes. 252

Euonymus microcarpa (Oliv.) Sprague 260

Euonymus myriantha Hemsl. 255

Euonymus nanoides Loes. et Rehd. 257

Euonymus oxyphyllus Miq. 256

Euonymus phellomana Loes. 257

Euonymus porphyreus Loes. 258

Euonymus schensiana Maxim. 255

Eupatorium fortunei Turcz. 440

Euphorbia esula L. 233

Euphorbia marginata Pursh. 234

Euphorbia pekinensis Rupr. 233

Euphorbia pulcherrima Willd. ex Klotzsch 233

Euphorbia pulcherrima Willd. ex Klotzsch 'Alba' 233

Euphorbia trigona Haw. 233

Euphorbia trigona Haw. 'Rubra' 233

Euptelea pleiosperma Hook. f. et Thoms.(Manyseeded Euptelea) 105

Eurya alata Kobuski 301

Euryale ferox Salisb. ex DC. 101

Euryops pectinatus Cass. 'Viridis' 453

Euscaphis japonica (Thunb.) Dippel 262

Evodia rutaecarpa (Juss.) Benth. 227

Exacum affine Balf. f. 366

Exochorda racemosa (Lindl.) Rehd. 159

F

Fagopyrum cymosum (Trev.) Meisn. 068

Fagopyrum tataricum (L.) Gaertn. 068

Fallopia multiflora (Thunb.) Harald. 070

Fatshedera lizei (Chochet) Guill. 327

Fatsia japonica (Thunb.) Decne. et Planch. 327

Festuca glauca Lam. 477

Ficus carica L. 064

Ficus elastica Roxb. ex Hornem. 'Variegata' 066

Ficus heteromorpha Hemsl. 064

Ficus martini Lévl. et Vant. 064

Ficus pumila L. 064

Ficus sarmentosa Buch. -Ham. ex J. E. Smith. var. *henryi* (King et Oliv.) Corner 064

Firmiana simplex (L.) W. F. Wight 261

Foeniculum vulgare Mill. 330

Fontanesia fortunei Carr. 345

Forsythia suspensa (Thunb.) Vahl 359

Forsythia suspensa (Thunb.) Vahl 'Aurea' 359

Forsythia suspensa (Thunb.) Vahl 'Goldvein' 359

Forsythia suspensa (Thunb.) Vahl f. *flagellarris* S. X. Yan 359

Forsythia suspensa (Thunb.) Vahl var. *variegata* Butz. 359

Forsythia viridissima Lindl. 359

Fortunearia sinensis Rehd. et Wils. 466

Fortunella margarita (Lour.) Swingle 228

Fragaria ananassa Duchesnea 183,184

Fragaria orientalis Losina-Losinsk. 183

Fraxinus americana L. 'Autum Purple' 347

Fraxinus chinensis Roxb. 346

Fraxinus hupehensis Chu, Shang et Su 346

Fraxinus mandshurica Rupr. 347

Fraxinus paxiana Lingelsh. 346

Fraxinus pennsylvanica Marsh. 347

Fraxinus rhynchophylla Hance 347

Fraxinus velutina Torr. 346

Freesia refracta Klatt 518

Fritillaria hupehensis Hsiao et K. C. Hsia 496

Fuchsia hybrida Hort. ex Sieb. et Voss. 323

Furcraea foetida (L.) Haw. 'Mediopicta' 505

G

Gaillardia aristata Pursh. 462

Gaillardia pulchella Foug. 462

Gaillardia pulchella Foug. var. *picta* A. Bray 462

Galinsoga parviflora Cav. 455

Galium aparina L. var. *tenerum* (Gren. et Godr.) Rchb. 411

Galium tricorne Stokes 411

Gardenia jasminoides Ellis 410

Gardenia jasminoides Ellis 'Fortuneana' 410

Gardenia jasminoides Ellis var. *radicans* Mak. 410

Gardenia jasminoides Ellis var. *grandiflora* Nakai 410

Gaura lindheimeri Engelm. et Gray 324

Gaura lindheimeri Engelm. et Gray 'Crimson Bunerny' 324

Gazania rigens (L.) Gaertn. 453

Gentiana squarrosa Ledeb. 368

Geranium koreanum Kom. 299

Geranium sibiricum L. 299

Geranium sibiricum L. f. *alba* S. X. Yan 299

Geranium wilfordii Maxim.	299
Ginkgo biloba L.	002
Ginkgo biloba L. 'Aurea'	002
Ginkgo biloba L. 'Hudieye'	002
Gladiolus gandavensis Van Houtte	518
Glechoma biondiana (Diels) C. Y. Wu et C. Chen	387
Glechoma grandis (A. Gray) Kupr.	387
Glechoma hederacea L. f. 'Variegata'	387
Glechoma longituba (Nakai) Kupr.	387
Gleditsia microphylla Gordon ex Y. T. Lee	213
Gleditsia sinensis Lam.	213
Gleditsia triacanthos L. 'Sunburst'	213
Gleditsia vestita Chun et How ex B. G. Li	213
Glochidion puberum (L.) Hutch.	236
Glycyrrhiza uralensis Fisch.	212
Glyptostrobus pensilis (Staunt. ex D. Don) Koch	023
Godetia amoena G. Don	323
Gomphrena globosa L.	079
Gomphrena haageana Klotzsch	079
Gonostegia hirta (Bl.) Miq.	073
Grewia biloba G. Don	290
Gueldenstaedtia verna (Georgi) Boriss.	212
Guzmania lingulata (L.) Mez	504
Gymnocladus chinensis Baill.	213
Gynostemma pentaphyllum (Thunb.) Makino	432
Gypsophila elegans Bieb.	095

H

Hamamelis mollis Oliv.	468
Hedera nepalensis K. Koch var. *sinensis* (Tobl.) Rehd.	325
Hedera helix L. 'Aureo-variegata'	325
Hedera helix L. 'Galcier'	325
Hedychium flavum Roxb.	522
Helenium autumnale L.	450
Helianthus annuus L.	456
Helianthus tuberosus L.	457
Heliopsis helianthoides Sweet	457
Helleborus thibetanus Franch.	106
Helwingia japonica (Thunb.) Dietr.	335
Hemerocallis fulva (L.) L.	499
Hemerocallis fulva (L.) L. var. *kwanso* Regel	499
Hemiboea subcapitata Clarke	408
Hemistepta lyrata (Bunge) Bunge	447
Heptacodium miconioides Rehd.	421
Heracleum moellendorffii Hance	331
Heteropappus altaicus (Willd.) Novopokr.	454
Heuchera 'Caramel'	153
Hibiscus esculentus L.	296

Hibiscus moscheutos L.	294
Hibiscus mutabilis L.	295
Hibiscus mutabilis L. 'Plenus'	295
Hibiscus rosa-sinensis L.	292
Hibiscus rosa-sinensis L. 'Piena'	293
Hibiscus syriacus L.	292
Hibiscus syriacus L. f. *albo-plenus* Loudon	292
Hibiscus syriacus L. f. *amplissimus* Gagnep. f.	292
Hibiscus trionum L.	296
Hippeastrum rutilum (Ker-Gawl.) Herb.	508
Homalocladium platycladpkkum (F. Muell. ex Hk.) L. H. Bailey	067
Hosta ensata F. Maekawa	490
Hosta ensata F. Maekawa f. *albo-marginata* S. X. Yan	490
Hosta plantaginea (Lam.) Aschers.	491
Hosta plantaginea (Lam.) Aschers. 'Fairy Variegata'	491
Hosta ventricosa (Salisb.) Stearn	490
Houttuynia cordata Thunb.	035
Houttuynia cordata Thunb. 'Variegata'	035
Hovenia acerba Lindl.	282
Humulus lupulus L.	065
Humulus scandens (Lour.) Merr. (Japanese Hop)	065
Hyacinthus orientalis L.	500
Hydrangea chinensis Maxim.	151
Hydrangea longipes Franch.	152
Hydrangea macrophylla (Thunb.) Seringe	150
Hydrangea macrophylla (Thunb.) Seringe 'Otaksa'	150
Hydrangea macrophylla (Thunb.) Seringe var. *normalis* Wils.	150
Hydrangea macrophylla (Thunb.) Seringe. var. *normalis* Wils. f. *maculata* (Wils.) S. X. Yan. comb. nov	150
Hydrangea paniculata Sieb.	151
Hydrangea strigosa Rehd.	150
Hydrilla verticillata (L. f.) Royle	471
Hydrocotyle sibthorpioides Lam.	330
Hydrocotyle vulgaris L.	330
Hylomecon japonica (Thunb.) prantl et kündig	138
Hymenocallis speciosa (L. f. ex Salisb.) Salisb.	510
Hypericum ascyron L.	303
Hypericum monogynum L.	303
Hypericum patulum Thunb. ex Murray	303

I

Idesia polycarpa Maxim.	309
Idesia polycarpa Maxim. var. *vestita* Diels.	309
Ilex chinensis Sims.	247
Ilex cornuta Lindl.	245
Ilex cornuta Lindl. var. *fortunei* (Lindl.) S. Y. Hu	245

Ilex crenata Thunb. ex Murray 'Convexa' 245

Ilex latifolia Thunb. 247

Illicium lanceolatum A. C. Smith 128

Impatiens balsamina L. 277

Impatiens balsamina L. 'Plena' 277

Impatiens hawkeri W. Bull 279

Impatiens nolitangere L. 279

Impatiens walleriana Hook. f. 278

Imperata cylindrica (L.) Beauv. 'Rubra' 481

Incarvillea sinensis Lam. 406

Indigofera amblyantha Craib 219

Indocalamus latifolius (Keng) McClure. 476

Inula japonica Thunb. 458

Ipomoea aquatica Forsk. 372

Ipomoea batatas (L.) Lam. 'Tricolor' 371

Ipomoea batatas (L.) Lam. 'Golden Summer' 371

Iresine herbstii Hook. f. ex Lindl. 084

Iris dichotoma Pall. 514

Iris ensata Thunb. var. *hortensis* Makino et Nemoto 517

Iris germanica L. 517

Iris halophila Pall. 516

Iris halophila Pall. var. *sogdiana* (Bunge) Grubov 516,517

Iris japonica Thunb. 514

Iris japonica Thunb. f. *pallescens* P. L. Chiu et Y. T. Zhao 514

Iris lactea Pall. var. *chinensis* (Fisch.) Koidz. 516

Iris laevigata Fisch. 517

Iris pseudacorus L. 515

Iris speculatrix Hance 514

Iris tectorum Maxim. 517

Isatis tinctoria L. 143

Ixeris sonchifolia (Bunge) Hance 443

Ixora coccinea L. 410

Ixora coccinea L. var. *lutea* F. R. Fosberg 410

J

Jasminum floridum Bunge 362

Jasminum mesnyi Hance 363

Jasminum nudiflorum Lindl. 361

Jasminum sambac (L.) Ait. 363

Jatropha pandurifolia Andr. 236

Juglans nigra L. 047

Juglans cathayensis Dode 045

Juglans mandshurica Maxim. 046

Juglans regia L. 045

Juncus allioides Franch. 538

Juniperus formosana Hayata 025

Juniperus rigida Sieb. et Zucc. 025

K

Kadsura longipedunculata Finet. et Gagnep. 129

Kalanchoe blossfeldiana V. Poelln. 148

Kalanchoe blossfeldiana V. Poelln. 'Plena' 148

Kalanchoe laciniata (L.) D. C. 148

Kalimeris indica (L.) Sch. -Bip. 454

Kalopanax septemlobus (Thunb.) Koidz. 326

Kerria japonica (L.) DC. 179

Kerria japonica (L.) DC. 'Pleniflora' 179

Kochia scoparia (L.) Schrad. 075

Koelreuteria bipinnata Franch. 275

Koelreuteria integrifoliola Merr. 275

Koelreuteria paniculata Laxm. 276

Kolkwitzia amabilis Graebn. 423

L

Lactuca indica L. 443

Lactuca sibirica (L.) Benth. ex Maxim. 443

Lagenaria siceraria (Molina) Standl. 433

Lagerstroemia indica L. 315

Lagerstroemia indica L. 'Purpurea' 315

Lagerstroemia indica L. var. *alba* Nichols. 315

Lagerstroemia indica L. var. *aurea* S. X. Yan 315

Lagerstroemia indica L. var. *rubra* Lav. 315

Lagerstroemia limii Merr. 316

Lagerstroemia speciosa(L.)Pers. 316

Lagerstroemia subcostata Koehne 316

Lagopsis supina (Steph. ex Willd.) Ik. -Gal. ex Knorr. 390

Lamium amplexicaule L. 388

Lamium barbatum Sieb. et Zucc. 388

Lantana camara L. 382

Laportea bulbifera (Sieb. et Zucc.) Wedd. 073

Laportea terminalis C. H. Wright 073

Larix gmelini (Rupr.) Rupr. 009

Larix kaempferi (Lamb.) Carr. 009

Larix principis-rupprechtii Mayr. 009

Lathyrus davidii Hance 217

Laurus nobilis L. 132

Lemna minor L. 484

Leonurus artemisia (Lour.) S. Y. Hu 391

Leonurus pseudomacranthus Kitagawa 391

Leonurus sibiricus L. 391

Lespedeza davurica (Laxm.) Schindl. 215

Leucanthemum maximum (Ramood.) DC. 439

Leucanthemum vulgare Lam. 439

Ligularia japonica (Thunb.) Less. 456

Ligustrum lucidum Ait. 354

Ligustrum molliculum Hance 357

Ligustrum obtusifolium Sieb. et Zucc.	354	*Lonicera korolkowii* Stapf.	417
Ligustrum ovalifolium Hassk.	355	*Lonicera maackii* (Rupr.) Maxim.	415
Ligustrum ovalifolium Hassk. var. *albo-marginatum* Rehd.	355	*Lonicera nitida* Elegant 'Maigrun.'	418
Ligustrum ovalifolium Hassk. var. *aureo-marginatum* Rehd.	355	*Lonicera sempervirens* L.	419
Ligustrum quihoui Carr.	355	*Lonicera tangutica* Maxim.	415
Ligustrum quihoui Carr. 'Purpureus'	355	*Lonicera tatarica* L.	418
Ligustrum sinense Lour.	356	*Lonicera tellmanniana* Spaeth	419
Ligustrum × vicaryi Rehd.	358	*Lonicera webbiana* Wall. et DC. var. *mupinensis* (Rehd.)	
Ligustrum japonicum Thunb.	357	Hsu et H. J. Wang	417
Ligustrum japonicum Thunb. 'Howardii'	357	*Lophatherum gracile* Brougn.	478
Lilium 'Asiatic Hybrids'	501	*Loropetalum chinense* (R. Br.) Oliv.	466
Lilium 'Oriental Hybrids'	501	*Loropetalum chinense* (R. Br.) Oliv. var. *rubrum* Yieh	466
Lilium concolor Salisb.	501	*Lotus corniculatus* L.	217
Lilium fargesii Franch.	501	*Lupinus micranthus* Guss.	219
Linaria vulgaris L. var. *sinensis* Bebeaux	402	*Lupinus polyphyllus* Lindl.	219
Lindera aggregata (Sims) Kosterm.	133	*Lychnis cognata* Maxim.	095
Lindera chienii Cheng	134	*Lycium chinensis* Mill.	393
Lindera communis Hemsl.	133	*Lycopersicon esculentum* Mill. var. *cerasiforme*	
Lindera erythrocarpa Makino	134	(Dunal) A.	395
Lindera fruticosa Hemsl.	133	*Lycopus lucidus* Turcz.	388
Lindera glauca (Sieb. et Zucc.) Bl.	133	*Lycoris aurea* (L'Hér.) Herb.	509
Lindera megaphylla Hemsl.	134	*Lycoris radiata*(L'Hér.) Herb.	508
Lindera obtusiloba Bl.	133	*Lysimachia clethroides* Duby	338
Lindera reflexa Hemsl.	133	*Lysimachia grammica* Hance	338
Linum perenne L.	227	*Lysimachia nummularia* L. 'Aurea'	338
Liquidambar formosana Hance	463	*Lysimachia pseudo-henryi* Pamp.	338
Liquidambar styraciflua L.	463	*Lythrum salicaria* L.	317
Liriodendron chinense × *Liriodendron tulipifera*	127		
Liriodendron chinense (Hemsl.) Sargent.	127	**M**	
Liriodendron tulipifera L.	127	*Macleaya cordata* (Willd.) R. Br.	137
Liriope muscari (Decne.) Bailey 'Variegata'	494	*Macrocarpium officinale* (Sieb. et Zucc.) Nakai	334
Liriope platyphylla Wang et Tang	494	*Magnolia amoena* Cheng	123
Liriope spicata (Thunb.) Lour.	493	*Magnolia biondii* Pamp.	119
Lithospermum erythrorhizon Sieb. et Zucc.	375	*Magnolia cylindrica* Wils.	125
Lithospermum zollingeri DC.	375	*Magnolia denudata* Desr.	117
Litsea auriculata Chien et Cheng	132	*Magnolia denudata* Desr. 'Feihuang'	118
Litsea elongata (Wall. ex Nees) Benth. et Hook. f.	132	*Magnolia denudata* Desr. 'Rednerve'	118
Livistona chinensis (Jacq.) R. Br.	540	*Magnolia grandiflora* L.	122
Lobelia chinensis Lour.	435	*Magnolia officinalis* Rehd. et Wils.	124
Lobelia erinus Thunb.	435	*Magnolia officinalis* Rehd. et Wils. subsp. *biloba* (Rehd.	
Lobularia maritima (L.) Desv.	142	et Wils.) Cheng et Law	125
Lonicera chrysantha Turcz.	414	*Magnolia soulangeana* (Lindl.) Soul. -Bod.	121
Lonicera ferdinandii Franch.	419	*Magnolia zenii* Cheng	123
Lonicera fragrantissima Lindl. et Paxon	416	*Magnolia liliflora* Desr.	120
Lonicera fragrantissima Lindl. et Paxon subsp.		*Mahonia bealei* (Fort.) Carr.	112
standishii (Carr.) Hsu et H. J. Wang	416	*Mahonia fortunei* (Lindl.) Fedde	112
Lonicera japonica Thunb.	414	*Malachium aquaticum* (L.) Fries	095
Lonicera japonica Thunb. var. *repens* Rehd.	414	*Mallotus apelta* (Lour.) Muell. -Arg.	237

Malus 'Red Splender'	175	
Malus 'Royalty'	175	
Malus baccata (L.) Borkh.	173	
Malus halliana (Voss.) Koehne	175	
Malus hapehensis (Ramp.) Rehd.	173	
Malus komarovii Rehd. var. *funiushanensis* S. Y. Wang	174	
Malus micromalus Makino	174	
Malus prunifolia (willd.) Borkh.	173	
Malus pumila Mill.	173	
Malus sieboldii (Regel) Rehd.	175	
Malus spectabilis (Ait.) Borkh.	174	
Malva rotundifolia L.	291	
Malva sinensis Cavan.	291	
Manihot esculenta Crantz 'Variegata'	237	
Matthiola incana (L.) R. Br.	141	
Mazus japonicus (Thunb.) O. Kuntze	401	
Mazus stachydifolius (Turcz.) Maxim.	401	
Medicago Sativa L.	222	
Melampodium paludosum Kunth	449	
Melampyrum roseum Maxim.	403	
Melia azedarach L.	231	
Melia toosendan Sieb. et Zucc.	231	
Melilotus alba Desr.	217	
Melilotus officinalis (L.) Desr.	217	
Meliosma myriantha Sieb. et Zucc.	276	
Meliosma platypoda Rehd. et Wils.	276	
Melothria indica Lour.	433	
Menispermum dauricum DC.	116	
Mentha crispate Schrad. ex Willd	386	
Mentha haplocalyx Briq.	386	
Mentha suaveolens Ehrh. 'Variegata'	386	
Menyanthes trifolia L.	368	
Metaplexis japonica (Thunb.) Makino	370	
Metasequoia glyptostroboides Hu et Cheng	024	
Michelia alba DC.	118	
Michelia figo (Lour.) Spreng.	118	
Michelia maudiae Dunn	126	
Mimosa pudica L.	209	
Mirabilis jalapa L.	085	
Miscanthus sinensis Anderss. 'Strictus'	481	
Miscanthus sinensis Anderss. 'Variegatus'	476	
Momordica charantia L.	433	
Monarda didyma L.	386	
Monochoria korsakowii Regel et Maack.	487	
Monstera deliciosa Liebm	533	
Morus alba L.	066	
Morus alba L. 'Pendula'	066	
Morus alba L. 'Tortuosa'	066	

Morus australis Poir.	066	
Morus mongolica (Bur.) Schneid.	065	
Muehlewbeckia complera	070	
Murdannia keisak (Hassk.) Hand. -Mazz.	483	
Musa basjoo Sieb. et Zucc.	519,520	
Musa ornate W. Roxb.	520	
Muscari botryoides Mill.	500	
Musella lasiocarpa (Fr.) C. Y. Wu ex H. W. Li	520	
Mussaenda pubescens Ait. f.	412	
Myrica rubra (Lour.) Sieb. et Zucc.	044	
Myriophyllum aquaticum (Vell.) Verdc.	323	
Myripnois dioica Bunge	456	

N

Nandina domestica Thunb.	113	
Nandina domestica Thunb. 'Firepower'	113	
Narcissus poeticus L.	511	
Narcissus pseudonarcissus L.	511	
Narcissus pseudonarcissus L. var. *plenus* Hort.	511	
Narcissus tazetta L. var. *chinensis* M. Roener	511	
Neillia sinensis Oliv.	162	
Nelumbo nucifera Gaertn.	097	
Nelumbo nucifera Gaertn. 'Medium-Small-Flowered Group'	097	
Nematanthus gregarius D.L.Denham	408	
Nemesia strumosa Benth.	402	
Nemesia strumosa Benth. 'Alba'	402	
Neomarica gracilis (Herb.) Sprague	518	
Neoregelia carolinae (Beer) L. B. Sm. 'Flanaria'	504	
Neoregelia carolinae (Beer) L. B. Sm. 'Tricolor'	504	
Neosinocalamus affinis (Rendle) Keng f.	474	
Nerium indicum Mill.	365	
Nerium indicum Mill. 'Albo-plenum'	365	
Nerium indicum Mill. 'Plenum'	365	
Nicandra physaloides (L.) Gaertn.	395	
Nuphar pumilum (Hoffm) DC.	100	
Nuphar sinensis Hand. -Mazz.	100	
Nymphaea alba L.	103	
Nymphaea alba L. var. *rubra* Lonnr.	103	
Nymphaea caerulea Savigny.	104	
Nymphaea candida C. Presl	103	
Nymphaea flava Leitner ex A. Gray	103	
Nymphaea lotus L. var. *pubescens* (Willd.) Hook. f. et Thoms.	104	
Nymphaea odorata Ait.	103	
Nymphaea spp.	102	
Nymphoides peltatum (Gmel.) O. Kuntze	368	
Nyssa sinensis Oliv.	320	

O

Ocimum basilicum L.   385

Ocimum basilicum L. 'Purple Ruffles'   385

Oenothera biennis L. High   324

Oenothera erythrosepala Borb.   324

Olea europaea L.   348

Oncidium hybrida Hort.   527

Ophiopogon intermedius D. Don 'Argenteo-marginatus'   492

Ophiopogon japonicus (L. f.) Ker-Gawl.   492

Ophiopogon japonicus (L. f.) Ker-Gawl. 'Nanus'   493

Ophiopogon planiscapus Nakai 'Nigrescens'   495

Ophiopogon stenophyllus (Merr.) Rodrig. 'Variegata'   492

Ormosia henryi Prain   221

Ormosia hosiei Hemsl. et Wils.   221

Ornithogalum caudatum Ait.   502

Orostachys fimbriatus (Turcz.) Berger   148

Orychophragmus violaceus (L.) O. E. Schulz   141

Osmanthus fragrans (Thunb.) Lour.   349

Osmanthus fragrans (Thunb.) Lour. 'Aurantiacus'   349

Osmanthus fragrans (Thunb.) Lour. 'Thunbergii'   349

Osmanthus fragrans (Thunb.) Lour. 'Latifolius'   349

Osmanthus fragrans (Thunb.) Lour. 'Semperflorens'   349

Osmanthus heterophyllus (G. Don) P. S. Green   348

Osmanthus heterophyllus (G. Don) P. S. Green var.
  bibracteatis (Hayata) P. S. Green   348

Osteospermum ecklonis (DC.) Norl.   451

Oxalis acetosella L.   225

Oxalis corniculata L.   225

Oxalis corniculata L. f. purpurea S. X. Yan   225

Oxalis corymbosa DC.   226

Oxalis triangularis A. St. -Hil. 'Purpurea'   226

Oxytropis coerulea (Pall.) DC.   212

P

Pachira macrocarpa (Cham. et Schlecht.) Walp.   261

Pachystachys lutea Nees   469

Paederia scandens (Lour.) Merr.   412

Paederia scandens (Lour.) Merr. var. tomentosa (Bl.)
  Hand. -Mazz.   412

Paeonia delavayi Franch. var. Lutea (Franch) Finet. et
  Gagnep.   109

Paeonia lactiflora Pall.   109

Paeonia suffruticosa Andr.   109

Paeonia suffruticosa Andr. var. papaveracea (Andr.) Kerner 109

Paliurus hemsleyanus Rehd.   283

Paliurus ramosissimus (Lour.) Poir.   283

Panax ginseng C. A. Mey   325

Papaver nudicaule L.   140

Papaver orientale L.   135

Papaver rhoeas L.   135

Parakmeria lotungensis (Chun et C. Tsoong) Law   126

Parasenecio ambiguus (Ling) Y. L. Chen   461

Parasenecio pilgerianus (Diels) Y. L. Chen   461

Parietaria micrantha Ledeb.   073

Parthenocissus heterophylla (Bl.) Merr.   285

Parthenocissus quinquefolia (L.) Planch.   287

Parthenocissus tricuspidata (Sieb. et Zucc.) Planch.   285

Patrinia rupestris (Pall.) Juss. subsp. scabra (Bunge) H. J.
Wang   434

Patrinia scabiosaefolia Fisch. ex Link   434

Paulownia catalpifolia Gong Tong   396

Paulownia elongata S. Y. Hu   397

Paulownia fortunei (Seem.) Hemsl.   397

Paulownia tomentosa (Thunb.) Steud.   396

Pedicularis resupinata L.   403

Pelargonium graveolens L' Hér.   299

Pelargonium hortorum Bailey   298

Pelargonium peltatum (L.) Ait.   298

Pelargonium zonale Ait.   299

Pennisetum alopecuroides (L.) Spreng.   479

Pennisetum glaucum (L.) R. Br. 'Purple Majesty'   479

Pennisetum setaceum (Forssk.) Chiov. 'Rubrum'   479

Penstemon digitalis Nutt. ex Sims   401

Pentas lanceolata (Forsk.) K. Schum.   412

Perilla frutescens (L.) Britton   392

Perilla frutescens (L.) Britton var. crispa (Thunb.) Decne.   392

Periploca sepium Bunge   369

Peristrophe japonica (Thunb.) Yamazaki   469

Petunia hybrida vilm   393

Peucedanum decursivum (Miq.) Maxim.   331

Phalaenopsis hybrida Hort.   528

Pharbitis nil (L.) Choisy   371

Pharbitis purpurea (L.) Voigt   372

Phellodendron amurense Rupr.   230

Philadelphus incanus Koehne.   151

Philadelphus pekinensis Rupr.   151

Phlomis umbrosa Turcz.   392

Phoebe hunanensis Hand. -Mazz.   134

Phoebe neurantha (Hemsl.) Gamble   134

Phoebe sheareri (Hemsl.) Gamble   132

Photinia beauverdiana Schneid.   169

Photinia davidsoniae Rehd. et Wils.   169

Photinia fraseri 'Red Robin'   169

Photinia glabra (Thunb.) Maxim.   169

Photinia serrulata Lindl.   170

Phragmites communis (L.) Trin. 481

Phryma leptostachya L. subsp. *asiatica* (Hara) Kitamura 409

Phtheirospermum japonicum (Thunb.) Kanitz 403

Phyllostachys bambusoides Sieb. et Zucc. f. *lacrima-deae*
 Keng f. et Wen 479

Phyllostachys heterocycla (Carr.) Mitford 'Heterocycla' 477

Phyllostachys heterocycla (Carr.) Mitford 'Pubescens' 476

Phyllostachys nigra (Lodd. ex Lindl.) Munro 478

Phyllostachys propinqua McClure 477

Phyllostachys viridis (Young.) McClure 475

Physalis angulata L. 393

Physocarpus opulifolium (L.) Maxim. 159

Physocarpus opulifolium (L.) Maxim. f. *purpurea*
 S. X. Yan 159

Physostegia virginiana Benth. 388

Physostegia virginiana Benth. 'Summersnow' 388

Phytolacca acinosa Roxb. 087

Phytolacca americana L. 087

Picea asperata Mast. 006

Picea brachytyla (Franch.) Pritz. 006

Picea koraiensis Nakai 006

Picea meyeri Rehd. et Wils. 005

Picea pungens Englm. f. *glauca* (Regel) Beissn 006

Picea wilsonii Mast. 005

Picrasma quassioides (D. Don) Benn. 230

Pilea cadierei Gagnep. et Guill 071

Pilea mollis Wedd. 071

Pilea peperomioides Diels 071

Pilea pumila (L.) A. Gray 071

Pilea sinofasciata C. J. Chen 071

Pilea spruceana Wedd. 'Norkolk' 071

Pinellia pedatisecta Schott 535

Pinus armandii Franch. 011

Pinus bungeana Zucc. ex Endl. 010

Pinus densiflora Sieb. et Zucc. 017

Pinus densiflora Sieb. et Zucc. 'Umbraculifera' 017

Pinus elliottii Engelm. 018

Pinus griffithii McClelland 012

Pinus massoniana Lamb. 016

Pinus parviflora Sieb. et Zucc. 013

Pinus sylvestris L. var. *mongolica* Litv. 017

Pinus tabulaeformis Carr. 014

Pinus taeda L. 018

Pinus thunbergii Parl. 015

Pistacia chinensis Bunge 242

Pistia stratiotes L. 533

Pittosporum tobira (Thunb.) Ait. 156

Plantago lanceolata L. 409

Plantago asiatica L. 409

Plantago depressa Willd. 409

Plantago major L. 409

Platanus acerifolia (Ait.) Willd. 158

Platanus occidentalis L. 158

Platycarya strobilacea Sieb. et Zucc. 046

Platycladus orientalis (L.) Franco 026

Platycladus orientalis (L.) Franco 'Semperaurescens' 026

Platycladus orientalis (L.) Franco 'Sieboldii' 026

Platycodon grandiflorus (Jacq.) A. DC. 435

Plumeria rubra L. 'Acutifolia' 368

Podocarpus macrophyllus (Thunb.) D. Don 030

Podocarpus nagi (Thunb.) Zoll. et Mor. ex Zoll. 030

Pollia japonica Thunb. 483

Polygonatum odoratum (Mill.) Druce 496

Polygonum aubertii L. Henry 068

Polygonum aviculare L. 067

Polygonum cuspidatum Sieb. et Zucc. 069

Polygonum lapathifolium L. 070

Polygonum orientale L. 067

Polygonum perfoliatum L. 067

Polygonum runcinatum Buch. -Ham. ex D. Don 067

Polygonum thunbergii Sieb. et Zucc. 069

Poncirus trifoliata (L.) Raf. 228

Pontederia cordata L. 486

Pontederia cordata L. 'White Flower' 486

Pontederia lanceolata Nutt. 486

Populus adenopoda Maxim. 038

Populus alba L. 037

Populus bolleana Lauche 037

Populus canadensis Moench 038

Populus davidiana Dode 038

Populus hopeiensis Hu et Chow 039

Populus nigra L. var. *italica* (Moench) Koehne 039

Populus simonii Carr. 036

Populus tomentosa Carr. 036

Populus tomentosa Carr. var. *fastigiata* Y. H. Wang 036

Portulaca grandiflora Hook. 089

Portulaca grandiflora Hook. 'Plena' 089

Portulaca oleracea L. 088

Portulaca oleracea L. var. *giganthes* (L. f.) Bailey 088

Potamogeton crispus L. 471

Potentilla chinensis Seringe 183,184

Potentilla fragarioides L. 181

Potentilla freyniana Bornm. 181

Potentilla fruticosa L. 178

Potentilla multicaulis Bunge 178

Primula handeliana W. W. Sm. et Forrest 339

Primula polyantha MIll. 339

Prunella vulgaris L. 390

Prunus cistena (Hansen) Koehne 205

Prunus armeniaca L. 203

Prunus brachypoda (Batal.) Schneid. 203

Prunus cerasifera Ehrh. 'Atropurpurea' 193

Prunus davidiana (Carr.) Franch. 198

Prunus davidiana (Carr.) Franch. f. alba (Carr.) Rehd. 198

Prunus discadenia Koehne 202

Prunus glandulosa Thunb. var. albo-plena Koehne 201

Prunus japonica Thunb. 201

Prunus lannesiana Wils. 204

Prunus lannesiana Wils. 'Albo-rosea' 204

Prunus lannesiana Wils. 'Botanzakura' 204

Prunus 'Meiren' 205

Prunus mume Sieb. et Zucc. 192

Prunus mume Sieb. et Zucc. 'Albo-plena' 192

Prunus mume Sieb. et Zucc. 'Alphandii' 192

Prunus padus L. 206

Prunus persica (L.) Batsch 194

Prunus persica (L.) Batsch 'Stellata' 197

Prunus persica (L.) Batsch 'Rosea Plena' 196

Prunus persica (L.) Batsch f. albo-plena Schneid. 195

Prunus persica (L.) Batsch f. atropurpurea Schneid. 196

Prunus persica (L.) Batsch f. densa Mak. 197

Prunus persica (L.) Batsch f. dianthiflora Dipp. 195

Prunus persica (L.) Batsch f. duplex Rehd. 194

Prunus persica (L.) Batsch f. magnifica Schneid. 195

Prunus persica (L.) Batsch f. pendula Dipp. 197

Prunus persica (L.) Batsch f. rubro-plena Schneid. 196

Prunus persica (L.) Batsch f. versicolor Voss. 196

Prunus persica (L.) Batsch f. alba Schneid. 195

Prunus persica (L.) Batsch var. compressa (Loud.)
　Yu et Lu 197

Prunus persica (L.) Batsch var. nectarina Maxim. 197

Prunus pseudocerasus Lindl. 202

Prunus serrulata Lindl. 203

Prunus tomentosa Thunb. 200

Prunus triloba Lindl. 199

Prunus triloba Lindl. f. plena Dipp. 199

Prunus virginiana Mill. 206

Prunus virginiana Mill. 'Canada Red' 206

Pseudolarix amabilis (Nelson) Rehd. 008

Pterocarya hupehensis Skan 050

Pterocarya stenoptera C. DC. 049

Pteroceltis tatarinowii Maxim. 059

Pterygocalyx volubilis Maxim. 368

Pueraria lobata (Willd.) Ohwi 214

Pueraria thomsonii Benth. 214

Pulsatilla chinensis (Bunge) Regel 108

Punica granatum L. 318

Punica granatum L. 'Alba Plena' 318

Punica granatum L. 'Chico' 318

Punica granatum L. 'Legrellei' 318

Punica granatum L. 'Plena' 318

Pyracantha fortuneana (Maxim.) Li 165

Pyrola calliantha H. Andr. 339

Pyrus betulaefolia Bunge 177

Pyrus bretschneideri Rehd. 177

Pyrus calleryana Decne. 177

Q

Quamoclit pennata (Desr.) Bojer. 373

Quamoclit sloteri House 373

Quercus acutissima Carr. 053

Quercus aliena Bl. 053

Quercus aliena Bl. var. acuteserrata Maxim. 053

Quercus baronii Skan 054

Quercus dentata Thunb. 054

Quercus fabri Hance 055

Quercus glandulifera Bl. var. brevipetiolata Nakai 055

Quercus palustris Muench. 055

Quercus variabilis Blume 054

R

Rabdosia japonica (Burm. f.) Hara var. glaucocalyx
　(Maxim.) Hara 387

Radermachera sinica (Hance) Hemsl. 405

Ranalisma rostratum Stapf. 471

Ranunculus asiaticus L. 106

Ranunculus japonicus Thunb. 106

Rehmannia glutinosa (Gaertn.) Libosch. ex Fisch.
　et Mey. 399

Reineckia carnea (Andr.) Kunth 495

Reineckia carnea (Andr.) Kunth 'Variegata' 495

Rhamnella wilsonii Schneid. 281

Rhamnus davurica Pall. 280

Rhamnus globosa Bunge 280

Rhamnus leptophylla Schneid. 280

Rhamnus utilis Decne 280

Rhapis excelsa (Thunb.) Henry ex Rehd. 540

Rhapis multifida Burret 540

Rhododendron concinuum Hemsl. 337

Rhododendron hybridum Hort. 337

Rhododendron micranthum Turcz. 337

Rhododendron molle (Bl.) G. Don 336

Rhododendron purdomii Rehd. et Wils.	337	*Sabina chinensis* (L.) Ant.	029
Rhododendron simsii Planch.	336	*Sabina chinensis* (L.) Ant. 'Kaizuca'	029
Rhodotypos scandens (Thunb.) Mak.	180	*Sabina komarovii* (Florin) Cheng et W. T. Wang	029
Rhoeo discolor (L'Hér.) Hance	485	*Sabina procumbens* (Endl.) Iwata et Kusaka	025
Rhus chinensis Mill.	239	*Sabina squamata* (Buch. -Hamilt.) Ant. 'Meyeri'	028
Rhus potaninii Maxim.	241	*Sabina virginiana* (L.) Ant.	029
Rhus punjabensis Stewart var. *sinica* (Diels) Rehd.		*Sabina vulgaris* Ant.	029
et Wils.	241	*Sagittarica matans* Pall.	473
Rhus typhina Nutt	240	*Sagittaria montevidensis* Cham. et Schlecht	472
Ribes fasciculatum Sieb. et Zucc. var. *chinense* Maxim.	155	*Sagittaria sagittifolia* L.	472
Ribes pulchellum Turcz.	155	*Sagittaria trifolia* L.	472
Ribes tenue Jancz.	155	*Sagittaria trifolia* L. f. *longiloba* (Turcz.) Makino	472
Robinia × *ambigua* Poir. 'Decaisneana'	218	*Saintpaulia ionantha* Wendl.	408
Robinia hispida L.	219	*Salix babylonica* L.	043
Robinia pseudoacacia L.	218	*Salix caprea* L. 'Kilmarnock'	044
Robinia pseudoacacia L. 'Tortuosa'	218	*Salix chaenomeloides* Kimura	042
Robinia pseudoacacia L. 'Aurea'	218	*Salix chikungensis* Schneid.	044
Rodgersia aesculifolia Batal.	154	*Salix integra* Thunb. 'Hakuro Nishiki'	041
Rosa banksiae Ait.	185	*Salix leucopithecia* Kimura	044
Rosa banksiae Ait. 'Lutea'	185	*Salix matsudana* Koidz.	040
Rosa banksiae Ait. var. *normalis* Regel	185	*Salix matsudana* Koidz. 'Tortuosa'	041
Rosa chinensis Jacq.	187	*Salix matsudana* Koidz. 'Umbraculifera'	040
Rosa laevigata Michx.	188	*Salvia coccinea* L.	384
Rosa multiflora Thunb.	189	*Salvia coccinea* L. 'Alba'	384
Rosa multiflora Thunb. var. *cathayensis* Rehd. et Wils.	189	*Salvia farinacea* Benth.	384
Rosa multiflora Thunb. f. *carnea* Thory	189	*Salvia guaranitica* A. St. -Hil. ex Benth.	383
Rosa multiflora Thunb. var. *albo-plena* Yü et Ku	189	*Salvia miltiorrhiza* Bunge	384
Rosa multiflora Thunb. var. *platyphylla* Thory	189	*Salvia plebeia* R. Br.	383
Rosa roxburghii Tratt.	188	*Salvia splendens* Ker.-Gawl.	383
Rosa rugosa Thunb.	186	Salvia splendens Ker-Gawl. 'Alba'	383
Rosa rugosa Thunb. 'Rubro-plena'	186	*Salvia umbratica* Hance	384
Rosa xanthina Lindl.	187	*Sambucus chinensis* Lindl.	421
Rosa xanthina Lindl. var. *normalis* Rehd. et Wils.	187	*Sambucus racemosa* L.	420
Rosmarinus officinalis L.	390	*Sambucus williamsii* Hance	420
Rubia cordifolia L.	411	*Sambucus williamsii* Hance 'Aurea'	420
Rubus corchorifolius L. f.	191	*Sambucus williamsii* Hance f. *aurea-marginata* S. X. Yan	420
Rubus crataegifolius Bunge	191	*Sanchezia speciosa* J. Léonard	469
Rubus hirsutus Thunb.	191	*Sanguisorba officinalis* L.	182
Rubus lambertianus Ser.	191	*Sanguisorba officinalis* L. var. *longifolia* (Bert.) Yü et Li	182
Rudbeckia hirta L.	448	*Sansevieria canaliculata* Carr.	506
Rudbeckia laciniata L.	448	*Sansevieria trifasciata* Prain	506
Rudbeckia serotina (Nutt.) Sweet	448	*Sansevieria trifasciata* Prain 'Golden Hahnii'	506
Ruscus aculeata L.	488	*Sansevieria trifasciata* Prain 'Hahnii'	506
Ruta graveolens L.	228	*Sansevieria trifasciata* Prain 'Laurentii'	506
		Sapindus mukorossi Gaertn.	274
S		*Sapium sebiferum* (L.) Roxb.	235
Sabia japonica Maxim.	276	*Saponaria officinalis* L.	096
Sabina chinensis (L.) Ant. 'Aurea'	029	*Saponaria officinalis* L. 'Pleno'	096

Saposhnikovia divaricata (Turcz.) Schischk.　331

Sasa auricoma E. G. Camus　475

Sasa fortunei (Van Houtte) Fiori　475

Sassafras tzumu (Hemsl.) Hemsl.　132

Saururus chinensis (Lour.) Baill.　035

Saxifraga sibirica L.　153

Saxifraga stolonifera Curt.　153

Scabiosa tschiliensis Grun.　431

Scabiosa tschiliensis Grun. f. albiflora S. H. Li et S.
　Z. Liu　431

Schima superba Gardn. et Champ.　302

Schisandra chinensis (Turcz.) Baill.　129

Schisandra sphenanthera Rehd. et Wils.　129

Scirpus planiculmis Fr. Schmidt　537

Scirpus validus Vahl.　537

Scirpus validus Vahl. 'Zebrinus'　537

Scorzonera austriaca Willd.　460

Scutellaria baicalensis Georgi　389

Scutellaria barbata D. Don　389

Scutellaria indica L.　389

Securinega suffruticosa (Pall.) Rehd.　236

Sedum aizoon L.　148

Sedum elatinoides Franch.　145

Sedum emarginatum Migo　145

Sedum lineare Thunb.　147

Sedum lineare Thunb. 'Aurea'　147

Sedum reflexum L.　144

Sedum sarmentosum Bunge　146

Sedum sieboldii Sweet ex Hk.　147

Sedum spectabile Boreau　144

Sedum spurium M. Bieb. 'Coccineum'　146

Senecio cineraria DC.　459

Senecio cineraria DC. 'Cirrus'　459

Senecio cineraria DC. 'Silver Dust'　459

Senecio oldhamianus Maxim.　457

Serissa japonica (Thunb.) Thunb. 'Aureo-marginata'　411

Serissa serissoides (DC.) Druce 'Pleniflora'　411

Serissa serissoides (DC.) Druce　411

Serratula centauroides L.　445

Sesamum indicum L.　408

Setaria viridis (L.) Beauv.　482

Setaria palmifolia (J. König) Stapf.　482

Setcreasea purpurea B. K. Boom　484

Siegesbeckia pubescens (Makino) Makino　456

Silene tatarinowii Regel　095

Silpnium perfoliatum L.　457

Silybum marianum (L.) Gaertn.　445

Sinningia speciosa Benth.　408

Sinojackia xylocarpa Hu　343

Sinomenium acutum (Thunb.) Rehd. et Wils.　116

Sinowilsonia henryi Hemsl.　464

Siphonostegia chinensis Benth.　401

Sisyrinchium striatum Smith.　519

Smilacina henryi (Baker) Wang et Tang　496

Smilax riparia A. DC.　500

Smilax stans Maxim.　500

Solanum capsicoides Allioni　395

Solanum japonense Nakai　394

Solanum lyratum Thunb.　394

Solanum mammosum L.　395

Solanum nigrum L.　394

Solidgo canadensis L.　440

Sonchus arvensis L.　443

Sophora davidii (Franch.) Skeels　223

Sophora flavescens Ait.　223

Sophora japonica L.　223

Sophora japonica L. 'Chrysophylla'　223

Sophora japonica L. f. oligophylla Franch.　223

Sophora japonica L. f. pendula Hort.　223

Sophora japonica L. f. 'Golden Stem'　223

Sorbaria kirilowii (Regel) Maxim.　164

Sorbaria sorbifolia (L.) A. Br.　164

Sorbus alnifolia (Sieb. et Zucc.) K. Koch　176

Sorbus folgneri (Schneid.) Rehd.　176

Sorbus koehneana Schneid.　176

Sorbus pohuashanensis (Hance) Hedl.　176

Spathiphyllum candicans Poepp.　535

Spathiphyllum kochii Engl. et Krause　535

Spilanthes oleracea L.　439

Spiraea blumei G. Don　162

Spiraea cantoniensis Lour.　160

Spiraea chamaedryfolia L.　161

Spiraea chinensis Maxim.　163

Spiraea bumalda Burenich. 'Cripa'　163

Spiraea bumalda Burenich. 'Gold Flame'　163

Spiraea bumalda Burenich. 'Gold Mound'　163

Spiraea japonica L. f.　162

Spiraea japonica L. f. var. ovalifolia Franch.　162

Spiraea prunifolia Sieb. et Zucc. var. simpliciflora Nakai　160

Spiraea pubescens Turcz.　161

Spiraea sericea Turcz.　160

Spiraea thunbergii Sieb. ex Bl.　161

Spiraea trilobata L.　161

Spiraea vanhouttei (C. Briot) Zabel　161

Spodiopogon sibiricus Trin.　474

Stachys lanata Jacq.　389

Stachyurus chinensis Franch.	309	*Taraxacum sinica* Kitag.	460
Staphylea bumalda DC.	262	*Taxodium ascendens* Brongn.	021
Staphylea holocarpa Hemsl.	262	*Taxodium distichum* (L.) Rich.	022
Stemona japonica (Bl.) Miq.	488	*Taxus baccata* L.	032
Stemona tubersa Lour .	488	*Taxus chinensis* (Pilger) Rehd.	033
Stephanandra chinensis Hance	164	*Taxus chinensis* (Pilger) Rehd. var. *mairei* (Lemeé et	
Stephania cepharantha Hayata	116	Lévl.) Cheng et L. K. Fu	033
Stephania japonica (Thunb.) Miers	116	*Taxus cuspidata* Sieb. et Zucc.	032
Stevia rebaudiana (Bertoni) Hemsl.	455	*Taxus cuspidata* Sieb. et Zucc. 'Nana'	032
Stewartia sinensis Rehd. et Wils.	301	*Taxus yunnanensis* Cheng et L. K. Fu	032
Stipa tenuissima Trin.	477	*Tecomaria capensis* (Thunb.) Spach	407
Strelitzia juncea (Ker Gawl.) Link	523	*Tephroseris kirilowii* (Turcz. ex DC.) Holub	453
Strelitzia nicolai Regel et Koern.	523	*Ternstroemia gymnanthera* (Wight. et Arn.) Sprague	301
Strelitzia reginae Aiton	523	*Tetrapanax papyrifera* (Hook.) K. Koch	328
Styrax japonicus Sieb. et Zucc.	344	*Thalia dealbata* Fraser.	526
Swida alba Opiz.	333	*Thalia geniculata* L.	526
Swida alba Opiz. 'Aurea'	333	*Thevetia peruviana* (Pers.) K. Schum.	365
Swida bretschneideri (L. Henry) Sojak.	332	*Thladiantha dubia* Bunge	432
Swida paucinervis (Hance) Sojak.	332	*Thladiantha maculata* Cogn.	432
Swida walteri (Wanger.) Sojak.	332	*Thladiantha nudiflora* Hemsl. ex Forbes et Hemsl.	432
Swida wilsoniana (Wanger.) Sojak.	332	*Thladiantha oliveri* Cogn. ex Mottet	432
Symphoricarpus orbiculatus Moench	424	*Thuja occidentalis* L.	025
Symphoricarpus sinensis Rehd.	424	*Tiarella polyphylla* D. Don	154
Symphytum peregrinum Ledeb.	376	*Tilia henryana* Szyszyl var. *subglabra* V. Engl.	288
Symplocos paniculata (Thunb.) Miq.	344	*Tilia japonica* (Miq.) Simonk.	289
Symplocos sumuntia Buch. -Ham. ex D. Don	344	*Tilia mandschurica* Rupr. et Maxim.	289
Syneilesis aconitifolia (Bunge) Maxim.	447	*Tilia miqueliana* Maxim.	289
Syringa meyeri Schneid.	352	*Tilia mongolica* Maxim.	288
Syringa meyeri Schneid. 'Sijilan'	352	*Tilia oliveri* Szyszyl	289
Syringa oblata Lindl.	350	*Tilia paucicostata* Maxim.	288
Syringa oblata Lindl. var. *affinis* Lingelsh	350	*Tillandsia cyanea* Linden ex K. Koch	504
Syringa pekinensis Rupr.	351	*Tithonia rotundifolia* (Mill.) S. F. Blake	450
Syringa persica L.	353	*Toona ciliata* Roem. var. *pubescens* (Franch.) Hand.	
Syringa pinnatifolia Hemsl.	352	-Mazz.	232
Syringa reticulata (Bl.) Hara var. *mandshurica* (Maxim.)		*Toona sinensis* (A. Juss.) Roem.	232
Hara	351	*Torenia fournieri* Linden. ex Fourn.	390
Syringa vulgaris L.	350	*Torilis scabra* (Thunb.) DC.	331
Syringa wolfii C. K. Schneid	353	*Torreya grandis* Fort. ex Lindl.	034
		Torreya grandis Fort. ex Lindl. 'Merrillii'	034
T		*Toxicodendron succedaneum* (L.) O. Kuntze	239
Tagetes erecta L.	449	*Toxicodendron vernicifluum* (Stokes) F. A. Barkl.	239
Tagetes patula L.	449	*Trachelospermum asiaticum* (Sieb. et Zucc.) Nakai	
Talinum paniculatum (Jacq.) Gaertn.	091	'Variegatum'	367
Tamarix chinensis Lour.	304	*Trachelospermum jasminoides* (Lindl.) Lem.	367
Tanacetum vulgare L.	453	*Trachelospermum jasminoides* (Lindl.) Lem. var.	
Tapiscia sinensis Oliv.	263	*heterophyllum* Tsiang	367
Taraxacum mongolicum Hand. -Mazz.	460	*Trachycarpus fortunei* (Hook. f.) H. Wendl.	539
Taraxacum officinale Wigg.	460	*Tradescantia fluminensis* Vell.	485

Tradescantia reflexa Rafin	485	*Veronica persica* Poir.	400
Tradescantia sillamontana Matuda.	485	*Veronicastrum axillare* (Sieb. et Zucc.) Yamazaki	403
Trapa bispinosa Roxb.	322	*Viburnum awabuki* K. Koch.	426
Trichosanthes kirilowii Maxim.	433	*Viburnum betulifolium* Batal.	428
Trifolium pratense L.	222	*Viburnum carlesii* Hemsl.	425
Trifolium repens L.	222	*Viburnum farreri* W. T. Stearn	425
Trigonotis amblyosepala Nakai et Kitag.	376	*Viburnum lantana* L.	425
Trigonotis peduncularis (Trev.) Benth. ex Baker et Moore	376	*Viburnum macrocephalum* Fort.	427
		Viburnum macrocephalum Fort. f. *keteleeri* (Carr.) Rehd.	427
Triosteum pinnatifidum Maxim.	421	*Viburnum melanocarpum* Hsu	429
Trollius chinensis Bunge	109	*Viburnum mongolicum* (Pall.) Rehd.	430
Tropaeolum majus L.	227	*Viburnum plicatum* Thunb.	430
Tulipa gesneriana L.	489	*Viburnum plicatum* Thunb. f. *tomentosum* (Thunb.) Rehd.	430
Turnera ulmifolia L.	463	*Viburnum rhytidophyllum* Hemsl.	428
Typha angustifolia L.	470	*Viburnum sargentii* Koehne	429
Typha latifolia L.	470	*Viburnum dilatatum* Thunb.	425
Typha minima Funk.	470	*Viburnum utile* Hemsl.	427
Typha orientalis Presl.	470	*Vicia pseudo-orobus* Fisch. et Mey.	217
Typhonium giganteum Engl.	533	*Vicia unijuga* A. Br.	212
		Victoria amazonica (Popp.) Sowerby	099
U		*Victoria cruziana* Orbign	099
Ulmus americana L. 'Pendula'	056	*Vinca major* L.	366
Ulmus davidiana Planch. ex DC.	057	*Vinca major* L. 'Variegata'	366
Ulmus laciniata (Trautv.) Mayr.	057	*Vinca major* L. f. *aurea* S. X . Yan	366
Ulmus lamellosa T. Wang et S. L. Chang	057	*Viola acuminata* Ledeb.	306
Ulmus macrocarpa Hance	058	*Viola betonicifolia* J. E. Smith	307
Ulmus parvifolia Jacq.	058	*Viola collina* Bess.	307
Ulmus pumila L.	056	*Viola concordifolia* C. J. Wang	308
Ulmus pumila L. 'Jinye'	056	*Viola cornuta* L.	305
Ulmus pumila L. 'Pendula'	056	*Viola diffusa* Ging	307
Uncarina grandidieri Stapf.	408	*Viola dissecta* Ledeb	307
Urtica angustifolia Fisch. ex Hornem.	073	*Viola grypoceras* A. Gray	308
Urtica fissa E. Pritz.	073	*Viola mirabilis* L.	307
		Viola orientalis (Maxim.) W. Beck.	306
V		*Viola pekinensis* (Regel) W. Beck.	306
Vaccinium mandarinorum Diels	337	*Viola philippica* Cav.	308
Valeriana officinalis L. var. *latifolia* Miq.	434	*Viola prionantha* Bunge	308
Veratrum nigrum L.	500	*Viola triangulifolia* W. Beck	308
Verbascum thapsus L.	403	*Viola tricolor* L.	305
Verben a bonariensis L.	382	*Viola variegata* Fisch. ex Link.	306
Verbena canadensis Britt.	379	*Vitex negundo* L.	378
Verbena hybrida Voss.	379	*Vitex negundo* L. var. *cannabifolia* Hand. -Mazz.	378
Verbena officinalis L.	382	*Vitex negundo* L. var. *heterophylla* (Franch.) Rehd.	378
Verbena tenera Spreng.	380	*Vitex trifolia* L. var. *simplicifolia* Cham.	378
Veronica dahurica Stev.	400	*Vitis amurensis* Rupr.	284
Veronica didyma Tenore	400	*Vitis bryoniaefolia* Bunge	284
Veronica hybrida 'Darwinis Blue'	400	*Vitis davidii* (Roman.) Foëx.	284
Veronica linariifolia Pall. ex Link	400	*Vitis heyneana* Roem. et Schult	284
		Vitis vinifera L.	284

Vriesea carinata Wawra   504

Vriesea splendens (Brongn.) Lem.   504

W

Wedelia chinensis (Osbeck) Merr.   453

Weigela 'Red Prince'   422

Weigela coraeensis Thunb.   422

Weigela coraeensis Thunb. 'Variegata'   422

Weigela florida (Bunge) A. DC.   422

Wisteria floribunda (Willd.) DC.   216

Wisteria sinensis Sweet   216

Wisteria sinensis Sweet f. *alba* (Lindl.) Rehd. et Wils.   216

X

Xanthoceras sorbifolia Bunge   274

Y

Yucca gloriosa L.   505

Z

Zantedeschia aethiopica (L.) Spreng   535

Zantedeschia hybrida   535

Zanthoxylum ailanthoides Sieb. et Zucc.   230

Zanthoxylum bungeanum Maxim.   229

Zanthoxylum planispinum Sieb. et Zucc.   229

Zebrina pendnla Schnizl.   484

Zelkova schneideriana Hand. -Mazz.   060

Zelkova serrata (Thunb.) Makino   060

Zelkova sinica Schneid.   060

Zephyranthes candida (Lindl.) Herb.   507

Zephyranthes grandiflora Lindl.   507

Zingiber officinale Roscoe   521

Zinnia hybrida 'Profusion Orange'   441

Zinnia angustifolia Kunth 'KYS Rose'   441

Zinnia elegans Jacq.   441

Zinnia linearis Benth.   441

Zizania caduciflora (Turcz. ex Trin.) Hand. -Mazz.   482

Ziziphus jujuba Mill.   281

Ziziphus jujuba Mill. 'Tortuosa'   281

Ziziphus jujuba Mill. var. *spinosa* (Bunge) Hu et H. F. Chow   281

编写人员分工表

序号	作者	起始页码	终止页码	字数（万字）	序号	作者	起始页码	终止页码	字数（万字）
1	闫双喜	1	36	8.186	17	刘素芹	390	403	3.184
2	刘保国	37	59	5.230	18	彭 韧	404	417	3.184
3	李永华	60	95	8.186	19	罗 敏	418	431	3.184
4	王 献	96	131	8.186	20	沈逢源	432	445	3.184
5	马新兰	132	154	5.230	21	倪相娟	446	459	3.184
6	宋国领	155	177	5.230	22	陈艳华	460	473	3.184
7	尚向华	178	200	5.230	23	张中州	474	487	3.184
8	牛松颀	201	223	5.230	24	张 凌	488	497	2.274
9	李 卓	224	246	5.230	25	闫丽君	498	507	2.274
10	李 山	247	269	5.230	26	赵海沛	508	516	2.047
11	栗 燕	270	292	5.230	27	李 林	517	524	1.819
12	徐亚晓	293	315	5.230	28	张 静	525	532	1.819
13	白 娜	316	338	5.230	29	宋美玲	533	540	1.819
14	何建涛	339	361	5.230	31	王志勇	541	576	10.6055
15	李爱枝	362	375	3.184			目录 1-8		
16	杨洁琼	376	389	3.184	32	合 计	586		132.8

联系方式：QQ：987243272；E-mail：ysx2003@163.com；Tel：13140032869。

参考文献

[001] Flora of China 编辑委员会 . Flora of China(相关卷册)[M]. 北京：科学出版社，1992.

[002] 柏广新，崔成万，王永明 . 中国长白山野生花卉 [M]. 北京：中国林业出版社，2003.

[003] 蔡靖，刘培亮，杜诚，等 . 秦岭野生植物图鉴定 [M]. 北京：科学出版社，2013.

[004] 曾庆钱，蔡岳文 . 药用植物野外识别图鉴 [M]. 北京：化学工业出版社，2009.

[005] 曾宋君，段俊 . 姜目花卉 [M]. 北京：中国林业出版社，2003.

[006] 曾宋君，邢福武 . 观赏蕨类 [M]. 北京：中国林业出版社，2002.

[007] 曾珍 . 野菜志 [M]. 重庆：重庆大学出版社，2008.

[008] 车晋滇 . 中国外来杂草原色图鉴 [M]. 北京：化学工业出版社，2010.

[009] 陈策，任安祥，王羽梅 . 芳香药用植物 [M]. 武汉：华中科技大学出版社，2013.

[010] 陈士林，林余霖 . 中草药大典 [M]. 北京：军事医学科学出版社，2006.

[011] 陈心启，刘仲健，罗毅波，等 . 中国兰科植物鉴别手册 [M]. 北京：中国林业出版社，2009.

[012] 陈耀东，马欣堂，杜玉芬，等 . 中国水生植物 [M]. 郑州：河南科学技术出版社，2012.

[013] 陈又生，崔洪霞，苏卫忠 . 观赏灌木与藤本花卉 [M]. 合肥：安徽科学技术出版社，2003.

[014] 程积民，朱仁斌 . 中国黄土高原常见植物图鉴 [M]. 北京：科学出版社，2012.

[015] 邓莉兰 . 常见树木：南方本 [M]. 北京：中国林业出版社，2007.

[016] 邓莉兰 . 园林植物识别与应用实习教程：西南地区 [M]. 北京：中国林业出版社，2009.

[017] 丁宝章，王遂义 . 河南植物志 [M]. 郑州：河南科学技术出版社，1981—1998.

[018] 东惠茹，杨孝汉，金培元 . 室内花卉彩色图说 [M]. 北京：中国农业出版社，1999.

[019] 董淑炎 . 400 种野菜采摘图鉴 [M]. 北京：化学工业出版社，2012.

[020] 董文珂 . 园林植物汉拉英名称速查手册 [M]. 北京：中国林业出版社，2013.

[021] 方腾，陈建华 . 中国常见植物野外识别手册：古田山册 [M]. 北京：高等教育出版社，2013.

[022] 方文珍 . 华南地区常见动植物图鉴 .[M]. 北京：高等教育出版社，2010.

[023] 冯富娟 . 东北地区野外实习指导丛书：植物学野外实习手册 [M]. 北京：高等教育出版社，2010.

[024] 傅新生 . 家庭花卉鉴赏·栽培·妙用丛书：宿根地被植物 [M]. 天津：天津科学技术出版社，2003.

[025] 高继银，帕克斯，杜跃强 . 山茶属植物主要原种彩色图集 [M]. 杭州：浙江科学技术出版社，2005.

[026] 高亚红，吴棣飞 . 花境植物选择指南 [M]. 武汉：华中科技大学出版社，2010.

[027] 苟光前 . 野菜图谱 [M]. 贵阳：贵州科技出版社，2009.

[028] 谷安琳，王庆国 . 西藏草地植物彩色图谱：第 1 卷 [M]. 北京：中国农业科学技术出版社，2013.

[029] 谷安琳，王宗礼 . 中国北方草地植物彩色图谱 (续编)[M]. 北京：中国农业科学技术出版社，2011.

[030] 广西药用植物园 . 药用植物花谱 [M]. 重庆：重庆大学出版社，2009.

[031] 郭成源 . 风景园林手册系列：园林设计树种手册 [M]. 北京：中国建筑工业出版社，2006.

[032] 郭书普 . 旱田杂草识别与防治原色图鉴 [M]. 合肥：安徽科学技术出版社，2005.

[033] 过永惠，范晔天 . 秋海棠 [M]. 北京：中国林业出版社，2006.

[034] 何国生 . 福建省主要森林植物彩色图鉴 [M]. 厦门：厦门大学出版社，2012.

[035] 何济钦，唐振缁 . 园林花卉 900 种 [M]. 北京：中国建筑工业出版社，2006.

[036] 贺普超 . 中国葡萄属野生资源 [M]. 北京：中国农业出版社，2012.

[037] 胡理乐，李俊生，肖亮，等 . 秦岭太白山常见植物彩色图鉴 [M]. 北京：科学出版社，2013.

[038] 胡松华 . 观赏凤梨 [M]. 北京：中国林业出版社，2003.

[039] 胡松华 . 另类奇特花卉 [M]. 北京：中国林业出版社，2003.

[040] 胡永红，肖月娥 . 湿生鸢尾 [M]. 北京：科学出版社，2012.

[041] 胡湛，李斌斌 . 中国名花 20 种 [M]. 郑州：河南科学技术出版社，2012.

[042] 花草游戏编辑部 . 玩多肉种多肉 [M]. 郑州：河南科技出版社，2012.

[043] 黄国振，邓惠勒，李祖修，等 . 睡莲 [M]. 北京：中国林业出版社，2008.

[044] 黄山风景区管理委员会.黄山珍稀植物 [M].北京：中国林业出版社，2006.

[045] 黄献胜，黄以琳.彩图仙人掌花卉观赏与栽培 [M].北京：中国农业出版社，1999.

[046] 黄献胜，林颖，李东，等.仙人掌类植物 [M].北京：中国林业出版社，2003.

[047] 黄亦工，董丽.新优宿根花卉 [M].北京：中国建筑工业出版社，2007.

[048] 纪殿荣，冯耕田.观果观花植物图鉴 [M].北京：农村读物出版社，2003.

[049] 贾恢先，孙学刚.中国西北内陆盐地植物图谱 [M].北京：中国林业出版社，2005.

[050] 姜在民，文建雷.秦岭火地塘常见植物图鉴 [M].北京：科学出版社，2013.

[051] 金波.花卉资源原色图谱 [M].北京：中国农业出版社，1999.

[052] 李春玲，张军民，刘兰英.夏季花卉 [M].北京：中国农业大学出版社，2007.

[053] 李光照，李虹.中国南方花卉 [M].上海：上海科学技术出版社，2006.

[054] 李峻成，高崇岳，李光棣.常见牧草原色图谱 [M].北京：金盾出版社，2010.

[055] 李林，白娜，闫双喜，等.中国罂粟科植物地理分布 [J].东北林业大学学报，2013，41(5)：75-80.

[056] 李敏，谢良生.深圳园林植物配置与造景特色 [M].北京：中国建筑工业出版社，2007.

[057] 李敏.亲近大自然系列：野外观花手册 [M].北京：化学工业出版社，2008.

[058] 李沛琼，张寿洲，王勇进，等.耐荫半耐荫植物 [M].北京：中国林业出版社，2003.

[059] 李强，徐晔春.自然珍藏图鉴丛书：湿地植物 [M].广州：南方日报出版社，2010.

[060] 李振宇，王印政.中国苦苣苔科植物 [M].郑州：河南科学技术出版社，2004.

[061] 李作文，关正君.园林宿根花卉 400 种 [M].沈阳：辽宁科学技术出版社，2007.

[062] 李作文，刘家祯.园林植物图鉴：园林地被植物的选择与应用 [M].沈阳：辽宁科学技术出版社，2009.

[063] 李作文，汤天鹏.中国园林树木 [M].沈阳：辽宁科学技术出版社，2008.

[064] 李作文，王鑫.园林景观植物识别与应用：乔木 [M].沈阳：辽宁科学技术出版社，2010.

[065] 李作文，张奎夫.园林景观植物识别与应用：灌木·藤本 [M].沈阳：辽宁科学技术出版社，2010.

[066] 廖启炣，杨盛昌，梁育勤.棕榈科植物研究与园林应用 [M].北京：科学出版社，2012.

[067] 林萍.观赏花卉 (草本)[M].北京：中国林业出版社，2007.

[068] 林侨生.观叶植物原色图谱 [M].北京：中国农业出版社，2002.

[069] 林有润，韦强，谢振华.有害花木：200 多种有害植物的彩色图鉴 [M].广州：广东旅游出版社，2009.

[070] 刘冰.中国常见植物野外识别手册 (山东册)[M].北京：高等教育出版社，2009.

[071] 刘广全，王鸿喆.西北农牧交错带常见植物图谱 [M].北京：科学出版社，2012.

[072] 刘海桑.观赏棕榈 [M].北京：中国林业出版社，2005.

[073] 刘虹.大别山地区典型植物图鉴 [M].武汉：华中科技大学出版社，2011.

[074]（英）阿克罗伊德.绿手指丛书：草坪与地被植物 [M].刘洪涛，邢梅，张晓慧，译.武汉：湖北科学技术出版社.

[075] 刘立安，谷卫彬.新潮观叶观花观果植物 [M].合肥：安徽科学技术出版社，2003.

[076] 刘全儒，王辰.常见植物野外识别手册 [M].重庆：重庆大学出版社，2007.

[077] 刘全儒.常见有毒和致敏植物 [M].北京：化学工业出版社，2010.

[078] 刘延江，李作文.园林树木图鉴 [M].沈阳：辽宁科学技术出版社，2005.

[079] 刘延江.园林景观植物识别与应用：花卉 [M].沈阳：辽宁科学技术出版社，2010.

[080] 刘延江.园林观赏花卉 [M].沈阳：辽宁科学技术出版社，2010.

[081] 刘与明，黄全能.园林植物 1000 种 [M].福州：福建科学技术出版社，2011.

[082] 卢炯林，余学友，张俊朴.河南木本植物图鉴 [M].香港：新世纪出版社，1998.

[083] 卢琦，王继和，褚建民.中国荒漠植物图鉴 [M].北京：中国林业出版社，2012.

[084] 卢思聪，卢炜，冯桂强.世界名花博览 [M].郑州：河南科学技术出版社，1997.

[085] 吕福原，欧辰雄，陈运造，等.台湾树木图志 (1-3 卷)[M].台湾：欧辰雄出版，2010.

[086] 马奇祥，赵永谦.农田杂草识别与防除原色图谱 [M].北京：金盾出版社，2005.

[087] 欧阳底梅，谢佐桂.景观园林植物图谱 (1000 种华南园林植物识别与应用手册) [M].广州：广东科技出版社，2012.

[088] 秦小艳，闫双喜，位凤宇.中国卫矛科植物地理分布 [J].东北林业大学学报，2011，39(1)：120-123.

[089] 阮积惠，徐礼根.地被植物图谱 [M].北京：中国建筑工业出版社，2007.

[090] 深圳仙湖植物园.深圳园林植物续集 [M].北京：中国林业出版社，2004.

[091] 沈茂才.中国秦岭生物多样性的研究和保护 [M].北京：科学出版社，2010.

[092] 沈荫椿.世界名贵杜鹃花图鉴 [M].北京：中国建筑工业出版社，2004.

[093] 石雷，李东.观赏蕨类植物 [M].合肥：安徽科学技术出版社，2003.

[094] 孙光闻，徐晔春.园林植物图鉴丛书：宿根花卉 [M].北京：中国电力出版社，2011.

[095] 孙光闻，徐晔春.园林植物图鉴丛书：一二年生草本花卉 [M].北京：中国电力出版社，2011.

[096] 孙吉雄 . 草坪地被植物原色图谱 [M]. 北京：金盾出版社，2008.

[097] 万方浩，刘全儒，谢明 . 生物入侵：中国外来入侵植物图鉴 [M]. 北京：科学出版社，2012.

[098] 汪劲武 . 常见树木：北方本 [M]. 北京：中国林业出版社，2007.

[099] 汪劲武 . 常见野花 [M]. 北京：中国林业出版社，2004.

[100] 汪小凡 . 珞珈山植物原色图谱 [M]. 北京：高等教育出版社，2012.

[101] 王辰，王英伟 . 中国湿地植物图鉴 [M]. 重庆：重庆大学出版社，2011.

[102] 王辰 . 白鳍豚博物学图鉴系列：华北野花 [M] 北京：中国林业出版社，2008.

[103] 王成聪 . 仙人掌与多肉植物大全 [M]. 武汉：华中科技大学出版社，2011.

[104] 王代容，廖飞雄 . 美丽的观叶植物——蕨类 [M]. 北京：中国林业出版社，2004.

[105] 王宏志 . 中国南方花卉 [M]. 北京：金盾出版社，1998.

[106] 王焕冲 . 植物学野外实习手册 (西双版纳生物学野外实习指导丛书)[M]. 北京：高等教育出版社，2012.

[107] 王康，邬艳红，张佐双 . 植物园的四季 [M]. 北京：化学工业出版社，2008.

[108] 王慷林 . 观赏竹类 [M]. 北京：中国建筑工业出版社，2004.

[109] 王玲，宋红 . 园林植物识别与应用实习教程 (北方地区)[M]. 北京：中国林业出版社，2009.

[110] 王世光，薛永卿 . 中国现代月季 [M]. 郑州：河南科学技术出版社，2010.

[111] 王翔，陈举来，张勤 . 江苏省城市园林绿化适生植物 [M]. 上海：上海科学技术出版社，2005.

[112] 王小平，张志翔，甘敬，等 . 北京森林植物图谱 [M]. 北京：北京科学技术出版社，2008.

[113] 王雁 . 园林植物彩色图鉴 (花坛草花、灌木与观赏竹、乔木与观赏棕榈、水生与藤蔓植物)[M]. 北京：中国林业出版社，2011.

[114] 王意成，郭忠仁 . 景观植物百科 [M]. 南京：江苏科学技术出版社，2006.

[115] 王意成 . 700 种多肉植物原色图鉴 [M]. 南京：江苏科学技术出版社，2013.

[116] 王印政，张树仁，赵宏 . 云台山植物 [M]. 郑州：河南科学技术出版社，2012.

[117] 王照平 . 河南古树名木 [M]. 郑州：河南科学技术出版社，2010.

[118] 吴棣飞，龙志勉 . 常见园林植物识别图鉴 [M]. 重庆：重庆大学出版社，2010.

[119] 吴棣飞，孙光闻 . 食用蔬菜与野菜：332 种营养菜蔬的彩色图鉴 [M]. 广州：汕头大学出版社，2009.

[120] 吴棣飞，姚一麟 . 园林植物图鉴丛书：球根花卉 [M]. 北京：中国电力出版社，2011.

[121] 吴棣飞，姚一麟 . 园林植物图鉴丛书：水生植物 [M]. 北京：中国电力出版社，2011.

[122] 吴玲 . 地被植物与景观 [M]. 北京：中国林业出版社，2007.

[123] 吴玲 . 湿地植物与景观 [M]. 北京：中国林业出版社，2010.

[124] 武菊英 . 观赏草及其在园林景观中的应用 [M]. 北京：中国林业出版社，2008.

[125] 夏宜平 . 园林地被植物 [M]. 杭州：浙江科学技术出版社，2008.

[126] 夏宜平 . 园林花境景观设计 [M]. 北京：化学工业出版社，2009.

[127] 肖培根，连文琰 . 中药植物原色图鉴 [M]. 北京：中国农业出版社，1999.

[128] 肖娅萍，田先华 . 植物学野外实习手册 (秦岭生物学野外实习基地指导丛书)[M]. 北京：科学出版社，2011.

[129] 骁毅文化 . 图解 Plant 种植设计 [M]. 北京：机械工业出版社，2011.

[130] 谢凤勋，胡廷松 . 中药原色图谱及栽培技术 [M]. 北京：金盾出版社，1994.

[131] 邢福武，曾庆文，陈红峰，等 . 中国景观植物 (上、下册)[M]. 武汉：华中科技大学出版社，2009.

[132] 邢福武 . 身边的植物 [M]. 北京：中国林业出版社，2005.

[133] 熊济华，唐岱 . 藤蔓花卉 [M]. 北京：中国林业出版社，2000.

[134] 徐景先，赵良成，林秦文 . 北京湿地植物 [M]. 北京：北京科学技术出版社，2009.

[135] 徐来富 . 贵州野生草本花卉 [M]. 贵阳：贵州科技出版社，2009.

[136] 徐来富 . 贵州野生木本花卉 [M]. 贵阳：贵州科技出版社，2006.

[137] 徐晔春，崔晓东，李钱鱼 . 园林树木鉴赏 [M]. 北京：化学工业出版社，2012.

[138] 徐晔春，丁志祥，孙光闻 . 常绿花卉 (园林植物图鉴丛书)[M]. 北京：中国电力出版社，2011.

[139] 徐晔春，孙光闻 . 食用花卉与瓜果 [M]. 广州：汕头大学出版社，2009.

[140] 徐晔春，朱根发 . 4000 种观赏植物原色图鉴 [M]. 长春：吉林科学技术出版社，2012.

[141] 徐晔春 . 观花植物 1000 种经典图鉴 [M]. 长春：吉林科学技术出版社，2009.

[142] 徐晔春 . 观赏花卉 (木本)[M]. 北京：中国林业出版社，2007.

[143] 徐晔春 . 观叶观果植物 1000 种经典图鉴 [M]. 长春：吉林科学技术出版社，2009.

[144] 薛聪贤 . 景观植物实用图鉴 11(补遗：新品种 180 种)[M]. 广州：广东科技出版社，2002.

[145] 薛聪贤 . 景观植物实用图鉴 2(观叶植物 256 种)[M]. 广州：广东科技出版社，1999.

[146] 薛光 . 草坪杂草原色图鉴及防除指南 [M]. 北京：中国农业出版社，2008.

[147] 薛永卿，游文亮 . 中国中州盆景 [M]. 上海：上海科学技术出版社，2010.

[148] 闫双喜，李永华，位凤宇 . 中国木兰科植物的地理分布 [J]. 武汉植物学研究，2008，26(4)：379–384.

[149] 闫双喜，王鹏飞，朱长山，等 . 河南槭叶铁线莲一新变种——无裂槭叶铁线莲 [J]. 植物分类学报，2005，43(1)：76–78.

[150] 闫双喜，杨秋生，史淑兰，等 . 河南木本植物的多样性及在园林中应用的研究 [J]. 植物学通报，2004，21(2)：247–253.

[151] 闫双喜，杨秋生，王鹏飞，等 . 中国部分地区种子植物区系的聚类分析 [J]. 武汉植物学研究，2004，22(3)：226–230.

[152] 闫双喜，张志翔 . A review of the species diversity of Clematis L. in Henan Province of China [J]. 西部林业科学，2010，39(2)：8–17.

[153] 闫双喜，张志翔 . 河南薄山及其与全国种子植物区系亲缘关系研究 [J]. 浙江农林大学学报，2011，(28)(3)：391–399.

[154] 闫双喜，张志翔 . 河南野生国家保护植物区系 [J]. 浙江林学院学报，2010，27(5)：725–733.

[155] 闫双喜，赵勇，赵天榜 . 中国黄杨属植物数量分类的研究 [J]. 生物数学学报，2002，17(3)：380–383.

[156] 闫双喜 . 河南水生种子植物的生物多样性及其区系特征 [J]. 武汉植物学研究，2007，25(3)：247–254.

[157] 闫双喜 . 猕猴桃史话 [J]. 农业考古，1988，2：309–315.

[158] 闫双喜 . 中国牡丹史考 [J]. 中国农史，1987，2：92–100.

[159] 杨红明，马骏 . 昆明景观植物鉴赏 [M]. 北京：中国林业出版社，2008.

[160] 杨秋生，李振宇 . 世界园林植物与花卉百科全书 [M]. 郑州：河南科学技术出版社，2004.

[161] 叶永忠，卓卫华，郑孝兴 . 河南大别山自然保护区科学考察集 [M]. 北京：科学出版社，2012.

[162] 易蔚，黄克南 . 400 种中草药野外识别图鉴 [M]. 北京：化学工业出版社，2010.

[163] 于明坚，方震凡，金孝锋 . 千岛湖植物 [M]. 北京：高等教育出版社，2012.

[164] 于胜祥 . 中国凤仙花 [M]. 北京：北京大学出版社，2012.

[165] 于晓南，王继兴，薛康，等 . 北京主要园林植物识别手册 [M]. 北京：中国林业出版社，2009.

[166] 虞佩珍 . 兰花世界 [M]. 北京：中国农业出版社，2009.

[167] （英）阿德尔 . 绿手指丛书：观赏草与竹子 [M]. 袁玲，刘可译 . 武汉：湖北科学技术出版社，2013.

[168] 臧德奎 . 彩叶树种选择与造景 [M]. 北京：中国林业出版社，2003.

[169] 臧德奎 . 观赏植物学 [M]. 北京：中国建筑工业出版社，2012.

[170] 臧德奎 . 园林树木识别与实习教程（北方地区）[M]. 北京：中国林业出版社，2012.

[171] 臧德奎 . 园林树木学 [M]. 2 版 . 北京：中国建筑工业出版社，2012.

[172] （英）阿德尔 . 绿手指：园艺庭院盆栽 [M]. 翟伸，顾向明，译 . 武汉：湖北科学技术出版社，

[173] 占家智，王君英 . 观赏水草与水草造景 [M]. 北京：金盾出版社，2004.

[174] 张家仁 . 昆明园林绿化植物应用手册 [M]. 昆明：云南大学出版社，2010.

[175] 张静，闫丽君，闫双喜，等 . 中国荨麻科植物地理分布 [J]. 河南师范大学学报，2013，41(3)：120–126.

[176] 张盛禹 . 观叶植物秀（踏花行花友 SHOW 系列）[M]. 北京：中国农业出版社，2011.

[177] 张天麟 . 园林树木 1 600 种 [M]. 北京：中国建筑工业出版社，2010.

[178] 张宪春 . 中国石松类和蕨类植物 [M]. 北京：北京大学出版社，2012.

[179] 张勇，冯起，高海宁，等 . 祁连山维管植物彩色图谱 [M]. 北京：科学出版社，2013.

[180] 张志翔 . 树木学 [M]. 2 版 . 北京：中国林业出版社，2008.

[181] 赵海沛，牛松顷，闫双喜，等 . 中国忍冬科植物地理分布 [J]. 河南农业大学学报，46(6)：669–674.

[182] 赵家荣，刘艳玲 . 水生植物图鉴 [M]. 武汉：华中科技大学出版社，2009.

[183] 赵世伟，张佐双 . 中国园林植物彩色应用图谱 [M]. 北京：中国城市出版社，2004.

[184] 赵素云 . 药用植物生态图鉴 [M]. 重庆：重庆大学出版社，2009.

[185] 赵田泽，纪殿荣，刘冬云 . 中国花卉原色图鉴 (III)[M]. 哈尔滨：东北林业大学出版社，2010.

[186] 赵章 . 多浆植物秀（踏花行花友 SHOW 系列）[M]. 北京：中国农业出版社，2011.

[187] 郑万钧 . 中国树木志 [M]. 北京：中国林业出版社，1983.

[188] 中国科学院植物研究所 . 新编拉汉英植物名称 [M]. 北京：航空工业出版社，1996.

[189] 中国植物志编辑委员会 . 中国植物志（相关卷册）[M]. 北京：科学出版社，1959–2004.

[190] 中国科学院植物研究所 . 中国高等植物图鉴（相关卷册）[M]. 北京：科学出版社，1972.

[191] 周洪义，张清，袁东升，等 . 园林景观植物图鉴（上、下册）[M]. 北京：中国林业出版社，2009.

[192] 周厚高 . 水体植物景观 [M]. 贵阳：贵州科技出版社，2006.

[193] 周小刚，张辉 . 四川农田常见杂草原色图谱 [M]. 成都：四川科学技术出版社，2006.

[194] 周云昕 . 水草水族箱与造景 [M]. 福州：福建科学技术出版社，2001.

[195] 周自恒 . 中国的野菜 [M]. 海口：南海出版公司，2008.

[196] 朱根发，徐晔春 . 兰花鉴赏金典 [M]. 长春：吉林科学技术出版社，2011.

[197] 朱家楠 . 拉汉英种子植物名称 [M]. 北京：科学技术出版社，2006.

[198] 朱长山，李服，杨好伟，等 . 河南主要种子植物分类 [M]. 呼和浩特：内蒙古人民出版社，1998.

科的索引

B

八角枫科	322
八角科	127
芭蕉科	519
菝葜科	500
白花菜科	143
百部科	488
百合科	488
柏科	025
败酱科	434
报春花科	338

C

车前科	409
柽柳科	304
川续断科	431
唇形科	383
酢浆草科	225

D

大风子科	309
大戟科	233
灯芯草科	538
冬青科	245
豆科	207
杜鹃花科	336
杜仲科	157
椴树科	288

F

番杏科	091
防己科	116
凤梨科	504
凤仙花科	277
浮萍科	484

G

珙桐科	320

H

海桐科	156
旱金莲科	227
禾本科	474
黑藻科	471
红豆杉科	032
胡麻科	408
胡桃科	045
胡颓子科	313
葫芦科	432
虎耳草科	150
桦木科	051
黄杨科	238

J

夹竹桃科	365
假叶树科	488
姜科	521
金缕梅科	463
金粟兰科	035
堇菜科	305
锦葵科	291
旌节花科	309
景天科	144
桔梗科	435
菊科	437
爵床科	469

K

壳斗科	053
苦苣苔科	408
苦木科	230

L

蜡梅科	130
兰科	527
藜科	075
连香树科	105
楝科	231

蓼科 067

蓼科	067
菱科	322
领春木科	105
柳叶菜科	323
龙胆科	368
龙舌兰科	505
鹿蹄草科	339
罗汉松科	030
萝藦科	369
落葵科	092
旅人蕉科	523

M

麻黄科	034
马鞭草科	377
马齿苋科	088
马兜铃科	074
马钱科	364
牻牛儿苗科	298
毛茛科	106
美人蕉科	524
猕猴桃科	300
木兰科	117
木棉科	261
木通科	110
木犀科	345

P

葡萄科	284

Q

七叶树科	272
漆树科	239
槭树科	264
千屈菜科	315
茜草科	410
蔷薇科	159
茄科	393
清风藤科	276

秋海棠科 310

秋海棠科	310
荨麻科	071

R

忍冬科	414
瑞香科	312

S

三白草科	035
三尖杉科	031
伞形科	330
桑科	063
莎草科	537
山茶科	301
山矾科	344
山茱萸科	332
杉科	019
商陆科	087
省沽油科	262
十字花科	141
石榴科	318
石蒜科	507
石竹科	093
时钟花科	463
柿树科	340
鼠李科	280
薯蓣科	512
睡莲科	097
松科	004
苏铁科	001

T

檀香科	063
桃金娘科	322
藤黄科	303
天南星科	533
透骨草科	409

W

卫矛科	248
无患子科	274
梧桐科	261
五加科	325
五味子科	129

X

苋科	077
香蒲科	470
小檗科	111
小二仙草科	323
玄参科	396
悬铃木科	158
旋花科	371

Y

鸭跖草科	483
亚麻科	227
眼子菜科	471
杨柳科	036
杨梅科	044
野茉莉科	344
银杏科	002
罂粟科	135
榆科	056
雨久花科	486
鸢尾科	514
芸香科	227

Z

泽泻科	471
樟科	131
竹芋科	526
紫草科	375
紫金牛科	339
紫茉莉科	085
紫葳科	404
棕榈科	539